# 高等学校消防安全管理

GAODENG XUEXIAO XIAOFANG ANQUAN GUANLI

主编　方正　　副主编　陈娟娟

武汉大学出版社

**图书在版编目(CIP)数据**

高等学校消防安全管理/方正主编.—武汉：武汉大学出版社,2019.4
ISBN 978-7-307-20737-0

Ⅰ.高… Ⅱ.方… Ⅲ.高等学校—消防—安全管理 Ⅳ.TU998.1

中国版本图书馆 CIP 数据核字(2019)第 026877 号

责任编辑:胡 艳　　责任校对:李孟潇　　整体设计:马 佳

出版发行：**武汉大学出版社** （430072 武昌 珞珈山）
（电子邮箱：cbs22@ whu.edu.cn 网址：www.wdp. com.cn）
印刷:湖北民政印刷厂
开本:787×1092 1/16　印张:13　字数:308 千字　插页:1
版次:2019 年 4 月第 1 版　2019 年 4 月第 1 次印刷
ISBN 978-7-307-20737-0　定价:30.00 元

# 前　　言

近年来，我国高等学校得到了快速发展，截至2017年，全国各类高校共计2631所，2017年高等教育毛入学率达45.7%，在校大学生人数达到了3779万人。高校建筑数量、规模、人员密度不断增大，建筑功能也呈现多样化发展趋势，这些给高校校园安全带来了许多新特点和新挑战。而目前我国高校消防安全管理工作主要由学校保卫部门承担，大部分保卫干部为转业军人，不太熟悉消防安全相关专业知识，也没有经过专门的消防安全教育培训，对消防安全这种专业性强的管理工作往往力不从心；此外，高校往往都有基建部门，许多建筑未经公安消防审核就开始建设，造成一些建筑不符合消防安全法规，形成先天隐患。

本书力图从高校的学生宿舍、图书馆、礼堂、报告厅、教学楼、办公楼、实验室、食堂餐厅、计算机中心、体育场馆等火灾发生现象出发，通过分析火灾发生的基本规律，指出高校火灾发生的主要原因，以有利于高校消防安全管理部门有目的地进行防范。为了帮助高校基建部门管理干部了解建筑消防法规，本书结合新修订的《建筑设计防火规范》(GB50016—2014)，对校园建筑的平面防火规划、建筑内部防火分区、建筑耐火等级、人员疏散及消防设施设备等消防设计进行了简要论述，同时指出了各类校园建筑易出现的建筑违建案例，有利于对校园建筑的消防审查，避免一些校园建筑出现先天性火灾隐患。配置和维护好校园内的各类消防设施，也是高校消防安全的重要保证，本书详细论述了校园建筑内消防给水、消火栓、灭火器、自动报警、喷淋及防排烟系统的工作原理、配置要求，以及日常定期维护保养的基本方法、周期，对指导高校消防设施建设投入具有重要的指导意义。

高校难免发生各种消防安全事故，如何在事故发生过程中快速响应、及时处置，也是考验消防管理工作的重要方面。本书介绍了各种常见消防安全事故的处置方法，编制应急预案的基本流程、内容，开展应急演练的基本要求和方法。此外，消防安全责任制的落实是提高高校消防安全管理水平的重要途径，本书也介绍了消防安全责任制的内容、建立安全责任制的基本程序，以及校园内各重点单位的消防安全管理内容。针对当前物联网的发展趋势，本书还介绍了开展智慧校园建设中消防安全的基本内容，智慧消防的组成及其作用，并提供了相关工程案例。

本书由方正教授任主编，陈娟娟博士任副主编，鲍勇、刘瑗瑗、唐军军、周峰、王晓伟、田铁锋、汪晖等工程师都参与了大量编写工作。

在本书的编写和出版过程中，参阅了大量著作和文献，在此向有关著作及文献的作者表示衷心感谢。

由于编者水平有限，书中难免有疏忽和不妥之处，敬请广大读者批评指正。

**编　者**

2019 年 1 月

# 目　　录

# 第1章 绪　　论

## 1.1 高校消防安全形势概述

火的出现和使用是人类文明发展的重要转折点，火不仅改善了人类的饮食和取暖条件，还不断促进着社会生产力的发展，为人类创造出大量的社会财富。总之，火的使用推动了社会的进步，是人类伟大创举之一，在人类文明发展的历史长河中起着无可替代的重要作用。但是火也具有双重性，一旦失去控制，将会四处蔓延，吞噬一切，成为一种具有很大破坏能力的多发性灾害——火灾。火灾是各种自然灾害中最常见、最危险、最具毁灭性的灾害之一。火灾的代价包括直接、间接财产损失、人员伤亡损失、扑救费用、保险管理费用以及投入的火灾防护工程费用等。此外，火灾的燃烧产物对环境和生态系统也会造成不同程度的破坏。

随着我国普通高等教育改革的不断深入，我国高等学校得到了快速发展，截至2017年，全国各类高校共计2631所，在学校数量不断增加的同时，各个学校的招生规模近几年也不断扩大，2017年高等教育毛入学率达45.7%，在校大学生人数达到了3779万人。为了满足高等教育不断发展的需要，大学校园的各种要素构成较以往发生了很大变化。这些变化主要表现在校园的建筑组成、人员构成、服务功能等方面。高校建筑数量、规模不断增大，建筑功能也呈现多样化，形成了功能完备且又具备自身特点的生活小区；为了适应招生规模增加和教学科研不断深化的需要，各学校纷纷开辟和建设新校区，这使得原本人员密集的校园变得更加复杂，社会功能也更加多样化；随着社会的不断发展，各种服务行业为满足师生的需要也逐渐渗透到校园中。正是校园的这些变化，给高校校园的火灾事故带来许多新的特点和新的挑战。高校的学生宿舍、图书馆、礼堂、报告厅、教学楼、办公楼、实验室、餐厅、计算机中心、体育场馆、超市等都是人员密集的公共场所，人员往来频繁、流动量大，一旦起火，容易引发混乱，极易造成人员伤亡。与此同时，随着人们的法律及维权意识增强，学校也会由于承担相关法律责任而陷入长期的诉讼纠纷当中。

近年来，高校火灾发生频率日益增长，据统计，自2000年以来，全国高校共发生火灾4000余起，死亡50余人。虽然大部分高校火灾没有造成人员伤亡，但是火灾造成了巨大影响，包括在一些火灾扑救过程中会产生大量水渍问题，还会面临学生生活安置、财产损失补偿以及作息恢复事宜等，并且会影响学生后期的课程学习安排。因此，高校一旦发生火灾，不仅会对学生的身心造成伤害，影响学校整体的稳定性，同时也会对社会造成不良影响。

此外，高校校园消防安全还涉及其他各种灾害事故，包括实验室危化品管理、大型群体活动安全，以及供电、供热、供气管道安全等，这些均需要在高校管理工作中予以重视。

## 1.2 高校主要建筑类型及火灾特点

高校校园火灾主要指发生在建筑内的火灾，其产生的火焰、有毒烟气会对人员造成伤害，对建筑结构和财物造成破坏。虽然不同类型的高等院校在个别建筑功能上有所差异，但一般高等院校都建有教学楼、学生宿舍楼、办公楼、图书馆、实验室、食堂餐厅、体育馆等，这些建筑由于建筑形式不同、使用功能不同，其发生火灾的特点与规律也有所不同。认识不同建筑类型的火灾发生发展规律，对指导高校消防安全管理工作具有重要的意义。

### 1.2.1 教学楼

教学楼，顾名思义，就是老师给学生教学的地方，主要功能为教室、自习室等。该类场所往往布置装修较为简洁，主要有学生课桌、简易的灯具及空调等电气设施。普通教学楼一般火灾危险性不高，但目前大部分教学楼是综合性的，是教师和学生进行教学科研活动的主要场所，使用频率较高，在特定时段内人员较多且较为集中，属于人员密集的场所，一旦发生火灾事故，极易造成严重的人员伤亡、财产损失和恶劣的社会影响。

1. 火灾案例

2015年2月，福州大学至诚学院一教学楼发生火灾（图1-1），起火点是二楼阳台外立面的一处电缆，火势迅速沿着电缆线逐层往上蔓延，一直烧至该大楼的15层（顶楼）。消防部门接警后立即调集12辆消防车、50多名消防官兵到场扑救。经过近半个小时的有效处置，明火被扑灭，火灾没有造成人员伤亡。

2. 火灾特点

1）火灾荷载较高

学校教室内装修虽较为简洁，但其内部固有的可燃物较多，如大量课桌、用电器具、书籍以及学生携带的其他临时物品；一些艺术院校的教室还存在大量纸质制品，部分学校教室还被用做临时储藏物品的仓库。这些都会导致火灾荷载的增加，一旦发生火灾，火势极易通过课桌、书籍、临时杂物等可燃物在教室甚至整个建筑内大范围蔓延。

2）不同时间段人员响应速度不一

教学活动场所单个房间建筑面积不大，学生学习期间发生火灾后，教室内的人员察觉较快，可快速掌握火灾情况。同时，学校各个区域基本覆盖有教学广播、课铃，当火灾情况逐级向上反映后，火情信息可向全校大部分范围内直播并警告师生及其他人员快速撤离。

但对于晚间或下课后的自习室，其内部停留的学生一般不多，若学生休息期间发生火灾，则往往不容易被察觉，极可能引起大规模火灾后才被察觉，此时人员安全会受到较大威胁。

3）高校学生灭火能力较弱

消防安全知识较少进入课堂教学，在学生中没有普及该方面的理论知识。高校学生虽然整体素质较高，但大部分学生对灭火工具的动手实操经验欠缺，没有进行专门操作训

图 1-1 福州大学至诚学院教学楼火灾（2015 年）

练，能实际掌握灭火工具使用方法的学生并不多。

4）人员逃生出口可能受阻

部分学校教室、自习室等场所为便于管理，采用锁具将出入口锁闭，在日常上课或自习期间可能只打开其中一扇门进出，而其他的出入口则保持锁闭状态，这样等同于降低了房间原有的通行能力，火灾逃生时人员均拥堵在某一出口处，难以快速逃生；此外，教室、自习室内布局发生变化，疏散走道及门口处堆放物品等，也都将影响内部人员的逃生。

3. 火灾诱发因素

1）电线老化或接触不良

有些高校建校时间比较长，对电气线路的检测维护不够重视，教学楼电气线路由于长期使用而出现电线老化现象；加之在电气施工过程中未按规程操作或使用铜铝接头处置不当，就会引发线路起火，发生火灾。

2）使用大功率电器

学校教室的供电线路、供电设备都是根据实际使用情况进行设计的，如果使用大功率电器超出负荷，电线就会发热，加速线路的老化，极易引起火灾的发生。此外，电器使用无人看管，人走不断电，导致电器通电时间过长，会引起电器内部发热、短路起火。

### 1.2.2 学生宿舍

学生宿舍楼是高校大学生休息的地方，同时也是其学习、娱乐、交流的主要场所之一。并且随着学习、生活用品增加，宿舍可燃物也随之增多，形成较多安全隐患，是目前火灾事故较容易发生的地方。另外，学生宿舍人员密度大、同一栋楼内居住人员众多，一旦发生火灾事故，容易造成学生群死群伤，严重影响学校正常教学秩序和社会稳定。

1. 火灾案例

2008 年 11 月 13 日，上海商学院 602 室某女生用“热得快”烧水，晚上 11 时学校宿舍断电，6 人均忘记将插头拔掉。14 日清晨 6 时宿舍恢复供电后，“热得快”开始自行加热，随后高温引发了电器故障，迸发出的火星不巧落在了女生们晾挂的衣物上；6 时 10 分左右，602 室冒出浓烟，随后蹿起火苗，屋内 6 名女生被惊醒，离门较近的 2 名女生拿起脸盆冲出门外到公共水房取水并呼救，另 4 名女生则留在房中灭火。然而，当取水的女生回来后，却发现寝室门打不开了。因为火场温度高，木制的寝室门被烧得变了形，被火场的气流牢牢吸住了。随着大火越烧越旺，4 名女生被浓烟逼到阳台上。一名女生的睡衣被窜出的火苗烧着，她惊慌失措从 6 楼阳台跳下，看到同伴跳楼求生，另两名女生也纵身一跃，最后一名女生在阳台上来回转了好几圈后，决定翻出阳台跳到 5 楼逃生。可她刚拉住阳台外栏杆双臂已支撑不住，一头掉了下去。与此同时，滚滚浓烟灌进了隔壁 601 寝室，将屋内 3 名女生困在阳台上，所幸消防队员接警后及时赶到，强行踹开宿舍门，将女生们救了出来。如图 1-2 所示。

事故造成 4 名女生被逼到阳台上，分别从阳台跳下后死亡。造成这一惨剧的直接原因就是学生宿舍内违规使用电器产品。而其间接原因则是：①学生的消防安全意识差；②寝室面积狭小，且可燃物随意放置；③宿舍住宿硬件条件差，线路老化严重。

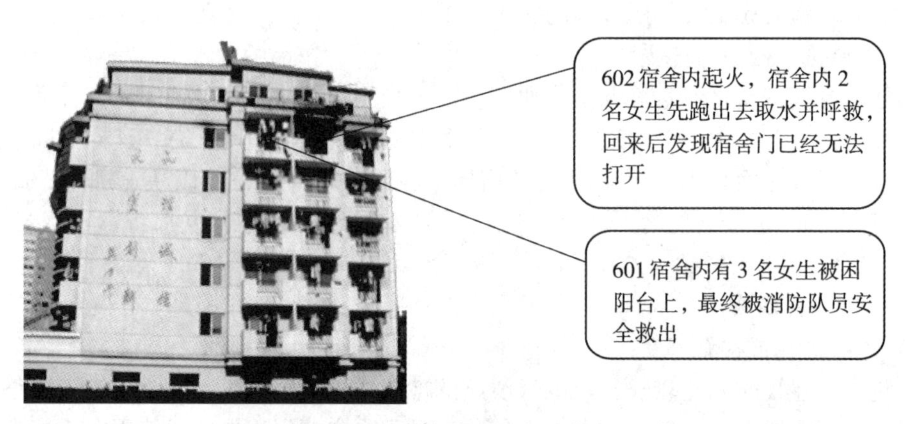


图 1-2　上海商学院火灾示意图

2003 年 2 月 20 日凌晨 5 时，武汉大学一男生宿舍三楼寝室突发大火，火借风势瞬时吞噬了整个三楼 22 间寝室。7 时 10 分，大火基本被扑灭，三楼烧得只剩下断壁残垣，所幸无人员伤亡，该起火灾也是因为学生在宿舍违规使用大功率电器所致。

2. 火灾特点

学生宿舍主体的特殊性（学生）、居住上的集体性、成员上的流动性，决定了学生宿舍发生火灾事故有其自身的特点。

1）火灾荷载大

宿舍相当于大学生学习生涯中的一个小家，学生不可或缺的生活用品、学习用品等充斥其中，休息的床铺及床铺上的被褥、蚊帐、衣物、书本、灯具、水盆等将宿舍狭小的空间占据，这些物品基本可燃或易燃，若稍有不慎引起火灾，便能快速燃烧并蔓延，火灾危险性极大。

2）火灾原因多样

学生宿舍发生的火灾事故大多是由于学生违规使用大功率电器，如“热得快”、电暖器、空调器等，造成电气线路过载、短路等引发火灾。也可能由于学生在宿舍内抽烟后随意丢弃烟头或焚烧纸张等导致火灾。有些宿舍可能还存放有酒精、烟花爆竹等易燃易爆物品，具有较大的火灾危险性。

3）大学生消防知识欠缺

火灾一旦发生，需要专业人员来进行扑救，由于许多学生自身消防安全意识不足、灭火自救能力较差，在火势面前不知所措，容易错过扑灭初期火灾的最佳时机。一些宿舍火灾案例显示，火灾时纵然身边有灭火器，学生的第一反应还是去寻找水源灭火，有些甚至忘记拨打 119 火警电话或向学校管理人员或老师反映。学生扑救火灾时的不知所措也反映了他们消防安全知识的欠缺。

4）火灾后果严重

学生宿舍人员高度密集、公共疏散通道狭窄，发生火灾人员逃生时，大量人员拥挤在通道处，再加上火灾时人员心理紧张，极易引发踩踏事故，这也同时严重影响了宿舍人员火场内的紧急逃生，这些均可能引发大规模的人员伤亡。

3. 火灾诱发因素

学生宿舍引发火灾的原因，既有人员密度、电气线路、建筑本身、消防设施等客观因素，也有违章用电、乱扔烟头、乱堆可燃物、堵塞通道等主观因素。

1）客观因素

（1）学生人数多，居住密度高。部分高校招生规模扩大，基础设施建设滞后，校舍短缺，不能满足大量涌入校园学子的需求。于是，校方不得不降低学生宿舍居住面积标准，将原先四人住的房间增加到住六人，甚至增加到住八人。学生人数剧增，居住密度高，宿舍内的易燃、可燃物必然增多，增加了火灾发生的概率。

（2）房屋耐火等级低，电气线路老化。建校较早的学校由于建筑年代久远，学校的一些宿舍房屋耐火等级较低，且破旧不堪。与之相应的是，电气线路数十年没有改造，而现今的家用电器不断增多，因此用电量较先前设计要大得多，电气线路处于高负荷或超负荷运转状态。在高负荷、超负荷下，随时都有发生火灾事故的可能性。

（3）消防设施配备不足，灭火器材配置不足。在资金投入有限的情况下，部分高校在资金流向和分配上，往往优先考虑教学第一线，接下来才会考虑到消防安全经费的需求。因此，分配到消防经费的份额不足，消防设施、灭火器材的维护更新难以得到保证。

2）主观因素

（1）宿舍违规改造。现今许多学校学生宿舍底层布置有较多小型生活服务设施，包括洗衣房、文印店、停车库、小卖部等，有些学校为了商业利益，擅自将低楼层的学生宿舍大量改造为商铺，使得商铺与许多学生宿舍相邻，这样也增加了学生宿舍的火灾风险。

（2）出入口锁闭。宿舍日常作息管理困难，学校内每栋宿舍楼均配有一名宿舍管理员，由于楼栋内宿舍多、学生数量庞大，日常生活方面的管理常出现人手不足，而为了保证学生正常休息，防止社会闲杂人等进入，许多宿舍楼将原有的两处甚至三处出入口通过上锁的方式仅预留一处出入口。当夜间学生休息后，管理员又将宿舍楼上锁，导致出入口难以打开。还有些学校迫于扩招压力，为解决学生宿舍不足的情况，将同一栋楼改造为男女混住的模式，原疏散楼梯或出口可能在某些楼层被封锁，这就使得部分楼层疏散出口不足，影响人员疏散逃生。

(3) 楼梯间及走道堆放垃圾。学生个人日常垃圾较多，许多学生习惯将宿舍垃圾堆积在宿舍门口待清洁人员清理，导致学生宿舍走道可能堆积大量垃圾。也有些学校宿舍为了学生倒垃圾便利，在每个楼层的楼梯间位置安置有大型垃圾桶。有些宿舍的清洁人员为了工作方便，甚至将各楼层的垃圾堆积在楼梯间角落，然后统一清理。上述现象都对人员通行造成不便。若楼梯间内堆放的垃圾引发火灾，将会堵住宿舍楼内人员逃生的唯一路径，同时火灾也较容易沿着楼梯间竖向蔓延，造成更大的危害。

(4) 用电不规范。主要是指私自使用大功率用电器，乱拉乱接电线，宿舍无人时未关闭电器设备，以及将用电设备靠近易燃可燃物品等。现代高校宿舍用电设备普遍较多，几乎每人都使用各种电子设备、充电装置等，这些都可能成为不安全因素。

(5) 用火随意性。学生在宿舍内违规使用酒精炉、电炉、大功率取暖器等现象十分常见，在床铺上抽烟，烟头未熄灭便随地乱扔等，均可能引发火灾。

### 1.2.3　办公楼

办公楼是高校的综合办公场所，是行政管理与教学的重要纽带，其地位和作用均十分重要。办公楼内可燃物的种类和数量相对较多，其内部家具、办公用品、日用品大多是可燃的。另外，由于高校办公用房资源有限，对房源分配难以全面做到一幢办公楼属于同一部门来使用，造成办公楼交叉办公现象普遍，给办公楼消防安全管理带来诸多问题。

1. 火灾案例

2012年12月9日零时左右，山东电子职业技术学院办公楼2楼一办公室起火，整个窗户都已被烧掉，外墙被浓烟熏得乌黑，透过窗户可以看到室内漆黑一片。事后调查发现，该起火灾是由于电器短路引起周围可燃物燃烧。该办公室是学院一名副院长的办公室，由于要值班，发生火灾时他正在里面睡觉。房间都密封住了，半夜又是睡得正香的时候，火势太大，产生了巨大的浓烟，使得该副院长窒息死亡。

2. 火灾特点

1) 火灾荷载较大、蔓延途径多

办公楼内的办公家具、设备、文书、档案大多是可燃物品，许多办公楼内装饰装修大都采用木材、纤维板、聚合塑料、聚氨酯等可燃材料，火灾荷载大。据统计，办公楼的平均火灾载荷一般为420MJ/m$^2$。可燃物品和装修材料不仅会助长火灾的蔓延，而且能使轰燃提前到来；许多有机装修材料燃烧时会产生大量有毒烟气，使办公楼内能见度降低，影响安全疏散，威胁人员生命安全。

2) 疏散困难，容易造成人员伤亡

办公楼内人员比较集中，少则数十人，多则数百人。尤其是高层办公楼垂直疏散距离远、疏散时间长，火灾时人员逃生困难。楼梯是办公楼的主要疏散通道，若不能有效地防止烟火侵入，烟气会很快蔓延至楼梯间，成为火灾蔓延的通道，影响人员安全疏散。

3）扑救困难，经济损失和社会影响大

高层办公楼登高扑救困难，不易接近着火点；因烟火阻挡，内部进攻容易受阻，火灾扑救难度较大。尤其是办公楼内图书、文件、档案多，一旦发生火灾，造成的经济损失和社会影响大，甚至可能造成无可挽回的损失。

4）火灾隐患多，致灾因素增加

办公楼建筑面积大，特别是高层办公楼，功能复杂、使用部门多、人员总量大。越来越多的高校办公楼朝着多功能、复合型发展，除配备有办公用房、服务用房、水电辅助用房和汽车库外，还设有多功能共享厅堂、会议室、多功能报告厅、信息网络中心等，功能复杂，在防火安全方面容易出现漏洞，发生火灾的概率大。

3. 火灾诱发因素

1）电气设备故障

办公楼电气设备较多，如电脑、打印机、扫描仪、传真机、复印机、空调或电风扇、灯具、饮水机、电视机等，如使用、管理、维护不当，则可能造成短路、过载或接触不良；网络、用电设备故障等也都极易引起火灾事故。

2）明火管理不严，外来火源引发火灾

明火管理不严是办公楼引发火灾事故的较常见原因，尤其在建筑和设备维修时，如进行电气焊、油漆、烘烤、切割等作业中，因操作不当或违反安全操作规程引发火灾。

3）人员流动频繁

办公楼每天有大量的人员进出，有可能将易燃、可燃、危险物品带进楼内，若管理不当，就会引发火灾事故。

### 1.2.4 图书馆

高校图书馆担负着为教学和科研服务的双重任务，是培养人才和开展科学研究的重要基地之一。图书馆内收藏的大量图书、报刊、档案材料、音像和光盘资料等都是可燃物质。再加之图书馆内部的书架、柜、箱和供读者使用的桌椅板凳甚至软座沙发等多为可燃物品，而且这些物品的放置都比较集中，稍有不慎，就会引起较大火灾。当前，高校图书馆为了满足现代化信息化的发展，购买了许多现代设备（如计算机、网络设备、打印机、复印机、投影仪等），这些电子设备的大量使用，致使诱发图书馆火灾的因素增多。另外，图书馆人员往来众多，图书馆开放时间长，许多高校图书馆仿效国外图书馆管理经验，给师生提供任意连续的学习时间，实行全天开放制度，学生可以携带大量电子产品、生活用品等进入图书馆学习交流，图书馆里面还附带小型饮料食品服务功能，这些都将使图书馆的火灾危险性增大。

1. 火灾案例

2014 年 4 月 27 日下午 5 时，中国地质大学江城学院图书馆突然发生火灾，大火从 2 楼一直烧到了 4 楼。由于当时在图书馆内的学生都已经下课离开，所以楼内无人员被困或伤亡。事后调查结果表明，该图书馆发生火灾是由于 2 楼报告厅内的电器过热，引燃了电器周围的可燃装饰材料，加上火灾初期现场并无人员发现，火势一步步扩大，最终酿成了火灾，5辆消防车奋战40多分钟终将大火扑灭。这起火灾导致图书馆附近的附楼数百名学生紧急疏散，图书馆2楼的报告厅，以及3、4楼的学生画室受损严重，数千名学生的正常学习受到不同程度影响，社会影响极大。如图1-3所示。

图1-3　中国地质大学江城学院图书馆火灾

2. 火灾特点

1）火势蔓延迅速

图书馆内的书籍、期刊等都是以纸为载体的易燃物，可燃物堆积较多，一旦燃烧，便会产生大量的烟和热，这些烟和热混合便形成炽热的烟气流，烟气流在风力的作用下会迅速向四周蔓延，一层书库起火，烟气流会立刻向其他书库流动，形成立体燃烧的局面，从而使火灾难以控制。

2）火灾扑救困难

由于图书馆的面积较大、垂直高度较高，扑救难度很大。图书馆内存放了大量书籍纸张，火灾荷载高，一旦失火后，火灾蔓延迅速，放热量大，施救时消防人员靠近困难，特别是图书馆内书架林立，消防人员无法快速准确找到着火点，施救时容易被书架阻挡，使火灾扑救工作更加困难。

3）容易造成人员伤亡事故

图书馆一旦着火，火灾现场就会产生大量的烟尘和各种有毒有害的气体，这些烟尘和有毒有害气体对人体危害很大，而且流动的速度很快，一旦充满安全出口，就会严重阻碍人员疏散，进而造成人员伤亡。

4）损失严重

高校图书馆一般都收藏有大量古今中外的图书、报纸和刊物、胶片、光盘、磁盘等资料，有的是孤本或珍贵的历史资料，它们传承着人类从古到今的物质文明和精神文明，一旦遭遇火灾，则可能损失殆尽，将会给人类文化遗产带来不可估量的损失。

3. 火灾诱发因素

1）高校图书馆可燃物品多

高校图书馆收藏的主要是以纸为载体的各类图书、报刊和档案材料，这些物品都属于可燃物，有些甚至是易燃物；同时，用于摆放、陈列这些物品的书架、柜台等大部分也是采用木材等可燃材料做成的，火灾荷载大。

2）高校图书馆建筑结构先天不足

为了扩大生源，很多高校纷纷扩建校区，为了赶工期、赶进度，很多新建校区的高校建筑（包括图书馆）未经主管部门审核、验收就投入使用，在消防方面留下许多“先天性”的火灾隐患。一些高校有悠久历史，图书馆也是有一定历史的老式建筑，这些老式建筑有的采用木质结构，有的采用普通砖混结构，耐火等级较低，而且面积大、书架载重高、缺乏必要的防火分隔，建筑内的消防设施不到位，很难满足消防技术标准的要求。

3）电气设施设置不规范

设计、安装、管理好电气设备是保证图书馆防火安全的重要措施，但有些高校图书馆却忽视了这一点，主要表现在电气线路配置不当，荷载过大引起燃烧，电气线路绝缘损坏出现短路起火，照明灯具安装使用不当引燃可燃物，以及电气设置距离不符合要求等。比如，图书馆工作人员在摆放图书时，未将图书与灯具保持一定安全距离，使得图书被长时间烘烤，最后被引燃着火；在一些没条件安装中央空调的图书馆，一些工作人员在冬季使用大功率电炉取暖，稍有不慎，极易引发火灾。此外，许多大学图书馆已经容许读者在图书馆内进行学术讨论，并提供咖啡、饮料、小食品等，读者可以携带各种个人电子产品、充电设备等进入，这些电子产品的使用也会带来一定的火灾隐患。

### 1.2.5 食堂餐厅

高校食堂餐厅主要是为高校教师、学生、职工等提供餐饮服务的场所，是大量人群集体用餐的地方，在一定时段内也是高校人员比较集中的场所之一。食堂餐厅内一般使用明火，且用电设备较多、功率较大，容易出现接触不良、线路老化、电量超载、设备故障等问题，极易引发火灾事故。当前，高校食堂餐厅大多采取对外承包制，人员流动性大、日常管理松散、人员安全意识淡薄，这也对食堂餐厅的消防安全构成威胁。

1. 火灾案例

2014 年 6 月 10 日上午，河北师范大学由于食堂工作人员炒菜时溅起的火苗引燃了烟道内的油泥，导致后厨发生了火灾，现场浓烟滚滚，火势非常猛烈。好在火灾发生后，食堂工作人员第一时间使用灭火器将明火扑灭，同时采取了断电断气措施，并紧急疏散餐厅里的工作人员和就餐学生，随后消防人员赶到现场处置，将烟道里面的火完全扑灭，整个失火过程中虽然未造成人员伤亡，但给在校的学生造成了重大影响。

2. 火灾特点

（1）火灾规模大，危险性高。学校食堂主要分为厨房、档口、就餐这几部分，由于高校人员众多，每日食物消耗大，厨房准备或储存的食材、餐具等总量巨大，如油类、干货类、包装纸箱等，大多属于可燃物品，再加上厨房内的火源众多，稍有不慎，极易引发火灾。同时，一些食堂还在使用液化石油气等作为燃料，大量液化石油气罐的存放，其造成火灾的威胁不言而喻。

（2）人员反应慢。高校食堂一般层高较高，除了厨房可能安装可燃气体探测装置外，其内部基本难以安装火灾自动报警系统，且食堂在用餐期间人员攒动，食堂内部发生火灾后往往只能通过人员识别并呼喊的方式发出警告，此时人员受到干扰较多，难以快速地识别火灾危险。

(3) 高校食堂属于人员密集场所，中餐或晚餐时间为人流量高峰时段，若在此期间发生火灾，大量人群涌动逃生，在疏散逃离的过程中，食堂内的座椅布置将极大地限制人员逃生速度，也易引发跌倒、踩踏等事故，从而造成较大的人员伤亡。

3. 火灾诱发因素

(1) 厨房火灾是引发食堂火灾的主要原因，并且由于厨房火灾通常是高闪点（315~450℃）的食用油燃烧，其火灾特点为：火势蔓延速度快，热容量大，烟道火灾隐蔽性强，扑救困难。厨房火灾主要有由于工作人员操作失误引发油烟道起火、打翻菜油引起大火、炸制食品时油锅起火等。

(2) 高校食堂布局杂乱的情况比较常见，除食堂原档口位置经常变动或增加外，师生就餐区部分位置也往往被装修，或改造成独立包厢、小卖部、饮品店等，以上情况将极大地增加高校食堂内的火灾荷载。

(3) 随着生活水平提高，学生饮食需求变化较快，高校食堂各店面维持时间较短，许多店面处于快速装修转让、再装修的状况，装修施工过程中若用火用电不规范，再加上采用易燃、有毒等室内装饰材料，极易引发火灾。此外，一些餐厅的独立包厢内人员吸烟、明火火锅等也会诱发火灾。

(4) 高校食堂与其他建筑合建时，如娱乐场所、购物场所火灾突发性较高，不同场所之间的防火分隔措施不完善时，其他场所火灾对食堂影响较大。

### 1.2.6　实验室

实验室中各种化学危险物品种类繁多、性质活泼、稳定性差，有的易燃易爆，有的极易自燃，在储存和使用中稍有不慎，就可能酿成火灾事故，火灾使得实验室内的各种贵重仪器设备、物资和高校师生的科研成果、珍贵资料等毁于一旦，损失巨大。

高校实验室内各种实验仪器和设备，包括计算机、加热设备、空调、测试仪器等，还会带来以下几方面的问题：一是很多仪器设备功率较大，变电箱和整体供电线路的负荷较大；二是部分加热设备加热温度高，造成周边环境温度高；三是很多实验室内的实验持续时间较长，存在实验人员脱岗的现象；四是仪器设备种类多，涉及高温、高压、超声波、电离辐射、静电、真空微波辐射等多种工况，引火源方式多样，导致灭火方式各异；五是使用人员流动性大，特别是当前研究生进入实验室自主开展各类实验，仪器使用不熟练。

1. 火灾案例

2015 年 12 月 18 日上午 10 时左右，清华大学化学系何添楼 231 室，共 3 个房间起火爆炸，过火面积 80 平方米。爆炸地点位于二楼 231 室，该起火灾导致紧挨 231 房间附近的几扇窗户玻璃全部破碎。火苗和黑色浓烟从窗外窜出。二层窗外一间小阳台脱落，房间内办公用具及玻璃碎片遍布地面。由于发生爆炸的是一间实验室，内部还放有其他化学品，虽然经过 5 辆消防车的紧急扑救，但是在灭火过程中产生的有毒废水积聚，可能会对环境造成危害，学校不得不先行对积水填沙覆盖，并请专业机构进行集中收集处理，防止直接进入下水道而造成污染。火灾导致何添楼多个实验室暂停使用，多个研究项目被迫终止，该楼有关的课程紧急停课，受影响学生达数千人，火灾还导致一名博士后死亡，一人受伤。

该起火灾事后查明为实验所用氢气瓶意外爆炸、起火导致，如图 1-4 所示。

图 1-4　2015 年清华大学实验室火灾

2018 年 12 月 26 日 15 时，北京交通大学市政环境工程系学生在学校东校区 2 号楼环境工程实验室，进行垃圾渗滤液污水处理科研实验期间，实验现场发生火灾爆炸，事故造成 3 名参与实验的学生死亡，这 3 名学生包括即将毕业的 2 名博士、1 名硕士。

2. 火灾特点

（1）易燃易爆化学品种类多、数量大。不同实验室的易燃易爆化学品种类多，涉及化学、物理、生物等多个学科的试剂、耗材用品。即使同一院系的实验室之间，化学试剂也可能有很大区别。一旦发生火灾，起火原因常常不明，且多伴有有毒气体，对灭火救援造成很大障碍。虽然单一实验室化学品数量可能不多，但是从整个实验楼或学校的角度来说，易燃易爆化学品的数量则非常大。

（2）仪器设备种类多、引火方式多样。高校实验室内具有较多的实验仪器和设备，包括计算机、加热设备、空调、测试仪器等，所涉及的仪器设备种类多，安全操作流程各不相同。因此，高校实验室发生火灾的可能性较高，且一旦发生火灾，较难判断火情。

（3）安全出口、疏散通道堵塞。安全出口、疏散通道是火灾时保证人员安全疏散的重要设施。但高校实验室普遍存在堵塞安全出口与疏散通道的现象，安全隐患较大。此外，一些高校实验室常常根据后期使用情况进行改造，存在实验室内部搭建多层平台或邻近实验室房间打通使用的现象。内部搭建多层平台往往会造成火灾荷载增大，且给事故时人员疏散和初期灭火造成一定的障碍。紧邻实验室打通也会导致火灾更易蔓延至邻近房间。

（4）经济损失巨大。近些年来，随着高校招生数量和教学条件的不断提高，高校实验室不但数量明显增多，而且室内使用的仪器设备特别是先进仪器设备也在不断增加。许多实验室拥有的设备价值动辄百万甚至上千万元，一旦发生火灾，就会造成巨大的经济损失，同时给教学、科研工作造成极大的干扰。

3. 火灾诱发因素

有调查结果表明，在高校实验室火灾中，21%的火灾由电气设备引起，20%的火灾由易燃溶剂使用不当引起，13%的火灾由各种爆炸事故引起，而易燃气体或自然因素所致的火灾各占 7%与 6%。在所有的火灾当中，实验室工作人员由于工作不慎、操作失误所致的火灾事故占 71%；由于没有必要的灭火器具无法及时扑灭火源，从而酿成重大灾情的占 89%。导致高校实验室发生火灾事故的因素主要表现为以下几个方面：

1）安全防火规章制度不健全

目前，在很多学校，由于消防安全意识不强，导致实验室的防火工作只停留在口头层面，没有制定相应的防火安全制度，或制定的制度不够健全严密，无法严格约束实验室的工作人员，导致工作人员无章可循或有章不循。

2）电气线路老化，用电超负荷

随着近年各院校的扩招，受基础条件的限制，很多院校对实验室进行了合并改造，乱接乱拉电线、随意安置仪器设备的现象普遍存在，导致实验室用电严重超负荷。当用电量急剧增大时，很容易发生电气线路故障，从而引发火灾。

3）危险品管理不规范

实验室内根据需要，一般都存放有一定的易燃易爆危险品，对这些危险品的管理直接关系着实验室的消防安全。目前，部分高等院校对实验室危险品的管理不规范，对实验用危险品的存放不合理，没有进行分类放置，存在混放、乱放现象，有的对使用后的剩余危险品没有严格按照安全操作规程进行回收处理，甚至将试剂库兼作实验室，这些都极易导致火灾事故的发生。

4）工作人员不遵守安全操作规程，设备使用不规范

有些实验室工作人员由于思想麻痹、松懈，没有严格遵照操作规程，从而引发火灾事故。特别是当前许多高校是由研究生独立开展实验，因学生流动性较大，许多学生进实验室之前没有经过安全培训，不懂操作规程，无消防安全常识，对仪器设备也不熟悉，因此极易发生火灾事故；有些高校由于实验用房面积不足，没有专用的实验室，实验室常与其他教学用房合用，实验仪器经常被随意挪动，导致实验过程中使用或产生的易燃易爆气体或其他可燃物质的泄漏，当环境达到一定条件时，极易发生燃烧或者爆炸。

5）实验过程中产生火灾

一些化学实验过程中由于参加反应的物料，配比、投料速度和加料顺序不当，会造成反应剧烈，产生大量的热，从而引起超压爆炸，一些装置内也会产生新的易燃物、爆炸物。例如某些反应装置和贮罐在正常情况下是安全的，但如果在反应和储存过程中混进或掺入某些物质而发生化学反应，将会产生新的易燃易爆物，在条件适当时就可能发生火灾事故。

### 1.2.7　体育馆

高校中的室内体育场馆，其建筑规模和体量一般均较大，使用功能多，这类体育馆一般集体育训练、大型体育比赛、剧院、礼堂会堂等多种功能为一体，是高校师生文化体育娱乐集会活动的主要场所。该类建筑属于人员高度密集场所，在紧急情况下，因人员拥

挤，安全疏散十分困难。高校各类大型室内活动比较频繁，如各种比赛、典礼、演出、大型报告等，都可能在体育馆举行。一般体育馆容纳人数在三四千人，有的大型多功能体育馆容量超过 5000 人，在紧急情况下安全疏散出现问题时，非常容易造成群死群伤等恶劣后果。

1. 火灾特点

1）火灾蔓延范围大

体育馆比赛大厅、观众席连通划分为同一个防火分区，一般面积可达到 1 万平方米左右，甚至更大，体育馆整体跨度大、空间开阔。当发生火灾时，火势蔓延畅通无阻，大量浓烟在体育馆大厅内部扩散，容易造成较大面积的火灾，扑救难度大。

2）装修量大、材料复杂，易产生有毒烟气

在体育馆建筑中，装修材料的种类十分广泛，近年来又出现了多种新型复合材料，加上部分体育馆场地出租，搞多种经营，可能使用一些豪华装修可燃材料，这也加大了体育馆的火灾负荷。一旦起火，将会产生大量的有毒有害气体，对人员疏散造成严重威胁，这也是火场人员伤亡的主要原因。

3）火源多

体育馆内设有大量的电气设备、照明灯具和电子显示屏等，用电量大，电气线路容易发生故障或过荷载，文体演出燃放的烟花、观众吸烟和日常维护过程中的电气焊等明火作业等都是不容忽视的火源。

4）人员密集，疏散难度大

高校体育馆内可容纳观众人数一般为几千名，虽然设置了很多安全出口，但很多时候一些出口锁闭。如此庞大的人群，面对突如其来的火灾，发生温度突然升高、烟气突然侵入、照明消失等，容易引起恐慌，加上座椅区坡度大，难免会发生安全通道及出口拥堵，造成安全疏散困难。

2. 火灾危害诱发因素

（1）体育馆内设有大量的电气设备和照明灯具，用电量大，电气线路容易发生故障或过负荷，引起火灾。

（2）不可控因素导致火灾。学校体育馆为举办大型赛事、开展学生活动的主要场所，活动期间人员众多，且主要为年轻人，喜欢打打闹闹，存在吸烟、玩火行为，易引起较大火灾。

（3）举办活动导致火灾。体育馆举办大型文体活动时可能会小规模燃放烟花，当火源接触到场馆内的其他可燃物时，极易引发火灾；部分庆祝活动可能还会喷洒礼花，采用大量氢气球装饰物，这些礼花、氢气球在一定条件下较容易被引燃；在举办演艺活动时，还可能在场馆内搭建临时舞台，舞台上的大屏 LED、彩灯、音响设备等也较容易引起电气火灾。

（4）用火不慎导致火灾。体育馆部分区域可燃荷载较高，若管理不善、违规使用明火或日常维护过程中的电气焊等明火作业操作不当等，均可能导致火灾的发生。

### 1.2.8 高校大型群体活动消防安全

大型活动参与人数众多，活动内容往往比较丰富，消防安全保卫往往面临严峻的挑战。由于大型群体性活动具有场所开放、人群密集、规模宏大、持续时间长、节点特殊、媒体关注、情况复杂、安全隐患多等特点，特别容易发生骚乱、踩踏等各种治安灾害事故和突发事件，危及高校师生生命和财产安全，也会成为社会舆情热点，必须予以高度重视。

高等学校举办的各种大型群体活动，包括由学校组织的大型学术会议、文艺演出、体育比赛、大型庆典、学术竞赛、人才交流、大型报告会等，这些活动参与人员众多，有些活动还需要临时搭建各种舞台、布景等，配备各种大功率音响、灯光设施，这些临时设施可能超过了体育馆正常供电能力，电力系统长时间处在超负荷状态，极大地增加了火灾隐患，加上活动期间人们注意力往往集中在活动本身，而忽视了身边的危险，一旦出现异常或者某种骚动，大部分人由于自我防范意识差，往往会出现大面积恐慌，结果可能会引发人员拥挤、踩踏等严重事故。

## 1.3 高校火灾常见场所及其原因

本书统计了2007—2017年间发生的在网络上有记录的165起高校火灾案例，涉及46座城市的150余所高校。根据这些数据，我们对高校火灾的主要场所及其发生原因进行了分析。

### 1.3.1 高校火灾常见场所

根据校园建筑物使用特点，校园建筑一般包括学生宿舍、教师公寓、教室、实验室、食堂、体育馆、商店等。图1-5所示是根据上述165起火灾得到各类场所火灾的统计比例，可以看出，高校发生火灾最多的场所是学生宿舍，占整个火灾的68.71%，其次是食堂、实验室、教学楼，分别约占12.88%、7.36%、3.07%，其他场所还包括一些年代久远的未使用建筑、操场、校内联排商铺、教师居民楼、校内美食广场、家属楼和仓库等，由此说明，在高校火灾中，学生宿舍、食堂、实验室是火灾高发区。此外，本书特别将男女生宿舍分开统计，发现女生宿舍火灾占全部宿舍火灾的64.3%，这一比例占整体高校火灾的44.17%，大大高于男生宿舍，因此加强女生火灾防范意识教育刻不容缓。

### 1.3.2 高校火灾发生原因

图1-6所示为上述165起火灾发生原因统计，可以看出，引起火灾的主要原因是使用违章电器，占全部原因的38.65%，其次是线路老旧、私拉电线、油烟管道被引燃、充电设备无人看管等，分别占6.13%、3.68%、7.36%、3.68%。其中，使用违章电器是造成学生宿舍火灾的最主要因素，涉及的违章电器有吹风机、热得快、卷发棒、电热毯、取暖器、电炉、充电瓶等，违章电器引发火灾的原因包括：使用过程中发热造成线路短路引发火灾；使用过程中停电，但忘记切断电源；电器品质差造成线路短路；充电设备长期无人看管，过热而引发线路短路造成火灾。另外，其他原因还有洗衣机的自燃、操场上玩火、

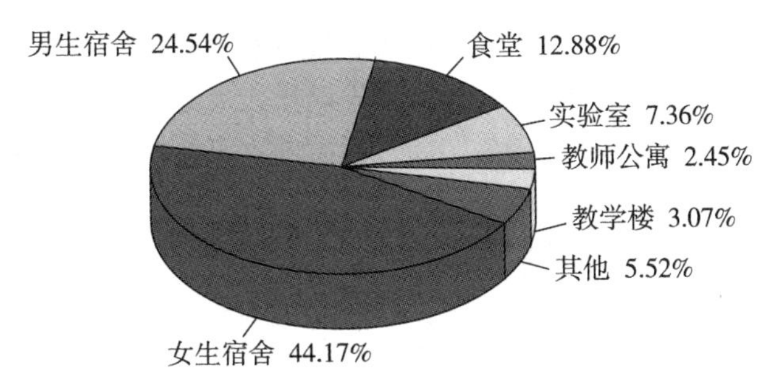


图 1-5　高校火灾易发地点

实验操作失误、工人违规施工、煤气罐爆炸等。

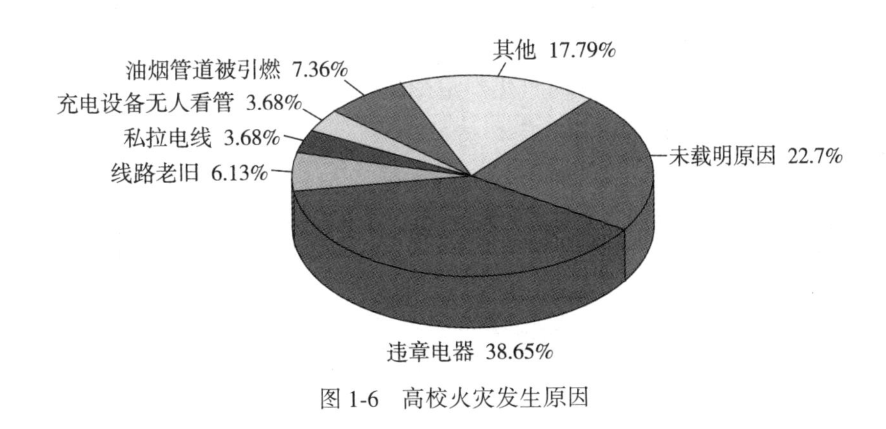


图 1-6　高校火灾发生原因

## 1.4　高校火灾发生原因分析

### 1.4.1　高校消防存在先天隐患

1. 高校人员数量多，人员结构复杂

目前，我国高校招生人数在持续增加，2017 年普通高等教育本专科共招生 795 万人，较上年增加 30 万人，在校学生达到 3779 多万人。高校校园是人员密度除商业区外最高的人口集聚区域，而人员数量一旦增加，各种诱发火灾的因素势必增加。此外，部分学校为了保持校园的整体性，将一部分居民区如教师家属区、外来经营商户等也纳入校园，校园经营活动增加，导致校园人员素质参差不齐，大大增加了校园消防安全的管理难度。北京某高校就曾因为校内职工小孩玩火导致操场发生火灾。

2. 由于特殊功能需要，校园建筑日趋复杂

目前，大部分高校校园内除了基础的教学区、学生宿舍区、家属区、体育馆之外，还需要配备各种放置教学科研设备和易燃易爆物品的实验室，以及一些餐厅食堂、商业场所。就实验室而言，我国高校实验技术人员专业素质不高，对学生的指导不够，一些学生

特别是研究生未经培训随意进入实验室试验，许多复杂实验可能需要长时间进行，导致实验设备夜间持续运行而无人看管，还有一些实验设备及器材没有按期维修保养，火灾隐患严重。在本书统计的火灾中，就包含有因为学生误操作而导致实验室火灾的案例，如长沙某高校铁棚联排商铺及武汉某高校美食广场等发生的火灾，还有南京某高校实验室因施工期间工人违规操作造成火灾。

除此之外，校园新建、改建基建项目增多，施工单位进驻校园，使校园空间更加拥挤；为丰富学生业余生活，校园内经常举办各类大型群众活动，使得人员聚集度高，用火用电增加等。

3. 校园建筑本身存在先天隐患

大部分高校有一些年代久远的建筑（其中还包括宿舍），这些建筑的防火设施难以达到消防安全的要求，线路老化和疏散设计问题严重。部分高校新建工程由于没有严格执行规划，存在建筑布局不合理，以及宿舍之间的防火间距、防烟分隔、内部装饰等不符合消防安全标准的现象。例如，很多高校的学生宿舍为了学生的人身及财产安全，在底层或较低楼层窗户加装防盗窗，造成火灾时逃生严重受阻。

4. 学生宿舍电气线路负荷偏低

我国高校学生宿舍的设计标准偏低，没有考虑当代学生对各种生活品质的提升要求，如需要方便的饮水、淋浴热水、舒适的温度环境，需要配置空调器、热水器等大功率电器设备，学生个人还携带电脑、手机、平板电脑、个人护理等电子产品，宿舍用电需求越来越高，加上宿舍居住人数众多，用电功率也越来越大，而我国高校宿舍特别是一些老旧宿舍完全没有考虑这类需求，致使宿舍电气线路长期超负荷运行，线路发热、短路时有发生，故而引发火灾。

### 1.4.2 学生消防安全意识薄弱

1. 使用违规电器

如前所述，我国高校学生宿舍供电标准并不高，学生若没有按规定使用电器，就会造成电线负荷增大，导致电线短路和超过荷载引起火灾，另外，多数高校宿舍都会定时供电或有时因故障而停电，此时如果学生未将违章电器的电源切断，一旦恢复供电，则容易引发火灾。曾经有一份对成都在校大学生的日常用电的问卷调查表明，使用过违章电器的学生高达78%。高校学生使用的违章电器种类繁多，原因也不尽相同，主要归纳如下：

（1）学生宿舍违规使用开水加热器及电吹风等电器。由于一般学校是定点定时供应开水，学生为方便省事，往往自行购买劣质加热设备在宿舍烧制开水，一些女生在宿舍违规使用电吹风、烫发器等电器。在本书统计的违章电器造成的火灾中，有50%的火灾和“热得快”与吹风机有关。一些女生为了让头发更加有造型，在宿舍使用直板夹或卷发器，这些物品都是纯电阻电器，极易发热，很多女生在自己的床铺上直接使用，使用后如果未能及时切断电源，极易因为过热而引燃周围物品。

（2）违规使用取暖及降温电器。很多高校宿舍内没有安装空调，夏季时温度较高，虽然宿舍有统一安装的风扇，但是带来的效果远远不够，一些学生会单独使用小风扇，风扇功率虽然较低，但是多个小风扇同时使用，也是极大的火灾隐患。冬季时温度较低，很多学生会使用电热毯、“小太阳”等违章电器进行取暖，目前市面上这些商品质量参差不齐，所以在平时的使用过程中，除了这些物品聚集的高温会带来火灾隐患，商品本身质量差也会带来火灾隐患。

(3) 部分学生宿舍违规使用炊具。大学教育由于强调自主学习，固定的课堂教学时间相对较少，学生自主学习时间多，因而有一些学生会选择在宿舍做饭，这样做一方面，会增加电力负荷；另一方面，烹饪时的油烟、明火等也会引起火灾。

2. 缺乏消防安全教育训练

许多发达国家十分重视学生消防安全教育，如日本为了从根本上提高国民消防安全意识，从小学开始就设有消防课程，将消防安全作为国民教育重要内容，任何学生进入实验室之前，都必须接受安全培训，人人都必须掌握初期火灾的处置方法。而反观我国，学生长期以学习为主，生存能力差，缺乏消防安全知识的教育和技能培训，遇到稍微危急一点的情形就惊慌失措。有相关人士对合肥市高校进行了消防知识的问卷调查，结果显示，65.5%的学生对学校的消防安全制度和火灾逃生技巧缺乏必要了解，很多学生不知道身边的火灾隐患，火灾发生时更不知道如何灭火、自救逃生。

3. 消防安全宣传教育方法单调，受众不足

目前，高校的消防安全知识主要通过网站、宣传手册、消防讲座和消防演习等途径进行宣传教育，存在的问题是流于形式，缺乏切身体验，难以入心入脑，没有达到应有的效果。例如，在消防演练过程中，大部分人没有认真对待，有的同学嘻嘻哈哈，有的同学看热闹，最终的结果可能是仅仅学到了一点皮毛的逃生技巧，对于如何防火、灭火仍知之甚少。而且学校的这种演练频率很低，受众面也很小，有些学生可能大学四年中一次也没有参加过消防演练。在英国等发达国家，高校通常每栋楼每半年就会进行一次消防演习，真正做到警钟长鸣。

## 1.5 高校消防安全管理模式

目前，在教育主管部门的领导下，我国高校普遍建立了以学校法定代表人为责任人的消防安全责任制度，按部门逐级落实校园消防安全责任制和岗位消防安全责任制；各高校结合自己的实际情况制定了相应的学校消防安全管理制度，配备相应的消防安全管理人员，消防安全形势有一定好转。消防安全责任制包括如下几个方面：

1. 安全责任

安全责任中明确了各级领导的消防安全责任，消防管理人员的责任，建立各级单位的安全管理制度，确定了消防安全投入、安全教育、培训、考核及奖惩制度等。

2. 机构配备

主要是设立或明确学校日常消防安全工作的机构，包括配备专兼职消防管理人员，建立志愿消防队、微型消防站等多种形式的消防组织及机构。

3. 安全管理

安全管理包括重点单位（部位）监管和活动监管。进行学校重点单位包括学生公寓、食堂、超市、医院、教学楼等监管，确保值班人员在岗，建立消防档案，设置防火标识，进行日常巡查；活动监管主要针对校园内举办的各种文体活动进行监督管理。

4. 隐患排查及整改

经常对消防设施的运行状态进行检查与维护，确保完好使用，检查发现各类火灾隐患，并及时整改，对重点部位进行日常巡查，排除各种消防隐患。

5. 教育培训与演练

对师生开展消防安全知识培训，使其具有较好的安全意识，教师生学会使用灭火工具，正确处置初期火灾，开展自救、逃生演练。

虽然各高校建立了消防安全责任制度，但由于各高校发展参差不齐，建校历史长短不同，学校内消防设施完善程度、消防投入、消防安全管理水平等差异较大；加上负责消防工作的专业干部较少，普通保卫管理干部在消防安全知识、消防业务水平等方面存在不足，对校园内各类建筑的火灾发展蔓延规律缺乏认识，对现代建筑消防设计规范也不了解；消防控制室人员流动性大，无证上岗，缺乏消防设施的运营管理经验；在应对校园火灾时，很多时候只停留在日常火种检查，运动式排查层面，因此，校园消防工作一直非常被动。

随着我国高等教育的不断普及，学校规模快速膨胀，大学校园已成为人口十分密集的区域，同时，现代高校建筑形式也逐渐呈现高层化、多样化和综合化，消防难度在不断加大。校园内的建设长年不断，很多建筑的兴建、改建都没有经过法定的消防审查验收手续，存在先天性的设计缺陷，这些建筑一旦投入使用，必将给后期的消防安全带来许多隐患、学生流动性大、年轻、社会阅历少，消防安全意识普遍淡薄，缺乏基本的防火自救能力，一旦发生火灾，极易造成严重的人员伤亡和重大的财产损失，并带来恶劣的社会影响。因此，提高高校消防安全管理水平，必须从校园的基建开始，重视建筑的消防法规，做到从校园建设到运营每个环节遵守消防法规，注重日常监管，加强应急处置演练，提高全体师生的消防安全意识，这样才能创建平安校园，确保良好的教学科研环境。

# 第2章　建筑火灾基本特性及蔓延规律

## 2.1　建筑火灾基本知识

### 2.1.1　可燃物及其燃烧

1. 燃烧条件

火灾是失去控制的一种燃烧现象。燃烧，是指可燃物与氧化剂作用发生的放热反应，通常伴有火焰、发光和（或）发烟现象。燃烧的发生和发展，必须具备三个必要条件，即可燃物、氧化剂（助燃物）和引火源（温度），如图2-1所示。当燃烧发生时，上述三个条件必须同时具备，如果有一个条件不具备，那么燃烧就不会发生。因此，破坏燃烧形成的条件是扑灭火灾的根本所在。

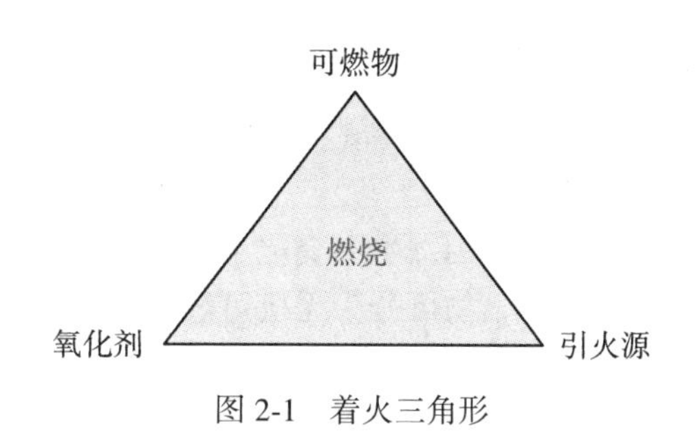


图2-1　着火三角形

1）可燃物

凡是能与空气中的氧或其他氧化剂起化学反应的物质，称为可燃物。在高校建筑中，常见的可燃物有木质桌椅、书本纸张、衣服织物、床单被褥、电子产品的塑料外壳、电线电缆、食堂的粮食、油脂、液化石油气、实验室的化学制剂等。可燃物按其化学组成，可分为无机可燃物和有机可燃物两大类；按其所处的状态，又可分为可燃固体、可燃液体和可燃气体三大类。

2）氧化剂（助燃物）

凡是与可燃物结合能导致和支持燃烧的物质，称为助燃物，如广泛存在于空气中的氧气。普通意义上，可燃物的燃烧均是指在空气中进行的燃烧。在一定条件下，各种不同的可燃物发生燃烧，均有本身固定的最低氧含量要求，氧含量过低，即使其他必要条件已经具备，燃烧仍不会发生。

3）引火源（温度）

凡是能引起物质燃烧的点燃能源，统称为引火源。在一定条件下，各种不同可燃物只有达到一定能量才能引起燃烧。常见的引火源有下列几种：

（1）明火：是指生产、生活中的炉火、烛火、焊接火、吸烟火，以及撞击、摩擦打火，机动车辆排气管火星、飞火等。

（2）电弧、电火花：是指电气设备、电气线路、电气开关及漏电打火，以及电话、手机等通信工具火花，静电火花（物体静电放电、人体衣物静电打火、人体积聚静电对物体放电打火）等。

（3）雷击：雷击瞬间高压放电能引燃任何可燃物。

（4）高温：是指高温加热、烘烤、积热不散、机械设备故障发热、摩擦发热、聚焦发热等。

（5）自燃引火源：是指在既无明火又无外来热源的情况下，物质本身自行发热、燃烧起火，如白磷、烷基铝在空气中会自行起火；钾、钠等金属遇水着火；易燃、可燃物质与氧化剂、过氧化物接触起火等。

大部分燃烧的发生和发展除了具备上述三个必要条件以外，还存在未受抑制的自由基作中间体。自由基是一种高度活泼的化学基团，这些自由基在燃烧反应过程中会持续由高分子物质分解产生，并能与其他自由基和分子起化学反应，从而使燃烧按链式反应的形式扩展，也称游离基。多数燃烧反应不是直接进行的，而是通过自由基团和原子这些中间产物瞬间进行的循环链式反应。因此，大部分燃烧发生和发展需要四个必要条件，即可燃物、助燃物（氧化剂）、引火源（温度）和链式反应自由基。

2. 可燃物分类

凡是能与空气中的氧或其他氧化剂发生燃烧化学反应的物质，称为可燃物。可燃物种类繁多，根据化学结构的不同，可燃物可分为无机可燃物和有机可燃物两大类。无机可燃物中的无机单质有：钾、钠、钙、镁、磷、硫、硅、氢等；无机化合物有：一氧化碳、氨、硫化氢、磷化氢、二硫化碳、联氨、氢氰酸等。有机可燃物按分子量可分为低分子和高分子，按来源可分成天然的和合成的。有机物中除了多卤代烃，如四氯化碳、二氟-氯一溴甲烷（1211）等不燃且可作灭火剂之外，其他绝大部分有机物都是可燃物。常见的有机可燃物有：天然气、液化石油气、汽油、煤油、柴油、原油、酒精、豆油、煤、木材、棉、麻、纸以及三大合成材料（合成塑料、合成橡胶、合成纤维）等。

根据可燃物的物态和火灾危险特性的不同，参照危险货物的分类方法，取其中有燃烧爆炸危险性的种类，再加上一般的可燃物（不属于危险货物的可燃物），将可燃物分成以下六大类。

（1）爆炸性物质：凡受高热、摩擦、撞击，或受一定物质激发，能瞬间引起单分解，或复分解化学反应，并以机械能的形式，在极短时间内放出能量的物质。包括：

点火器材：如导火索、点火绳、点火棒等；

起爆器材：如导爆索、雷管等；

炸药及爆炸性药品：环三次甲基三硝胺（黑索金）、四硝化戊四醇（泰安）、硝基胍、硝铵炸药（铵梯炸药）、硝化甘油混合炸药（胶质炸药）、硝化纤维素或硝化棉（含氮量在12.5%以上）、高氯酸（浓度超过72%）、黑火药、三硝基甲苯（TNT）、三硝基苯酚（苦味酸）、迭氮钠、重氮甲烷、四硝基甲烷等；其他爆炸品，如：小口径子弹、猎枪子弹、信号弹、礼花弹、演习用纸壳手榴弹、焰火、爆竹等。

（2）自燃性物质：凡是不用明火作用，由本身受空气氧化或外界的温度、湿度影响发热达到自燃点而自发燃烧的物质。可分为：

一级自燃物质（在空气中易氧化或分解、发热引起自燃）：黄磷、硝化纤维胶片、铝铁熔剂、三乙基铝、三异丁基铝、三乙基硼、三乙基锑、二乙基锌、651除氧催化剂、铝导线焊接药包等；

二级自燃物质（在空气中能缓慢氧化、发热引起自燃）：油纸及其制品，以及油布及其制品、桐油漆布及其制品、油绸及其制品，以及植物油浸渍的棉、麻、毛、发、丝及野生纤维、粉片柔软云母等。

（3）遇水燃烧物质（亦称遇湿易燃物品）：凡遇水或潮湿空气能分解而产生可燃气体，并放出热量，引起燃烧或爆炸的物质。可分为：

一级遇水燃烧物质（与水或酸反应极快，产生可燃气体，发热，极易引起自行燃烧）：钾、钠、锂、氢化锂、氢化钠、四氢化锂铝、氢化铝钠、磷化钙、碳化钙（电石）、碳化铝、钾汞齐、钠汞齐、钾钠合金、镁铝粉、十硼氢、五硼氢等；

二级遇水燃烧物质（与水或酸反应较慢，产生可燃气体，发热，不易引起自行燃烧）：氰氨化钙（石灰氮）、低亚硫酸钠（保险粉）、金属钙、锌粉、氢化铝、氢化钡、硼氢化钾、硼氢化钠等。

（4）可燃气体：遇火、受热或与氧化剂接触，能燃烧、爆炸的气体。可分为：

甲类可燃气体（燃烧（爆炸）浓度下限小于10%的可燃气体）：氢气、硫化氢、甲烷、乙烷、丙烷、丁烷、乙烯、丙烯、乙炔、氯乙烯、甲醛、甲胺、环氧乙烷、炼焦煤气、水煤气、天然气、油田伴生气、液化石油气等；

乙类可燃气体（燃烧（爆炸）浓度下限大于10%的可燃气体）：氨、一氧化碳、硫氧化碳、发生炉煤气等。

（5）易燃和可燃液体：我国《建筑设计防火规范》中将能够燃烧的液体分成甲类液体、乙类液体、丙类液体三类。汽油、煤油、柴油这些常用的三大油品是甲、乙、丙类液体的代表。闪点小于28℃的液体，如二硫化碳、苯、甲苯、甲醇、乙醚、汽油、丙酮等划为甲类；闪点大于或等于28℃，小于60℃的液体，如煤油、松节油、丁烯醇、溶剂油、冰醋酸等划分为乙类；闪点大于或等于60℃的液体，如柴油、机油、重油、动物油、植物油等划为丙类。比照危险货物的分类方法，可将上述甲类和乙类液体划入易燃液体类，把丙类液体划入可燃液体类。

（6）易燃、可燃与难燃固体：我国《建筑设计防火规范》中将能够燃烧的固体划分为甲、乙、丙、丁、戊五类，比照危险货物的分类方法，可将甲类、乙类固体划入易燃固体，丙类固体划入可燃固体，丁类固体划归入难燃固体，戊类固体划为不燃固体。

在常温下能自行分解火灾空气中氧化导致迅速自燃或爆炸的固体，如硝化棉、赛璐珞、黄磷等，划为甲类。

在常温下受到水或空气中的水蒸气的作用，能产生可燃气体并引起燃烧或爆炸的固体，如钾、钠、氧化钠、氢化钙、磷化钙等，划为甲类。

遇酸、受热、撞击、摩擦以及遇有机物或硫黄等易燃的无机物，极易引起燃烧或爆炸的强氧化剂，如氯酸钾、氯化钠、过氧化钾、过氧化钠等，划为甲类。

凡不属于甲类的化学易燃危险固体（如镁粉、铝粉、硝化纤维漆布等），不属于甲类的氧化剂（如硝酸铜、亚硝酸钾、漂白粉等）以及常温下在空气中能缓慢氧化、积热自燃的危险物品（如桐油、漆布、油纸、油浸金属屑等），都划为乙类。

可燃固体，如竹木、纸张、橡胶、粮食等，属于丙类。

难燃固体，如酚醛塑料、沥青混凝土、水泥刨花板等，属于丁类。

不燃固体，如钢材、玻璃、陶瓷等，属于戊类。

### 2.1.2　可燃物燃烧温度

不同形态物质的燃烧各有特点，发生燃烧时的温度不同，通常根据不同燃烧类型，用不同的燃烧性能参数来分别衡量不同状态可燃物的燃烧特性。

1. 闪点

在规定的试验条件下，液体挥发的蒸汽与空气形成的混合物，遇引火源能够闪燃的液体最低温度（采用闭杯法测定），称为闪点。

闪点是可燃液体性质的主要标志之一，是衡量液体火灾危险性大小的重要参数。闪点越低，火灾危险性越大，反之则越小。闪点与可燃性液体的饱和蒸汽压有关，饱和蒸汽压越高，闪点越低。在一定条件下，当液体的温度高于其闪点时，液体随时有可能被引火源引燃或发生自燃，若液体的温度低于闪点，则液体是不会发生闪燃的，更不会着火。常见的几种易燃或可燃液体的闪点见表 2-1。

表 2-1　**常见的几种易燃或可燃液体闪点**

| 名称 | 闪点（℃） | 名称 | 闪点（℃） |
|---|---|---|---|
| 汽油 | -50 | 二硫化碳 | -30 |
| 煤油 | 38~74 | 甲醇 | 11 |
| 酒精 | 12 | 丙酮 | -18 |
| 苯 | -14 | 乙醛 | -38 |
| 乙醚 | -45 | 松节油 | 35 |

2. 燃点

在规定的试验条件下，应用外部热源使固体可燃物表面起火并持续燃烧一定时间所需的最低温度，称为燃点。

在一定条件下，物质的燃点越低，越易着火。常见可燃物的燃点见表 2-2。

表 2-2　　几种常见可燃物的燃点

| 物质名称 | 燃点（℃） | 物质名称 | 燃点（℃） |
|---|---|---|---|
| 蜡烛 | 190 | 棉花 | 210~255 |
| 松香 | 216 | 布匹 | 200 |
| 橡胶 | 120 | 木材 | 250~300 |
| 纸张 | 130~230 | 豆油 | 220 |

3. 自燃点

在规定的条件下，可燃物质产生自燃的最低温度，称为自燃点。在这一温度时，物质与空气（氧）接触，不需要明火的作用就能发生燃烧。

自燃点是衡量可燃物质受热升温导致自燃危险的依据。可燃物的自燃点越低，发生自燃的危险性就越大。常见可燃物在空气中的自燃点见表 2-3。

表 2-3　　某些常见可燃物在空气中的自燃点

| 物质名称 | 自燃点（℃） | 物质名称 | 自燃点（℃） |
|---|---|---|---|
| 氢气 | 400 | 丁烷 | 405 |
| 一氧化碳 | 600 | 乙醚 | 160 |
| 硫化氢 | 260 | 汽油 | 530~685 |
| 乙炔 | 305 | 乙醇 | 423 |

### 2.1.3　可燃物燃烧特殊形式

1. 阴燃

阴燃是固体燃烧的一种形式，是无可见光的缓慢燃烧，通常产生烟和温度上升等现象，它与有焰燃烧的区别是无火焰，它与无焰燃烧的区别是能热分解出可燃气，因此在一定条件下阴燃可以转换成有焰燃烧。

1）阴燃的燃烧条件

（1）发生阴燃的内部条件：可燃物必须是受热分解后能产生刚性结构的多孔碳的固体物质，即物质结构不塌陷，如蚊香和香烟燃烧后的灰烬还保持原来的形状。如果可燃物受热分解产生非刚性结构的碳，如受热分解后的产物呈流动焦油状，就不能发生阴燃。

（2）发生阴燃的外部条件：一般是缺氧环境中有一个适合供热强度的热源。所谓适合的供热强度，是指能够引发阴燃的适合温度和适合的供热速率。

常见的高校火灾能引起阴燃的热源有 3 种：①自燃热源。在一些书籍及木质座椅板凳堆叠区域，或杂草堆垛、粮食堆垛发生自燃时，由于内部环境缺氧，所以燃烧初期是阴燃；②阴燃本身可以成为引起其他物质阴燃的热源，比如有高校学生吸烟后燃烧的烟头没有及时处理掉，引起地毯或被褥的阴燃；③有焰燃烧熄火后的阴燃，如烧烤后剩余的木炭灰烬等。

2）阴燃的燃烧机理

阴燃的燃烧过程与其他燃烧反应不同，它是一种只在气固相界面处，不产生火焰的一种燃烧形式。

为研究阴燃的燃烧机理，中国科学技术大学火灾科学国家重点实验室邵占杰等人以聚氨酯泡沫材料为例，进行了阴燃实验。结果表明，材料的阴燃过程大致经历了 3 个阶段：阴燃发生段、阴燃稳定段和阴燃转化段（转为明火或者熄灭）。聚氨酯泡沫材料在空气自然对流条件下，向上地正向阴燃，即氧气流动方向与阴燃传播方向一致的阴燃，在传播末期转为有焰燃烧，且其稳定传播和转为明火时的温度分别是 350℃ 和 650℃ 左右，阴燃传播速度大约为 0.067mm/s。燃烧区周围氧浓度的大小是决定阴燃及其传播过程的决定性因素。此外，可燃物阴燃产生的物质燃烧并不彻底，如产生的一氧化碳的含量明显高于明火燃烧时的含量。阴燃过程中，由于燃烧向外界传播的热量明显小于自身燃烧产生的热量，从而使得阴燃得以维持向前传播。

对于阴燃的化学反应变化，中国科学技术大学火灾研究学者彭磊等人建立了一维逆向受迫条件下的阴燃传播和向有焰火转化的模型。对材料阴燃的化学反应采用两步反应模型：一是有氧热解反应，通过放热来提供阴燃所需的能量；二是无氧热解反应，通过吸热来释放可燃气体。前者是吸热反应，释放可燃气体；后者是放热反应，提供阴燃所需的能量。按阴燃材料的化学物理性质变化，可以将其分成以下四个区域：原始材料区域，该区域材料本身未发生任何变化，温度等于初始温度；受到加热的材料区域，材料温度升高，但是温度并没有改变材料化学性质，材料的成分、密度、空隙度未发生改变；材料热解与化学反应区域，材料的内部温度大于材料的热解温度，区域内材料开始热解并与氧气发生反应，释放热量；残留层/炭层区域，材料已热解完全，该区域内材料不与氧发生反应。

3）阴燃燃烧相比于有焰燃烧的特点

（1）在加热强度比较小的情况下，也可能发生阴燃；

（2）氧化反应的速度很小，相应的最高温度及传播速度都很低；

（3）反应区的厚度比有焰燃烧的大；

（4）阴燃可以在比较低的氧气浓度环境中传播；

（5）单位质量的物质在阴燃状态下，能产生较多的烟尘、有毒气体及可燃性气体；

（6）短时间的大流速气流很难将阴燃吹灭；

（7）当散热条件较差，热量比较容易积累时，对阴燃的发生和传播反而较为有利；

（8）当阴燃燃烧区随着明燃的传播不断扩大时，就可能转变为有焰燃烧。

2. 轰燃

轰燃，是指在建筑内部突发性的引起全面燃烧的现象。当室内大火燃烧形成的充满室内各个房间的可燃气体以及没充分燃烧的气体达到一定浓度时所形成的爆燃，由于大火燃烧致使室内温度显著升高，因此这种爆燃会导致室内其他房间内没有直接接触火焰的可燃物也一起被点燃而燃烧，也就是“轰”的一声，室内所有可燃物都被点燃而开始燃烧，这种现象称为轰燃。

轰燃的出现，除了与建筑物及其容纳物品的燃烧性能、起火点位置有关外，还与内装修材料的厚度、开口条件、材料的含水率等因素有关。如房间衬里材料的不同，吸热和散热的物理特性有很大的差异，因此对发生轰燃时临界条件的数值有着很大的影响。若材料的绝热性能好，例如绝热纤维板，室内温度升高得就快，则达到轰燃时的火源体积将大大减小。在高校建筑中，实验室和学生宿舍是容易发生轰然现象的主要场所，这两个地方可燃物质多且其环境相对密闭。

1）轰燃的燃烧机理

在通风能够满足的情况下，室内火灾表现为燃料控制型燃烧，即燃料越多，燃烧持续时间越长，只要室内有足够的可燃物并持续燃烧，燃烧生成的热烟气在顶棚下的积累，将使顶棚和墙壁上部（两部分可合称扩展顶棚）受到加热；同时，扩展顶棚温度的升高又以辐射形式增大反馈到可燃物的热通量。随着燃烧的持续，热烟气层的厚度和温度都在不断增加，使得可燃物的燃烧速率不断增大。随着可燃物的质量燃烧速率的增大，室内热量集聚，温度上升，当室内火源的释热速率达到发生轰燃时的临界释热速率，室内所有可燃物表面同时燃烧，就会发生轰燃。这标志着火灾猛烈阶段的开始，轰燃的出现是燃烧释放的热量大量积累的结果。

2）轰燃的危害

（1）对室内人员的危害：轰燃后对室内人员的危害主要体现在：

①缺氧、窒息作用。由于可燃物迅速燃烧，空气中的氧气被大量消耗，使得空气中的氧气含量大大低于人们正常生理所需要的数值，造成人体缺氧；同时 $CO_2$是许多可燃物燃烧的主要产物，$CO_2$ 含量过高，会刺激人的呼吸系统，引起呼吸加快，从而产生窒息作用。

②毒性、刺激性作用。燃烧产物中含有多种毒性和刺激性气体，如 CO、$SO_2$、HCl、HCN 等，这些气体的含量极易超过人体正常生理所允许的最低浓度，造成中毒或刺激性危害。

③高温气体的热损伤作用。人们对高温环境的忍耐性是有限的，有资料表明：当环境温度为 65℃时，人们可短时忍受；当环境温度为 120℃时，短时间内将会对人体产生不可恢复的损伤；随着环境温度的进一步提高，对人体造成损伤的时间会更短，而在着火房间内，高温气体的温度可达数百度，甚至在某些情况下可达 1000℃以上，会在瞬间对人体造成热损伤。

④烟气的减光作用。一般情况下，烟粒子对可见光是不透明的，烟气在火场上弥漫，会严重影响人们的视线，使人们难以找到起火地点、辨别火势发展方向和寻找安全疏散路线，极易造成群死群伤事故。

（2）对建筑物的危害：轰燃发生后，在高温、强热辐射、火灾快速传播的作用下，建筑物极易倒塌，从而引发更大的事故，造成更大的危害。如 2003 年 11 月 3 日，湖南衡阳衡州大厦发生的特大火灾坍塌事故，造成 20 名消防官兵殉难，是中华人民共和国成立以来消防队员死伤最多的火灾，引起了全社会的震惊。普通建筑物构件在轰燃发生后承重能力都会受到一定的影响。如：烧结后的黏土砖能承受 800~900℃高温，而硅酸盐砖在 300~400℃就开始分解、开裂；石料，如大理石、花岗石等，虽属不燃材料，但在高温下遇冷水喷射时容易爆裂；钢结构虽然本身不会燃烧，但在火灾情况下其强度会迅速下降，一般钢结构温度达到 350℃、500℃、600℃时强度分别下降 1/3、1/2、2/3，在全负荷情况下，钢结构失去静态平衡稳定性的临界温度为 500℃左右；混凝土材料在温度超过 300℃以后，抗压强度逐渐降低，当温度超过 600℃以后，混凝土抗拉强度则基本丧失。

（3）对灭火救援的危害：发生轰燃后，如无喷水保护，此时房间内温度会非常高（至少达到了 600℃，不可再进入起火房间进行搜寻和救援，首要之急是灭火）。消防队员若在轰燃前到达火场，灭火相对较易，因为此时火场内的可燃物并未充分燃烧，火场内温度相对较低，此时消防员使用便携式灭火器或小口径水带就有可能控制火情并灭火。轰燃发生后，由于可燃物的充分燃烧，火场内不仅温度高且由于燃烧造成的氧气消耗，消防队员必须穿上消防战斗服，戴上呼吸面具，并操纵大口径水带甚至消防水炮灭火，而且此时不一定就能立刻起到灭火效果。消防队员可能还需要打破窗户来排除着火房间内的气态高温燃烧产物。若火势太大，消防队员也可能无法再进行灭火，于是火势进一步蔓延。

3. 爆炸

爆炸，是一种极为迅速的物理或化学的能量释放过程。在此过程中，空间内的物质以极快的速度把其内部所含有的能量释放出来，转变成机械能、光和热等能量形态。一旦失控，发生爆炸事故，就会产生巨大的破坏作用，爆炸发生破坏作用的根本原因是构成爆炸的体系内存有高压气体或在爆炸瞬间生成的高温高压气体。爆炸体系和它周围的介质之间发生急剧的压力突变是爆炸的最重要特征，这种压力差的急剧变化是产生爆炸破坏作用的直接原因。

1）爆炸分类

按照能量来源分类，可将爆炸分为化学性爆炸、物理性爆炸和核爆炸三大类。化学性爆炸是物质由一种化学结构迅速转变为另一种化学结构，突然放出大量能量的过程。由于在瞬时生成的大量高温气体来不及膨胀和扩散，仍局限在较小的空间内，最终会引起压力急剧升高而导致爆炸，例如可燃气体与空气混合物的爆炸、炸药的爆炸等。

2）爆炸极限

爆炸极限一般认为是物质发生爆炸必须具备的浓度或温度范围，根据物质的不同形态和不同需要，通常将爆炸极限分为爆炸浓度极限和爆炸温度极限两种。

可燃气体、液体蒸汽和粉尘与空气混合后，遇火源会发生爆炸的最高或最低的浓度范围，称为爆炸浓度极限，简称为爆炸极限。能引起爆炸的最高浓度称为爆炸上限，能引起爆炸的最低浓度称为爆炸下限，上限和下限之间的间隔称为爆炸范围。可燃气体、液体蒸汽和粉尘与空气混合后形成的混合物遇火源不一定都能发生爆炸，只有其浓度处在爆炸极限范围内，才发生爆炸。浓度高于上限，助燃物数量太少，不会发生爆炸，也不会燃烧；浓度低于下限，可燃物的数量不够，也不会发生爆炸或燃烧。但是，若浓度高于上限的混合物离开密闭的空间或混合物遇到新鲜空气，遇火源则有发生燃烧或爆炸的危险。

气体和液体的爆炸极限通常用体积百分比（%）表示。不同的物质由于其理化性质不同，其爆炸极限也不同；即使是同一种物质，在不同的外界条件下，其爆炸极限也不同。如在氧气中的爆炸极限，要比在空气中的爆炸极限范围宽，下限会降低。部分可燃气体在空气和氧气中的爆炸极限如表 2-4 所示。

表 2-4 **部分可燃气体和蒸气的爆炸极限（%）**

| 物质名称 | 在空气中 | | 在氧气中 | |
|---|---|---|---|---|
| | 下限 | 上限 | 下限 | 上限 |
| 氢气 | 4.0 | 75.0 | 4.7 | 94.0 |
| 乙炔 | 2.5 | 82.0 | 2.8 | 93.0 |
| 甲烷 | 5.0 | 15.0 | 5.4 | 60.0 |
| 乙烷 | 3.0 | 12.45 | 3.0 | 66.0 |
| 丙烷 | 2.1 | 9.5 | 2.3 | 55.0 |
| 乙烯 | 2.75 | 34.0 | 3.0 | 80.0 |
| 丙烯 | 2.0 | 11.0 | 2.1 | 53.0 |
| 氨 | 15.0 | 28.0 | 13.5 | 79.0 |
| 环丙烷 | 2.4 | 10.4 | 2.5 | 63.0 |
| 一氧化碳 | 12.5 | 74.0 | 15.5 | 94.0 |
| 乙醚 | 1.9 | 40.0 | 2.1 | 82.0 |
| 丁烷 | 1.5 | 8.5 | 1.8 | 49.0 |
| 二乙烯醚 | 1.7 | 27.0 | 1.85 | 85.5 |

除助燃物条件外，对于同种可燃气体，其爆炸极限还受以下几方面影响：

（1）火源能量的影响。引燃混气的火源能量越大，可燃混气的爆炸极限范围越宽，爆炸危险性越大。

（2）初始压力的影响。初始压力增加，爆炸范围增大，爆炸危险性增加。值得注意的是，干燥的一氧化碳和空气的混合气体，压力上升，其爆炸极限范围会缩小。

（3）初温对爆炸极限的影响。混气初温越高，混气的爆炸极限范围越宽，爆炸危险性越大。

（4）惰性气体的影响。可燃混气中加入惰性气体，会使爆炸极限范围变宽，一般上限降低，下限变化比较复杂。当加入的惰性气体超过一定量以后，任何比例的混气均不能发生爆炸。

3）爆炸的危害

（1）直接的破坏作用。学校的实验室机械设备、装置、容器等爆炸后产生许多碎片，碎片飞出后，会在相当大的范围内造成危害。一般碎片在 100~500m 范围内飞散。

（2）冲击波的破坏作用。物质爆炸时，产生的高温高压气体以极高的速度膨胀，像活塞一样挤压周围空气，把爆炸反应释放出的部分能量传递给压缩的空气层，空气受冲击而发生扰动，使其压力、密度等产生突变，这种扰动在空气中传播就称为冲击波。冲击波的传播速度极快，在传播过程中，可以对周围环境中的机械设备和建筑物产生破坏作用并造成人员伤亡。冲击波还可以在它的作用区域内产生震荡作用，使物体因震荡而松散，甚至破坏。冲击波的破坏作用主要是由其波阵面上的超压引起的。在爆炸中心附近，空气冲击波波阵面上的超压可达几个甚至十几个大气压，在这样高的超压作用下，建筑物被摧毁，机械设备、管道等也会受到严重破坏。当冲击波大面积作用于建筑物时，波阵面超压在20~30kPa内，足以使大部分砖木结构建筑物受到强烈破坏。超压在100kPa以上时，除坚固的钢筋混凝土建筑外，其余部分将全部破坏。

（3）造成火灾。爆炸发生后，爆炸气体产物的扩散只发生在极其短促的瞬间内，对一般可燃物来说，不足以造成起火燃烧，而且冲击波造成的爆炸风还有灭火作用。但是爆炸时产生的高温高压，以及建筑物内遗留大量的热或残余火苗，会把从破坏的设备内部不断流出的可燃气体、易燃或可燃液体的蒸气点燃，也可能把其他易燃物点燃，引起火灾。当盛装易燃物的容器、管道发生爆炸时，爆炸抛出的易燃物有可能引起大面积火灾，这种情况在油罐、液化气瓶爆破后最容易发生。正在运行的燃烧设备或高温的化工设备被破坏，其灼热的碎片可能飞出，点燃附近储存的燃料或其他可燃物，从而引起火灾。

（4）造成中毒和环境污染。

4）爆炸必须具备的五个条件

（1）提供能量的可燃性物质，即爆炸性物质：能与氧气（空气）反应的物质，包括气体、液体和固体。气体：氢气、乙炔、甲烷等；液体：酒精、汽油；固体：粉尘、纤维粉尘等。

（2）辅助燃烧的助燃剂（氧化剂），如氧气、空气。

（3）可燃物质与助燃剂的均匀混合。

（4）混合物放在相对封闭的空间（包围体）。

（5）有足够能量的点燃源：包括明火、电气火花、机械火花、静电火花、高温、化学反应、光能等。

## 2.2　建筑火灾的发展蔓延规律

### 2.2.1　火灾的发生和发展

火灾的发生和发展大体上可以分为三个阶段：初期增长阶段、充分发展阶段和减弱阶段。

1. 初期增长阶段

火灾中的可燃物是多种多样的，不过，最常见的是固体可燃物。在某种点火源的作用下，固体可燃物的某个局部被引燃，着火区逐渐增大。如火灾发生在建筑物内，火灾的发展可能出现以下三种情况：

（1）初始可燃物全部烧完而未能延及其他可燃物，致使火灾自行熄灭。这种情况通常发生在初始可燃物不多且距离其他可燃物较远的情况下。

（2）火灾增大到一定的规模，但是由于通风不足，使燃烧强度受到限制，于是火灾以较小的规模持续燃烧。若通风条件相当差，则在燃烧一段时间后，火灾会自行熄灭。

（3）如果可燃物充足且通风良好，火灾将迅速增大，乃至将其周围的可燃物引燃。起火房间内的温度也随之迅速上升。

2. 充分发展阶段

当起火房间温度达到一定值时，室内所有的可燃物都可发生燃烧，从而发生轰燃。轰燃的出现，标志着火灾充分发展阶段的开始。此后，室内温度可升高到1000℃以上。火焰和高温烟气常可从房间的门、窗窜出，致使火灾蔓延到其他区域。在轰燃之前还没有从建筑物中逃出的人员将会有生命危险。在充分发展阶段，室内温度逐渐升至某一最大值。这时的燃烧状态相对稳定。室内高温可使建筑构件的承载能力急剧下降，甚至造成建筑物的坍塌。火灾充分发展阶段的持续时间取决于室内可燃物的性质、数量和建筑物的通风条件等。

3. 减弱阶段

随着可燃物的消耗，火灾的燃烧强度逐渐减弱，以致明火焰熄灭。不过剩下的焦炭通常还将持续燃烧一段时间。同时，由于燃烧释放的热量不会很快散失，着火区内温度仍然较高。着火区的平均温度是反映火灾燃烧状况的重要参数。一般用着火区温度随时间的变化来表示火灾的三个阶段，如图2-2所示，描述的是火灾的自然发展过程。实际上，人们是不会任火灾自由发展的，总会采取各种可行的措施来控制或扑灭火灾。不同的措施可以在火灾的不同阶段发挥作用。例如，在火灾早期，启动自动喷水灭火装置可以有效控制温度的升高，使得室内不能发生轰燃，并且火灾也会较快地被熄灭。将火灾控制或扑灭在初期增长阶段，是减少火灾损失最有效的途径。为了有针对性地采取防治措施，应当清楚地了解火灾的早期特征。同时，了解火灾的早期特征对于组织人员安全疏散也具有重要意义。

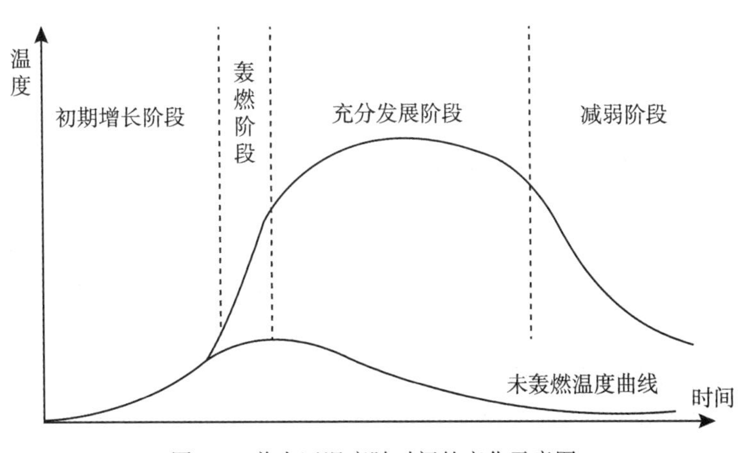


图2-2 着火区温度随时间的变化示意图

### 2.2.2 火灾蔓延方式与途径

火灾是一种失去控制的燃烧。燃烧总是产生明亮的火焰，火焰能自行向四周传播，直到能够反应的整个系统反应完为止，而且这种传播发生在多相介质中。火灾的蔓延表现为火焰的传播，因此火灾的蔓延是一个极其复杂的过程。

1. 火灾的蔓延方式

火灾的发生、发展就是一个火焰发展蔓延、能量传播的过程。热传播是影响火灾发展的决定性因素。热传播主要有三种方式：热传导、热对流和热辐射，如图 2-3 所示。火灾蔓延即是通过这三种方式进行的，但是在建筑火灾中还有一类特殊的火灾蔓延方式——飞火，即火源伴随着风的作用，落在其他可燃物上，产生新的着火点，这种飞火在森林火灾中最为常见，在此不再赘述。

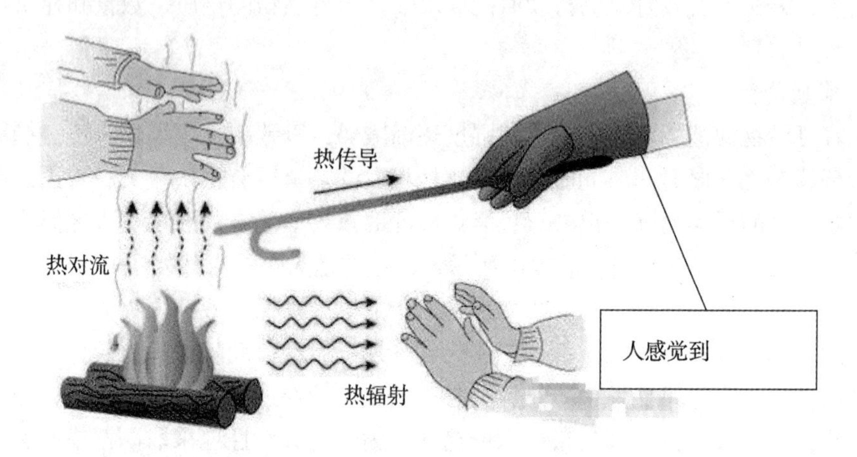


图 2-3　热传播三种方式示意图

1）热传导

热传导实质是由物质中大量的分子热运动互相撞击，而使能量从物体的高温部分传至低温部分，或由高温物体传给低温物体的过程。在固体中，热传导的微观过程是：在温度高的部分，晶体中节点上的微粒振动动能较大。在低温部分，微粒振动动能较小。因微粒的振动互相作用，所以在晶体内部热能由动能大的部分向动能小的部分传导。固体中热的传导，其实质就是能量的迁移。

2）热对流

热对流是流体（气体或液体）中物质发生相对位移而引起的热量传递过程。例如在建筑火灾中，室内火灾发展达到全盛后，窗玻璃在轰燃之际已经被破坏，又经过一段时间的猛烈燃烧，内走廊的木质门也被烧穿，导致火灾涌入建筑内部。此时，一般耐火建筑的走廊内部温度可达 1000～1100℃，木质结构建筑内会更高一些，使火灾分区内外的压差很大。当较冷空气涌入后，内部较热的气体温度降低，压差减少，失去浮力流动速度就降下来。若走廊内堆放有可燃易燃物品，或走廊内装饰有可燃吊顶等，就会被高温烟气点燃，则火灾就会在走廊里蔓延，再由走廊向其他空间传播。在走廊内的传播为水平方向的对流蔓延，而火灾在竖向管井内（如电梯井）的传播则是竖直方向的对流蔓延。一般来说，热对流主要通过以下方式影响火灾的发展：

（1）高温热气流能加热其流经途中的可燃物，引起新的燃烧。

（2）热气流能够往任何方向传递热量，特别是向上传播，能引起上层楼板、天花板燃烧。

（3）通过通风口进行热对流，使新鲜空气不断流进燃烧区，促使持续燃烧。

（4）含有水分的重质油品燃烧时，由于热对流的作用，容易发生沸溢或喷溅等。

3）热辐射

热辐射是指物体之间相互发射辐射能和吸收辐射能的过程。一般而言，热辐射是在两个温度不同的物体之间进行，热辐射的结果一般是高温物体将热量传给低温物体，若两个物体温度相同，则物体间的辐射传热量等于零，但物体间辐射和吸收过程仍在进行。热辐射有如下特点：

（1）它是依靠电磁波向物体传输热量，而不是依靠物质的接触来传递热量。

（2）辐射换热过程中伴随着能量的两次转换：发射时，物体的内能转换成辐射能；接收时，辐射能转换成内能。

（3）一切物体只要其温度 $T>0K$，便都在不断发生热辐射。

2. 火灾的蔓延途径

随着经济和城市建设的迅猛发展，各种建筑日趋增多，特别是多功能的高层建筑已成为现代大都市的标志。很多大学用地紧张，高层教学楼不断兴建。但是，高层建筑一旦发生火灾，极易形成立体火灾迅速蔓延，给人们的生命财产安全带来重大损失。因此，高层建筑发生火灾时，如何阻止火势蔓延，把火灾控制在最小范围内，是当前消防安全研究的新课题。建筑物内可燃物的种类可能包含气、液、固三种相态，因此建筑物某一空间内火灾蔓延的方式是很复杂的。但是，考虑到建筑的立体结构和平面布局，建筑物内的火灾蔓延主要有两种方式，一是水平蔓延，二是垂直蔓延。主要的蔓延途径如下：

（1）竖井、楼板孔洞和空调系统管道蔓延。由于烟气运动是向上的，所以楼板上的开口和楼梯间、管道井、电缆井、通风井都是烟气蔓延的良好通道。它们使若干楼层连通或贯穿全部楼层，发生火灾时，“烟囱效应”将强力抽拔火焰，使火势快速向上蔓延。火灾的竖向运动速度很快，一般可达 3~5m/s。

建筑空调系统未按规定设防火阀或采用可燃材料风管，可燃材料保温层都容易造成火灾蔓延。通风管道火灾蔓延，一是通风管道本身起火并向连通的空间（房间、吊顶、机房等）蔓延；二是它可以吸进火灾房间的烟气，而从远离火场的其他空间再喷冒出来，如图 2-4 所示。

（2）内墙门。火灾主要是通过各房间的门蔓延的，即火灾先烧毁着火房间的门，然后经走廊，再通向相邻房间的门而进入其他房间，将室内的物品烧着。即使走廊内可燃物很少，从着火房间门洞喷发出的高温烟气和火焰在强大的热对流作用下，也能使火灾快速蔓延到其他房间。但如果着火房间和邻近房间的门是关着的，则可起到延缓火灾蔓延的作用。

（3）非防火隔墙或防火墙。现代建筑内部房间的隔墙多采用砖墙或钢筋混凝土板墙，隔火作用好。有些场所，如教学办公楼、普通实验室、公共娱乐场所、餐饮店为了节约成

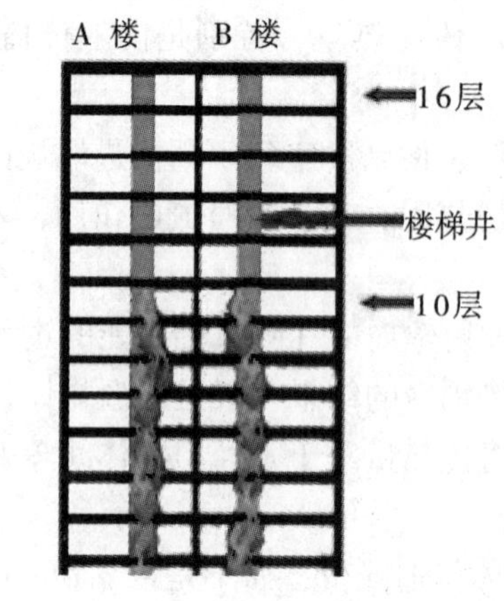

图 2-4　火灾通过楼梯井蔓延

本或其他原因，往往把大空间、大面积的建筑用可燃板材或可燃材料分隔成许多小房间，这种隔墙耐火性能差，在火灾高温作用下会遭到破坏而失去隔火作用，从而造成火势蔓延，如图 2-5 所示。

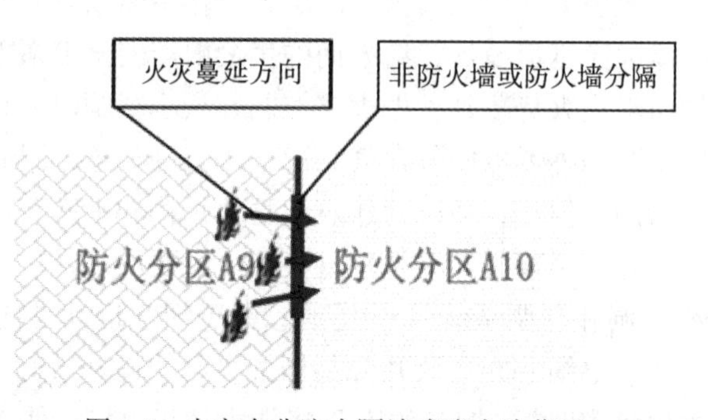

图 2-5　火灾在非防火隔墙或防火墙蔓延

（4）空心结构（含闷顶）。建筑物中有些封闭的空心结构内有连通空间，如板条抹灰墙龙骨间的空间、木楼板隔栅间的空间、采用有空腔的内外保温层等，火灾一旦窜入这些空心结构就可能蔓延到其他部位，而且不易察觉。建筑物闷顶是由屋盖和屋架构成的空间，这里往往没有防火分隔墙，且空间大。发生火灾时，火灾可通过吊顶棚上的人孔、通风口等洞口进入闷顶。火灾一旦进入闷顶，就易向水平方向发展，火势沿可燃构件燃烧的同时，会很快向下将其他房间的吊顶烧穿，从而使下面楼层着火。如果屋盖是小楞挂瓦或设有通气孔的天窗，火灾还会从瓦缝、天窗窜出。

（5）楼板、墙壁的缝隙和管线。火灾容易通过楼板、墙壁的缝隙和管线蔓延，尤其是用玻璃幕墙做饰面墙的建筑，其玻璃幕墙面积很大，有的可达几千平方米。部分建筑玻璃幕墙内侧骨架与楼板之间留有间隙，发生火灾时，火灾会沿着幕墙的内侧和外壁向上面楼层蔓延，如图 2-6 所示。一些利用可燃材料做的保温外墙也容易出现这种情况。

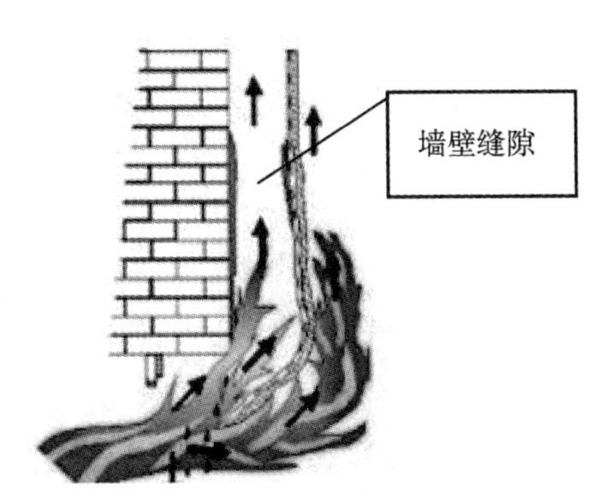


图 2-6 火灾在墙壁的缝隙蔓延

（6）外墙窗口。当火灾发展到非常猛烈时，大量高温烟气和火焰会喷出窗口，并通过上层窗口引燃室内可燃物品，并向上逐层发展蔓延，以致造成整幢建筑物起火，如图 2-7 所示。

图 2-7 火灾通过外墙窗口向上蔓延

# 第3章　高校建筑防火设计审查概要

我国大部分高校为公办高校，由于具有特殊的人才培养等公共社会职能，往往带有政府定位角色，加上很多高校规模庞大、自成体系，在学校均设立了独立的基建部门，在校园内范围自行负责审批兴建部分建筑，由于专业审核不完善，造成许多高校建筑存在先天性的消防缺陷，如消防间距不足、消防车道缺乏、疏散宽度不够、消防设施配备不全等，给后期消防安全带来极大威胁。因此，作为高校后勤管理部门，无论基建部门还是保卫部门等涉及消防事务的主管单位，都应该掌握一定的消防法律法规知识，了解建筑防火设计基本原理，避免在学校建设过程中不自觉地违规违法。

## 3.1　建筑分类

在消防救援过程中，考虑到消防队员的体能和消防设备供水能力要求等原因，一般按照高度将建筑分为单、多层和高层建筑。单、多层和高层建筑施救条件有较大差异，因此所要求设置的消防设施会有明显不同。

建筑高度的计算：当建筑为坡屋面时，应为建筑物室外设计地面到其檐口与屋脊的平均高度；当为平屋面（包括有女儿墙的平屋面）时，应为建筑物室外设计地面到其屋面面层的高度；当同一座建筑物有多种屋面形式时，建筑高度应按上述方法分别计算后，取其中最大值。局部突出屋顶的瞭望塔、冷却塔、水箱间、微波天线间，或设施、电梯机房、排风和排烟机房，以及楼梯出口小间等辅助用房，当其占屋面面积不大于1/4时，可不计入建筑高度内。

高层民用建筑根据其建筑高度、使用功能、火灾危险性、安全疏散及扑救难度以及楼层的建筑面积等，可分为一类和二类，见表3-1。需要注意的是，对于高层建筑而言，住宅和公共建筑区分方法是不一样的，住宅超过54m就为一类高层住宅，否则就是二类高层住宅。而对于公共建筑，只要高度超过50m就均为一类高层公共建筑，此外，在高校还有一些其他重要建筑，如科研楼、医学大楼、图书馆等，这些建筑只要超过24m均应作为一类高层建筑对待。一类高层和二类高层建筑在消防设计上有明显不同，一类高层建筑由于外部施救困难，因此内部消防设施必须要能够确保满足自身消防救援为前提，在建筑防火构造、疏散条件、消防灭火等方面均有更加严格的规定。

表 3-1 **民用建筑的分类**

| 名称 | 高层民用建筑 | | 单、多层民用建筑 |
| --- | --- | --- | --- |
| | 一类 | 二类 | |
| 住宅建筑 | 建筑高度大于 54m 的住宅建筑（包括设置商业服务网点的住宅建筑） | 建筑高度大于 27m，但不大于 54m 的住宅建筑（包括设置商业服务网点的住宅建筑） | 建筑高度不大于 27m 的住宅建筑（包括设置商业服务网点的住宅建筑） |
| 公共建筑 | 建筑高度大于 50m 的公共建筑；<br>建筑高度 24m 以上部分任一楼层建筑面积大于 1000m² 的商店、展览、电信、邮政、财贸金融建筑和其他多种功能组合的建筑；<br>医疗建筑、重要公共建筑、独立建造的老年人照料设施；<br>省级及以上的广播电视和防灾指挥调度建筑、网局级和省级电力调度建筑；<br>藏书超过 100 万册的图书馆、书库 | 除一类高层公共建筑外的其他高层公共建筑 | 建筑高度大于 24m 的单层公共建筑，建筑高度不大于 24m 的其他公共建筑 |

## 3.2 建筑耐火等级

建筑耐火等级是衡量建筑耐火程度的综合指标，规定建筑物的耐火等级是建筑设计防火规范中规定的防火技术措施中最基本的措施之一。建筑整体的耐火性能是保证建筑结构在火灾时不发生较大破坏的根本。在建筑结构体系中，一般建筑柱体、梁、楼板及墙体等直接承受有效荷载，受火灾影响比较大，因此，建筑耐火等级的评判是以柱、梁、楼板及墙体为基础的，并结合火灾实际情况进行确定。高校建筑大部分属于民用建筑，因此，其相关防火设计主要参考民用建筑进行。

### 3.2.1 耐火等级划分依据

《建筑设计防火规范》（GB 50016—2014，2018 年版，后文简称《建规》）第 5.1.2 条将民用建筑的耐火等级分为四个等级，对相应构件的燃烧性能和耐火极限作出了规定，见表 3-2。

表 3-2 **建筑物构件的燃烧性能和耐火极限** （单位：h）

| 构件名称 | | 耐火等级 | | | |
| --- | --- | --- | --- | --- | --- |
| | | 一级 | 二级 | 三级 | 四级 |
| 墙 | 防火墙 | 不燃性<br>3.00 | 不燃性<br>3.00 | 不燃性<br>3.00 | 不燃性<br>3.00 |

续表

| 构件名称 | | 耐火等级 | | | |
|---|---|---|---|---|---|
| | | 一级 | 二级 | 三级 | 四级 |
| 墙 | 承重墙 | 不燃性<br>3.00 | 不燃性<br>2.50 | 不燃性<br>2.00 | 难燃性<br>0.50 |
| | 非承重外墙 | 不燃性<br>1.00 | 不燃性<br>1.00 | 不燃性<br>0.50 | 可燃性 |
| | 楼梯间、前室的墙<br>电梯井的墙 | 不燃性<br>2.00 | 不燃性<br>2.00 | 不燃性<br>1.50 | 难燃性<br>0.50 |
| | 疏散走道两侧的隔墙 | 不燃性<br>1.00 | 不燃性<br>1.00 | 不燃性<br>0.50 | 难燃性<br>0.25 |
| | 房间隔墙 | 不燃性<br>0.75 | 不燃性<br>0.50 | 难燃性<br>0.50 | 难燃性<br>0.25 |
| 柱 | | 不燃性<br>3.00 | 不燃性<br>2.50 | 不燃性<br>2.00 | 难燃性<br>0.50 |
| 梁 | | 不燃性<br>2.00 | 不燃性<br>1.50 | 不燃性<br>1.00 | 难燃性<br>0.50 |
| 楼板 | | 不燃性<br>1.50 | 不燃性<br>1.00 | 不燃性<br>0.50 | 可燃性 |
| 屋顶承重构件 | | 不燃性<br>1.50 | 不燃性<br>1.00 | 可燃性<br>0.50 | 可燃性 |
| 疏散楼梯 | | 不燃性<br>1.50 | 不燃性<br>1.00 | 不燃性<br>0.50 | 可燃性 |
| 吊顶（包括吊顶搁栅） | | 不燃性<br>0.25 | 难燃性<br>0.25 | 难燃性<br>0.15 | 可燃性 |

### 3.2.2　耐火等级的确定

对于高校建筑的耐火等级，应根据建筑高度、使用功能、重要性和火灾扑救难度等确定。

地下或半地下建筑（室）和一类高层建筑的耐火等级不应低于一级；单、多层重要公共建筑和二类高层建筑的耐火等级不应低于二级。二级耐火等级建筑内采用难燃性墙体的房间隔墙，其耐火极限不应低于 0.75h；当房间的建筑面积不大于 $100m^2$ 时，房间隔墙可采用耐火极限不低于 0.5h 的难燃性墙体或耐火极限不低于 0.3h 的不燃性墙体。

## 3.3 建筑总平面布局和平面布置

### 3.3.1 总平面布局

总平面布局中，需要合理确定建筑的具体位置、防火间距、消防车道和消防水源等，以确保消防安全。

1. 位置布置

不宜将民用建筑布置在甲、乙类厂（库）房，甲、乙、丙类液体储罐，可燃气体储罐和可燃材料堆场的附近，同时，保持民用建筑布置在上风向。高校校园内部这种甲乙类厂房较少见，但要注意与周边建筑的关系。

2. 防火间距

民用建筑之间的防火间距不应小于表3-3中的规定，与其他建筑的防火间距，除应符合《建规》第5.2节的规定外，尚应符合《建规》其他章节的有关规定。如图3-1所示。

表3-3 **民用建筑之间的防火间距** （单位：m）

| 建筑类别 | | 高层民用建筑 | 裙房和其他民用建筑 | | |
|---|---|---|---|---|---|
| | | 一、二级 | 一、二级 | 三级 | 四级 |
| 高层民用建筑 | 一、二级 | 13 | 9 | 11 | 14 |
| 裙房和其他民用建筑 | 一、二级 | 9 | 6 | 7 | 9 |
| | 三级 | 11 | 7 | 8 | 10 |
| | 四级 | 14 | 9 | 10 | 12 |

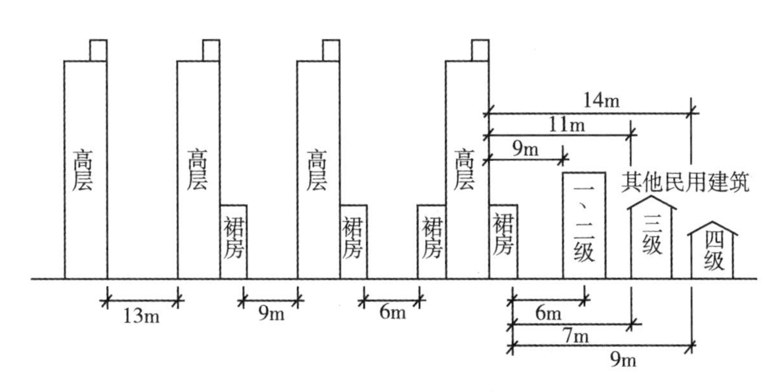


图3-1 民用建筑防火间距示意图

3. 消防救援

高层民用建筑、超过3000个座位的体育馆、超过2000个座位的礼堂、占地面积大于3000m²的展览建筑等单、多层公共建筑应设置环形消防车道，确有困难时，可沿建筑的两个长边设置消防车道。如图 3-2 所示。

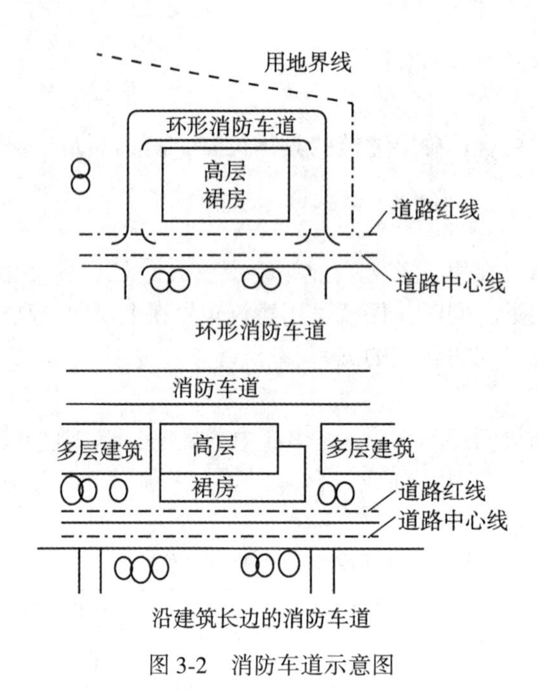


图 3-2　消防车道示意图

（1）对于消防车道的设计，应满足如下规定：

①车道的净宽度和净空高度均不应小于 4m；

②转弯半径应满足消防车转弯的要求；

③消防车道与建筑之间不应设置妨碍消防车操作的树木、架空管线等障碍物（如图 3-3 所示）；

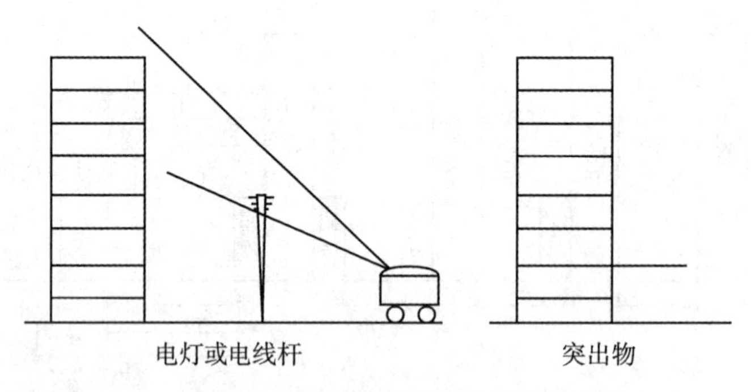


图 3-3　消防车道障碍物示意图

④消防车道靠建筑外墙一侧的边缘距离建筑外墙不宜小于 5m；

⑤消防车道的坡度不宜大于 8%。

（2）对于回车场的设计，应满足：环形消防车道至少应有两处与其他车道连通。尽头式消防车道应设置回车道或回车场，回车场的面积不应小于 12m×12m；对于高层建筑，不宜小于 15m×15m；供重型消防车使用时，不宜小于 18m×18m。消防车道的路面、救援操作场地、消防车道和救援操作场地下面的管道和暗沟等，应能承受重型消防车的压力。如图 3-4 所示。

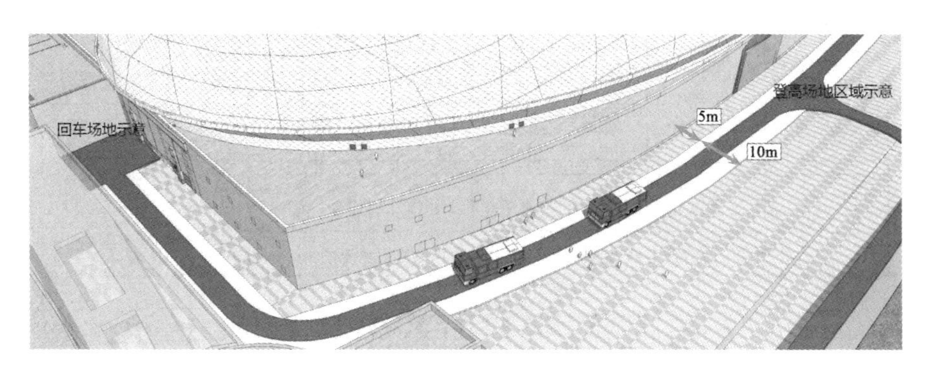


图 3-4　某大型场馆消防车道、回车场示意图

（3）对于救援场地的设计，应满足：高层建筑应至少沿一个长边或周边长度的 1/4 且不小于一个长边长度的底边连续布置消防车登高操作场地，该范围内的裙房进深不应大于 4m。建筑高度不大于 50m 的建筑，连续布置消防车登高操作场地确有困难时，可间隔布置，但间隔距离不宜大于 30m，且消防车登高操作场地的总长度仍应符合上述规定。

消防车登高操作场地应符合下列规定：

①场地与厂房、仓库、民用建筑之间不应设置妨碍消防车操作的树木、架空管线等障碍物和车库出入口；

②场地的长度和宽度分别不应小于 15m 和 10m；对于建筑高度大于 50m 的建筑，场地的长度和宽度分别不应小于 20m 和 10m；

③场地及其下面的建筑结构、管道和暗沟等，应能承受重型消防车的压力；

④场地应与消防车道连通，场地靠建筑外墙一侧的边缘距离建筑外墙不宜小于 5m，且不应大于 10m，场地的坡度不宜大于 3%。

建筑物与消防车登高操作场地相对应的范围内，应设置直通室外的楼梯或直通楼梯间的入口。

公共建筑的外墙应在每层的适当位置设置可供消防救援人员进入的窗口。供消防救援人员进入的窗口的净高度和净宽度均不应小于 1m，下沿距室内地面不宜大于 1. 2m，间距不宜大于 20m，且每个防火分区不应少于 2 个，设置位置应与消防车登高操作场地相对应。窗口的玻璃应易于破碎，并应设置可在室外易于识别的明显标志。如图 3-5 所示。

（4）消防电梯是在建筑物发生火灾时供消防人员进行灭火与救援使用且具有一定功能的电梯，具有较高的防火要求，其防火设计十分重要。工作电梯在发生火灾时，常常因为断电和不防烟火等而停止使用，因此设置消防电梯很有必要，其主要作用是：供消防人员携带灭火器材进入高层灭火；抢救疏散受伤或老弱病残人员；避免消防人员与疏散逃生人员在疏散楼梯上形成“对撞”，既延误灭火战机，又影响人员疏散；防止消防人员通过

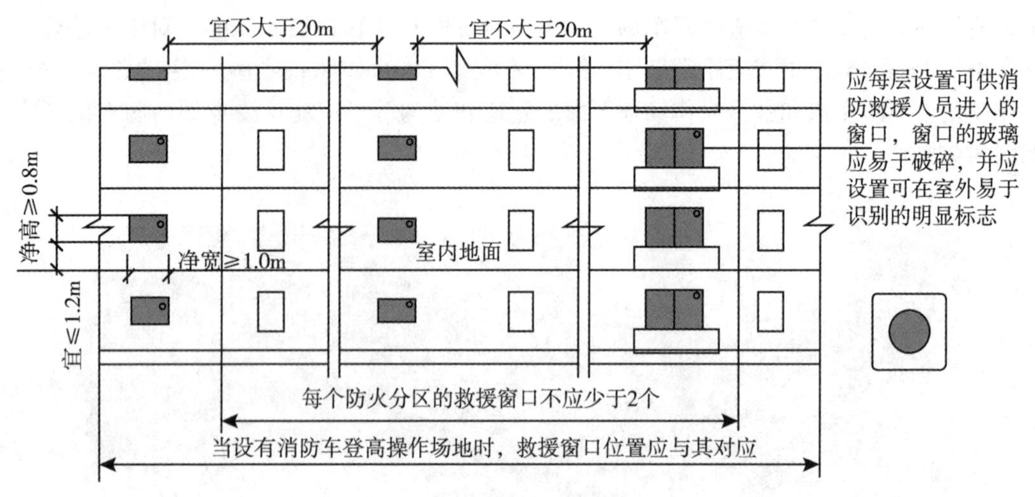


图 3-5　消防救援窗设置要求示意图

楼梯登高时间长，消耗大，体力不够，不能保证迅速投入灭火战斗。

对于一类高层公共建筑，建筑高度大于 32m 的二类高层公共建筑，以及设置消防电梯的建筑的地下或半地下室，埋深大于 10m 且总建筑面积大于 3000m$^2$的其他地下或半地下建筑（室），均应设置消防电梯。消防电梯应分别设置在不同的防火分区内，且每个防火分区不应少于 1 台。关于消防电梯的设计，还需满足《建规》第 7. 3 节其他设计要求。

### 3. 3. 2　建筑内部平面布置

对于高校建筑，其平面布置应符合规范要求，采用合理的分隔设施分隔建筑内部空间，可防止火灾在建筑内部蔓延扩散，提高建筑消防安全等级，确保人员生命安全和财产安全。本书仅就《建规》对高校建筑，如教学楼、食堂、办公楼等民用建筑，以及配套设备用房，如锅炉房、变压器室、发电机房等的布置作简要阐述。

1. 教学建筑、食堂

教学建筑、食堂采用三级耐火等级建筑时，不应超过 2 层；采用四级耐火等级建筑时，应为单层；设置在三级耐火等级的建筑内时，应布置在首层或二层；设置在四级耐火等级的建筑内时，应布置在首层。

2. 剧场、礼堂

剧场、礼堂宜设置在独立的建筑内；采用三级耐火等级建筑时，不应超过 2 层；确需设置在其他民用建筑内时，至少应设置 1 个独立的安全出口和疏散楼梯，并应符合下列规定：

（1）应采用耐火极限不低于 2h 的防火隔墙和甲级防火门与其他区域分隔；

（2）设置在一、二级耐火等级的多层建筑内时，观众厅宜布置在首层、二层或三层；确需布置在四层及以上楼层时，一个厅、室的疏散门不应少于 2 个，且每个观众厅或多功能厅的建筑面积不宜大于 400m$^2$；

（3）设置在三级耐火等级的建筑内时，不应布置在三层及以上楼层；

（4）设置在地下或半地下时，宜设置在地下一层，不应设置在地下三层及以下楼层，防火分区的最大允许建筑面积不应大于 $1000m^2$；

（5）当设置高层建筑内时，应设置自动喷水灭火系统和火灾自动报警系统；

（6）幕布的燃烧性能不应低于 B1 级。

3. 会议厅、多功能厅

高层建筑内的会议厅、多功能厅等人员密集的场所，宜布置在首层、二层或三层。确需布置在其他楼层时，除《建规》另有规定外，尚应符合下列规定：

（1）一个厅、室的疏散门不应少于 2 个，且建筑面积不宜大于 $400m^2$；

（2）应设置火灾自动报警系统和自动喷水灭火系统等自动灭火系统；

（3）设置在地下或半地下时，宜设置在地下一层，不应设置在地下三层及以下楼层。

4. 燃油或燃气锅炉、油浸变压器等

燃油或燃气锅炉、油浸变压器、充有可燃油的高压电容器和多油开关等，宜设置在建筑外的专用房间内；确需贴邻民用建筑布置时，应采用防火墙与所贴邻的建筑分隔，且不应贴邻人员密集场所，该专用房间的耐火等级不应低于二级；确需布置在民用建筑内时，不应布置在人员密集场所的上一层、下一层或贴邻，并应符合下列规定：

（1）燃油或燃气锅炉房、变压器室应设置在首层或地下一层的靠外墙部位，但常（负）压燃油或燃气锅炉可设置在地下二层或屋顶上。设置在屋顶上的常（负）压燃气锅炉，距离通向屋面的安全出口不应小于 6m。采用相对密度（与空气密度的比值）不小于 0.75 的可燃气体为燃料的锅炉，不得设置在地下或半地下；

（2）锅炉房、变压器室的疏散门均应直通室外或安全出口；

（3）锅炉房、变压器室等与其他部位之间应采用耐火极限不低于 2h 的防火隔墙和 1.5h 的不燃性楼板分隔。在隔墙和楼板上不应开设洞口，确需在隔墙上设置门、窗时，应采用甲级防火门、窗；

（4）锅炉房内设置储油间时，其总储存量不应大于 $1m^3$，且储油间应采用耐火极限不低于 3h 的防火隔墙与锅炉间分隔；确需在防火隔墙上设置门时，应采用甲级防火门；

（5）变压器室之间、变压器室与配电室之间，应设置耐火极限不低于 2h 的防火隔墙；

（6）油浸变压器、多油开关室、高压电容器室，应设置防止油品流散的设施。油浸变压器下面应设置能储存变压器全部油量的事故储油设施；

（7）应设置火灾报警装置；

（8）应设置与锅炉、变压器、电容器和多油开关等的容量及建筑规模相适应的灭火设施；

（9）锅炉的容量应符合现行国家标准《锅炉房设计规范》（GB 50041）的规定。油浸变压器的总容量不应大于 1260kV·A，单台容量不应大于 630kV·A；

（10）燃气锅炉房应设置爆炸泄压设施。燃油或燃气锅炉房应设置独立的通风系统。

5. 柴油发电机房

布置在民用建筑内的柴油发电机房应符合下列规定：

（1）宜布置在首层或地下一、二层；

（2）不应布置在人员密集场所的上一层、下一层或贴邻；

（3）应采用耐火极限不低于2h的防火隔墙和1.5h的不燃性楼板与其他部位分隔，门应采用甲级防火门；

（4）机房内设置储油间时，其总储存量不应大于$1m^3$，储油间应采用耐火极限不低于3h的防火隔墙与发电机间分隔；确需在防火隔墙上开门时，应设置甲级防火门；

（5）应设置火灾自动报警装置；

（6）建筑内其他部位设置自动喷水灭火系统时，柴油发电机房应设置自动喷水灭火系统。

## 3.4　建筑防火分区与分隔

防火分区，是指在建筑内部采用防火墙、楼板及其他防火分隔设施分隔而成，能在一定时间内防止火灾向同一建筑内其余部分蔓延的局部空间。一般分为水平防火分区和竖向防火分区。

### 3.4.1　水平防火分区与分隔

所谓水平防火分区，就是为了阻止建筑物内发生火灾时火势从水平方向向四周蔓延扩散的防火措施。通过采用防火墙、防火门、防火卷帘、防火分隔水幕等方式将同一水平面划分为多个不同的区域，使火灾发生限制在一定的面积范围内，也可称为“面积防火分区”。

1. 防火分区面积划分

对于防火分区划分的面积要求，除《建规》另有规定外，不同耐火等级建筑的允许建筑高度或层数、防火分区最大允许建筑面积应符合表3-4的规定。

表3-4　**不同耐火等级建筑的允许建筑高度或层数、防火分区最大允许建筑面积**

| 名　称 | 耐火等级 | 允许建筑高度或层数 | 防火分区的最大允许建筑面积（$m^2$） | 备　注 |
| --- | --- | --- | --- | --- |
| 高层民用建筑 | 一、二级 | 按《建规》第5.1.1条确定 | 1500 | 对于体育馆、剧场的观众厅，防火分区的最大允许建筑面积可适当增加 |
| 单、多层民用建筑 | 一、二级 | 按《建规》第5.1.1条确定 | 2500 | |
| | 三级 | 5层 | 1200 | — |
| | 四级 | 2层 | 600 | — |
| 地下、半地下建筑（室） | 一级 | — | 500 | 设备用房的防火分区最大允许建筑面积不应大于$1000m^2$ |

同一建筑中，不同区域划分防火分区的依据主要是场所的使用属性，对于不同功能的场所，原则上应进行防火分隔，以确保将火灾危险性较大的区域限制在一定范围。

2. 常见分隔设施要求

在水平防火分区分隔方式中，防火墙、防火门和防火卷帘是常见的分隔设施。这些分隔设施的设置形式，需注意以下几点要求：

1）防火墙

防火墙是水平防火分区的主要防火分隔物。一般是耐火极限不低于3h的不燃性墙体，砌筑在独立的基础（或框架结构的梁）上，用以形成防火分区，控制火灾蔓延。

防火墙在设计上一般需满足下列要求：

（1）应为耐火极限不低于3h的不燃性墙体。

（2）防火墙应直接设置在建筑的基础或框架、梁等承重结构上，框架、梁等承重结构的耐火极限不应低于防火墙的耐火极限。防火墙应从楼地面基层隔断至梁、楼板或屋面板的底面基层。当建筑屋顶承重结构和屋面板的耐火极限低于1h，其他建筑屋顶承重结构和屋面板的耐火极限低于0.5h时，防火墙应高出屋面0.5m以上，如图3-6所示。

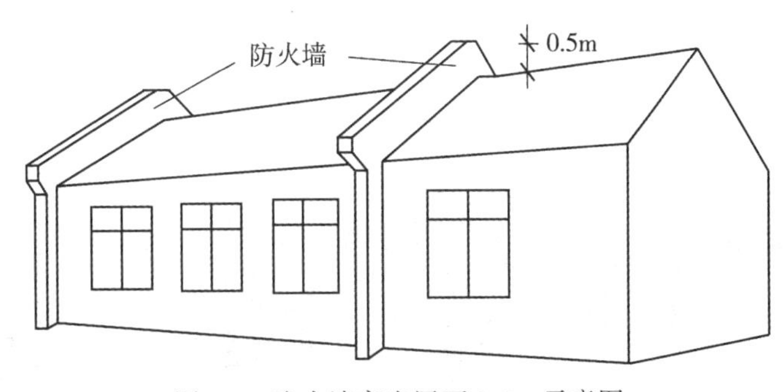


图3-6 防火墙高出屋面0.5m示意图

（3）防火墙横截面中心线水平距离天窗端面小于4m，且天窗端面为可燃性墙体时，应采取防止火势蔓延的措施。

（4）建筑内的防火墙不宜设置在转角处，确需设置时，内转角两侧墙上的门、窗、洞口之间最近边缘的水平距离不应小于4m；采取设置乙级防火窗等防止火灾水平蔓延的措施时，该距离不限。如图3-7所示。

（5）防火墙上不应开设门、窗、洞口，确需开设时，应设置不可开启或火灾时能自动关闭的甲级防火门、窗。可燃气体和甲、乙、丙类液体的管道严禁穿过防火墙。防火墙内不应设置排气道。

（6）防火墙的构造应能在防火墙任意一侧的屋架、梁、楼板等受到火灾的影响而破坏时，不会导致防火墙倒塌。

2）防火门

防火门也是一种防火分隔物，是指一定时间内能满足耐火稳定性、完整性和隔热性要求的门，由于人员通行需要，通常用于建筑物的防火分区及重要防火部位。防火门除具有普通门的作用外，更具有阻止火势蔓延和烟气扩散的特殊功能，可在一定时间内阻止和延缓火灾蔓延，以确保人员疏散。

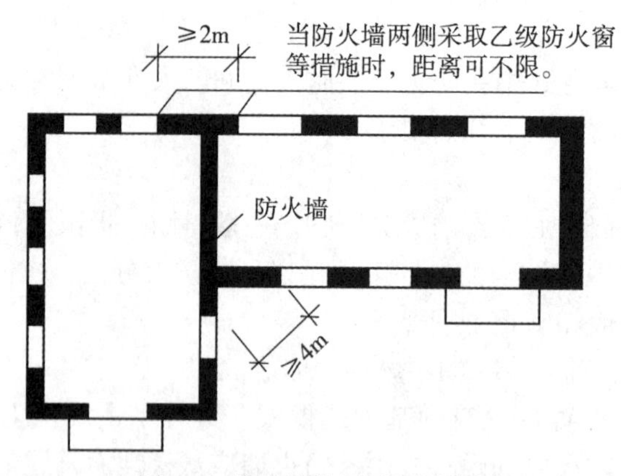


图 3-7　防火墙设置平面示意图

防火门按其材质可分为钢质、木质和复合材料防火门三种，如图 3-8 所示。按耐火极限可以分为：甲级、乙级和丙级，其耐火极限分别为 1.5h、1.0h、0.5h。通常甲级防火门用于防火分区中，作为水平防火分区的分隔设施；乙级防火门用于疏散楼梯间的分隔；丙级防火门用于管道井、排烟道等的检修门上。

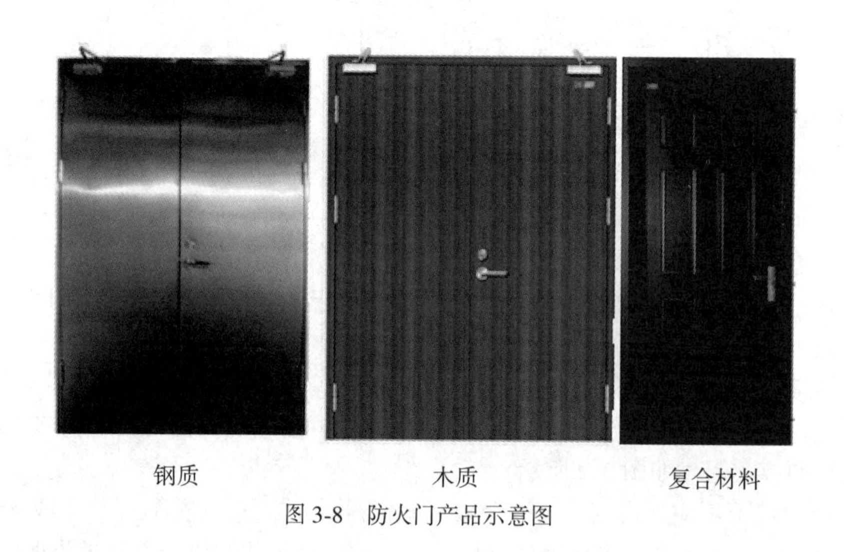


图 3-8　防火门产品示意图

防火门在设计上一般需满足下列要求：

（1）设置在建筑内经常有人通行处的防火门宜采用常开防火门。常开防火门应能在火灾时自行关闭，并应具有信号反馈的功能。

（2）除允许设置常开防火门的位置外，其他位置的防火门均应采用常闭防火门。常闭防火门应在其明显位置设置“保持防火门关闭”等提示标识。

（3）除管井检修门，防火门应具有自行关闭功能。双扇防火门应具有按顺序自行关闭的功能，防火门应能在其内外两侧手动开启。

（4）设置在建筑变形缝附近时，防火门应设置在楼层较多的一侧，并应保证防火门开启时门扇不跨越变形缝。

（5）防火门关闭后应具有防烟性能。

（6）甲、乙、丙级防火门应符合现行国家标准《防火门》（GB 12955）的规定。

3）防火卷帘

防火卷帘是现代建筑中不可缺少的防火设施，一般由钢板或铝合金等金属材料制成，也有以无机物组合而成的轻质防火卷帘，如图 3-9 所示。钢质卷帘一般不具备隔热性能，因此最好结合水幕或喷淋系统共同使用；轻质卷帘有些可隔热，耐火隔热性根据制作方式的不同，最高可达到 3h。

钢制卷帘　　无机布卷帘

图 3-9　防火卷帘产品示意图

钢制防火卷帘可根据安装位置、安装形式和性能进行分类。按位置不同可分为外墙用防火卷帘和室内防火卷帘；按耐风压强度，可分为 $500N/m^2$、$800N/m^2$、$1200N/m^2$ 三种；按耐火极限，普通型防火卷帘可分为 1.5h、2h 两种，复合型防火卷帘可分为 2.5h、3h 两种；普通型钢制防火、防烟卷帘可分为耐火极限 1.5h，漏烟量（压力差为 20Pa）小于 $0.2m^3/(m^2 \cdot min)$，以及耐火极限 2h，漏烟量（压力差为 20Pa）小于 $0.2m^3/(m^2 \cdot min)$ 两种；复合型钢制防火、防烟卷帘可分为耐火极限 2.5h，漏烟量（压力差为 20Pa）小于 $0.2m^3/(m^2 \cdot min)$，以及耐火极限 3h，漏烟量（压力差为 20Pa）小于 $0.2m^3/(m^2 \cdot min)$ 两种。

防火卷帘在设计上一般需满足下列要求：

（1）除中庭外，当防火分隔部位的宽度不大于 30m 时，防火卷帘的宽度不应大于 10m；当防火分隔部位的宽度大于 30m 时，防火卷帘的宽度不应大于该部位宽度的 1/3，且不应大于 20m。

（2）防火卷帘应具有火灾时靠重力自动关闭功能。

（3）除《建规》另有规定外，防火卷帘的耐火极限不应低于《建规》对所设置部位墙体的耐火极限要求。

当防火卷帘的耐火极限符合现行国家标准《门和卷帘耐火试验方法》（GB/T 7633）有关耐火完整性和耐火隔热性的判定条件时，可不设置自动喷水灭火系统保护。

当防火卷帘的耐火极限仅符合现行国家标准《门和卷帘耐火试验方法》（GB/T 7633）

有关耐火完整性的判定条件时，应设置自动喷水灭火系统保护。自动喷水系统的喷水延续时间不应小于该防火卷帘的耐火极限。

（4）防火卷帘应具有防烟性能，与楼板、梁、墙、柱之间的空隙应采用防火封堵材料封堵。

（5）需在火灾时自动降落的防火卷帘，应具有信号反馈的功能。

3. 封堵构造

1）风道贯通防火分区时构造

烟气若窜入至空调、通风管道，火灾极有可能就会大面积蔓延。因此，在风道贯通防火分区的部位，必须设置防火阀门，如图 3-10 所示为防火阀门构造示意图。

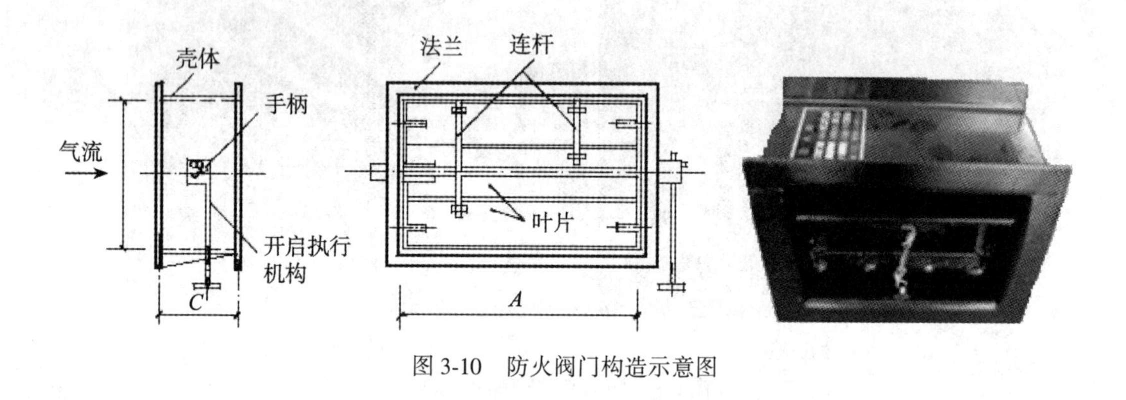


图 3-10　防火阀门构造示意图

当通风管道穿越变形缝时，应在变形缝两侧均设置防火阀门，同时，确保 2m 范围内采用不燃性保温材料，如图 3-11、图 3-12 所示。

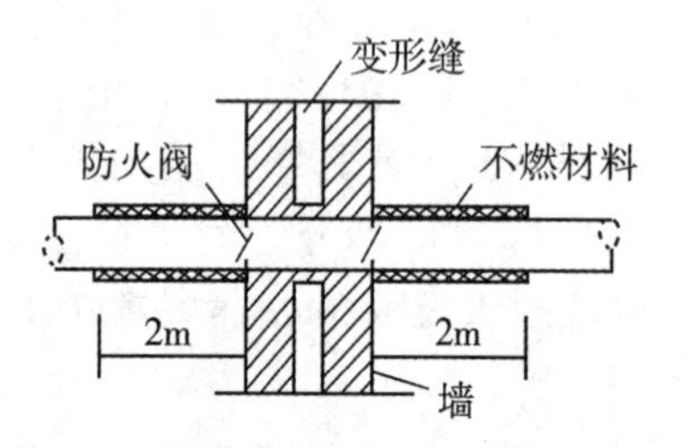


图 3-11　变形缝处防火阀门安装示意图

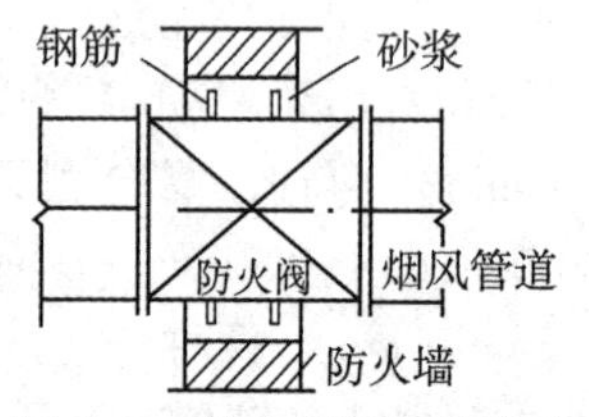


图 3-12　防火阀门安装构造

2）管道穿越防火墙、楼板的构造

对于贯通防火分区的给排水、通风、电缆等管道，在穿越防火墙或楼板时也需要采用有效的密封方式（如图 3-13 所示），并用水泥砂浆或石棉等材料紧密填塞管道与防火墙或楼板之间的间隙，以有效控制烟气流，防止其窜入其他防火分区。

3）电缆穿越防火分区时的构造

当建筑物内的电缆采用电缆架布线时，电缆保护层发生燃烧可能会导致火灾从贯通防火分区的部位蔓延扩散。尤其是对于电缆较为集中的区域或者采用电缆架布线时，火灾危

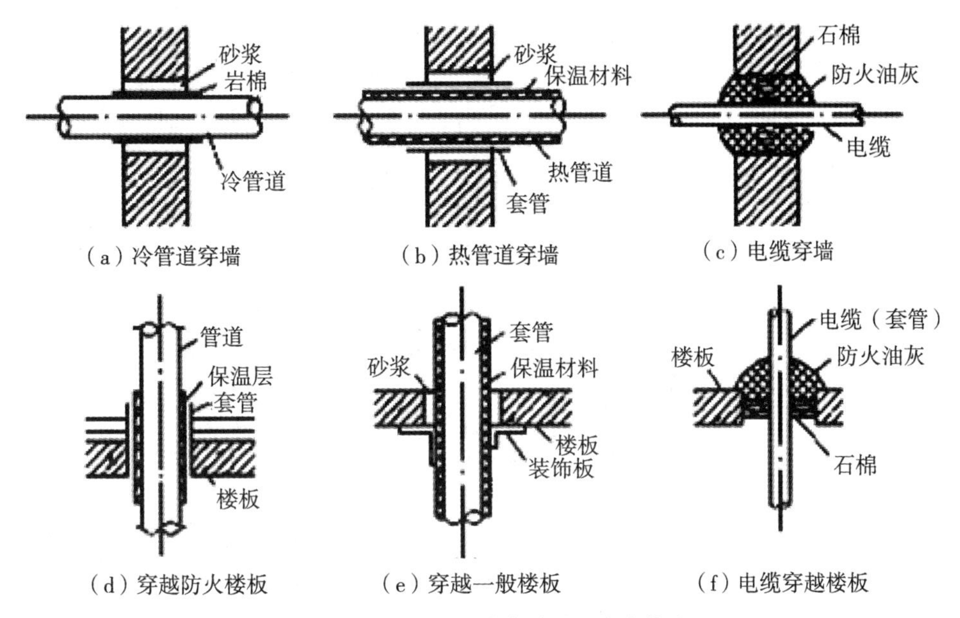


（a）冷管道穿墙　（b）热管道穿墙　（c）电缆穿墙

（d）穿越防火楼板　（e）穿越一般楼板　（f）电缆穿越楼板

图 3-13　管道、电缆穿墙处的防火构造

险性较大。因此，对于电缆贯通防火分区的部位，需采用石棉或玻璃纤维等填塞空隙，两侧可再用石棉硅酸钙板覆盖，然后用耐火封面材料覆面，如此便可以有效截断电缆保护层的燃烧和蔓延。

### 3.4.2　竖向防火分区与分隔

竖向防火分区，是指沿建筑物高度划分防火分区，目的是防止建筑层与层之间发生火灾蔓延，一般是通过一定耐火极限的楼板、窗槛墙进行竖向防火分隔，也可定义为层间防火分区。

在竖向防火分区分隔方式中，需注意以下几点要求：

1. 楼板

对于楼板的设计要求，主要是满足耐火极限方面的要求，对于校园类民用建筑，需满足一级耐火等级为不燃性 1.5h，二级耐火等级为不燃性 1h。对于建筑高度大于 100m 的（如校园宾馆接待建筑等）建筑，其楼板的耐火极限不应低于 2h。

2. 防火挑檐、窗槛墙

对于竖向防火分区，除了在层间采用一定耐火极限的楼板分隔之外，在建筑外侧设置防火挑檐或窗槛墙，也是重要的防火分隔措施。科学研究和火灾实例表明，火灾从建筑外墙上的窗口向上部楼层蔓延是当下高层建筑火灾蔓延的重要途径之一。原因主要是火焰在着火楼层发生轰燃后经外窗喷出，在浮力和外界风力的作用下，向上窜越，对上部楼层的窗户及其附近的可燃物品产生热辐射影响，一旦窗户达到耐受极限破碎，火势将迅速进入室内，火灾将在竖向和多个横向同时蔓延，难以救援。

关于防火挑檐和窗槛墙的做法，除《建规》另有规定外，建筑外墙上、下层开口之间应设置高度不小于 1.2m 的实体墙或挑出宽度不小于 1m、长度不小于开口宽度的防火挑檐；当室内设置自动喷水灭火系统时，上、下层开口之间的实体墙高度不应小于 0.8m，如图 3-14 所示。当上、下层开口之间设置实体墙确有困难时，可设置防火玻璃墙，但高层建筑的防火玻璃墙的耐火完整性不应低于 1h，单、多层建筑的防火玻璃墙的耐火完整性不应低于 0.5h。外窗的耐火完整性不应低于防火玻璃墙的耐火完整性要求。实体墙、防火挑檐和隔板的耐火极限和燃烧性能，均不应低于相应耐火等级建筑外墙的要求。

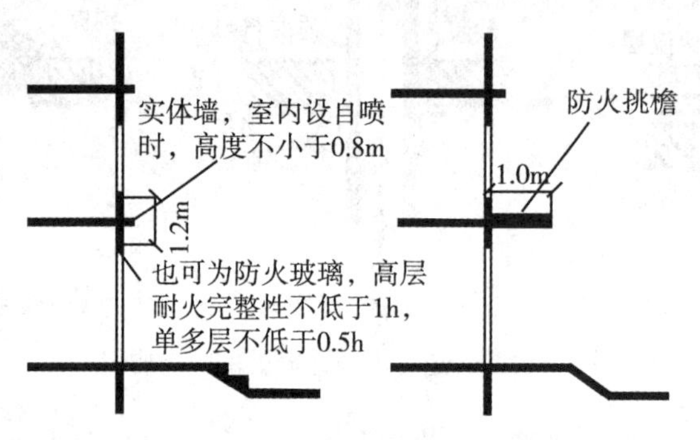


图 3-14　防火挑檐、窗槛墙示意图

此外，建筑幕墙应在每层楼板外沿处采取符合上述规定的防火措施，幕墙与每层楼板、隔墙处的缝隙应采用防火封堵材料封堵。

3. 竖井防火分隔

楼梯间、电梯井、通风管道井、电缆井等竖井串通各层楼板，在建筑内形成竖向连通孔洞。受使用要求限制，竖井难以在各层分别形成独立防火分区，而应采用一定耐火极限的不燃烧体做井壁，在通至各楼层必要的开口部位采用防火门或防火卷帘及水幕进行保护。如此，就使得各竖井与其他区域进行了分隔，一般称之为竖井分区。不同的竖井应单独设置，以杜绝不同竖井蔓延的可能性，一旦竖井设计不完善，烟火窜入，将造成大面积蔓延，后果无法想象。

对于高层建筑内的各种竖井，其防火设计要求见表 3-5 所示。

表 3-5　**各类竖井防火设计要求**

| 名称 | 防火设计要求 |
|---|---|
| 电梯井 | ①应独立设置<br>②井内严禁敷设可燃气体和甲、乙、丙类液体管道，并不应敷设与电梯无关的电缆、电线等<br>③井壁应为耐火极限不低于 2h 的不燃烧体<br>④井壁除开设电梯门洞和通气孔洞外，不应开设其他洞口<br>⑤电梯门不应采用栅栏门 |

续表

| 名称 | 防火设计要求 |
| --- | --- |
| 电缆井<br>管道井<br>排烟道<br>排气道 | ①这些竖井应分别独立设置<br>②井壁应为耐火极限不低于 1h 的不燃烧体<br>③墙壁上的检查门应采用丙级防火门（排烟管道的检修门采用乙级防火门）<br>④高度不超过 100m 的高层建筑，其电缆井、管道井应每隔 2~3 层在楼板处用相当于楼板耐火极限的不燃烧体作防火分隔，建筑高度超过 100m 的建筑物，应每层作防火分隔<br>⑤电缆井、管道井与房间、吊顶、走道等相连通的孔洞，应用不燃烧材料严密填实 |
| 垃圾道 | ①宜靠外墙独立设置，不宜设在楼梯间内<br>②垃圾道排气口应直接开向室外<br>③垃圾斗宜设在垃圾道前室内，前室门采用丙级防火门<br>④垃圾斗应用不燃材料制作并能自动关闭 |

4. 自动扶梯防火分隔

自动扶梯是带有循环运行阶梯的一类扶梯，是用于向上或向下倾斜运送人员的固定电力驱动设备。在高校建筑中，一般设置在图书馆、体育馆等综合性建筑中。自动扶梯在方便人员通行的同时，也增加了建筑的室内效果呈现，其平面剖面图如图 3-15 所示。

通过对火灾事故的调查发现，自动扶梯的火灾危险性主要体现在三个方面：一是机器摩擦，二是电气设备故障，三是吸烟不慎。一旦自动扶梯发生火灾，往往极易形成立体性火灾，因此，对自动扶梯采取必要的防火分隔措施非常关键。

关于自动扶梯的防火设计，一般应满足以下要求：

（1）自动扶梯所连通的多层空间，应严格控制防火分区面积。

（2）自动扶梯上面四周安装喷头，间距参考《自动喷水灭火系统设计规范》设计。

（3）在自动扶梯四周安装防火卷帘（如图 3-16 所示）或采用局部设置防火隔墙加局部设置防火卷帘的方式进行防火分隔。

（4）自动扶梯装饰材料全部采用不燃烧材料。

5. 中庭防火分隔

在现代建筑中，中庭的形式层出不穷，尤其是大型建筑中，中间作为大空间设计，是建筑的核心所在。对于高校建筑中，中庭一般出现在综合性大楼内，设计壮观，可让人得到心理上的满足，为师生提供交流、集会所需要的室内公共空间。

中庭空间一般有以下特点：贯通建筑多层空间；屋顶一般采用钢结构和玻璃构造，光线充足；用途有时不特定。

正是由于中庭的建筑特点，一旦其防火设计不合理或管理不善，就可能会使得火灾得以快速扩大。关于中庭的火灾危险性，主要体现在以下方面：一是该区域的火灾容易不受限制地急剧扩大；二是烟气容易快速蔓延至整个立体空间；三是人员疏散面临挑战；四是灭火救援行动难以开展。

对于中庭的防火设计，应满足以下要求（如图 3-17 所示）：

建筑内设置中庭时，其防火分区的建筑面积应按上、下层相连通的建筑面积叠加计

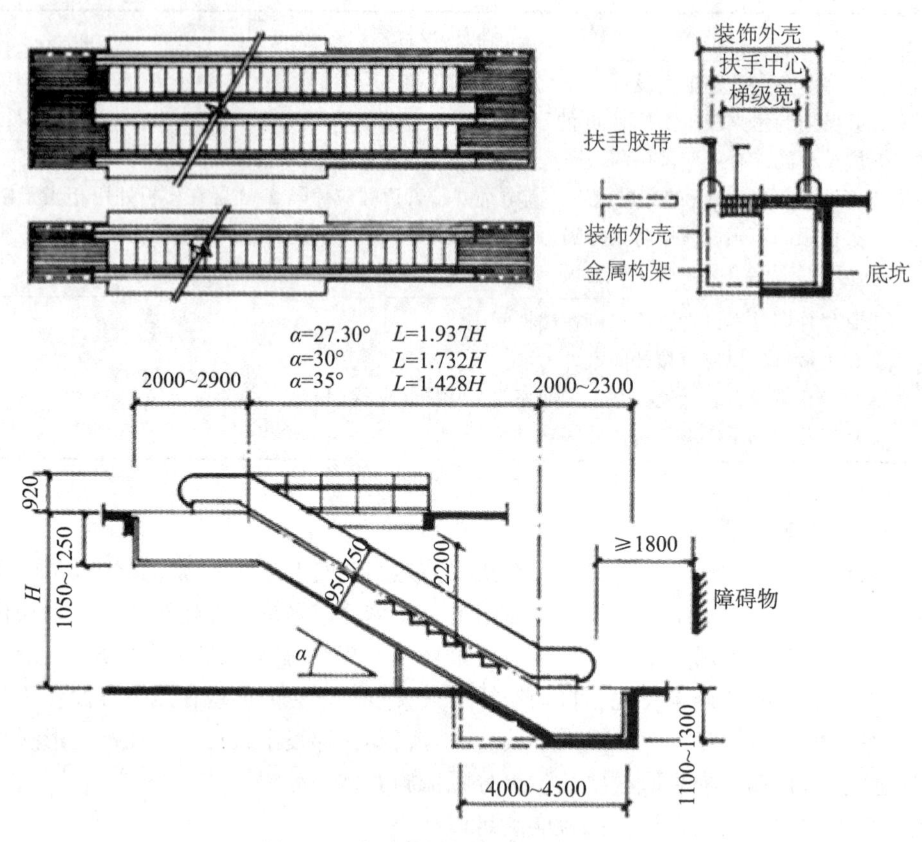


图 3-15　自动扶梯示意图（单位：mm）

图 3-16　自动扶梯防火分隔示意图

算；当叠加计算后的建筑面积大于 5000m² （单多层建筑内设自动灭火系统时）或 3000m² （高层建筑其他类型建筑的中庭设自动灭火系统时），应符合下列规定：（1）与周围连通空间应进行防火分隔：采用防火隔墙时，其耐火极限不应低于 1h；采用防火玻璃墙时，其耐火隔热性和耐火完整性不应低于1h，采用耐火完整性不低于1h的非隔热性防火玻璃墙时，应设置自动喷水灭火系统进行保护；采用防火卷帘时，其耐火极限不应低于3h，并应符合《建规》第6.5.3条有关卷帘的设计规定；与中庭相连通的门、窗，应采用火灾时能自行关闭的甲级防火门、窗。

（2）高层建筑内的中庭回廊应设置自动喷水灭火系统和火灾自动报警系统。

（3）中庭应设置排烟设施。

（4）中庭内不应布置可燃物。

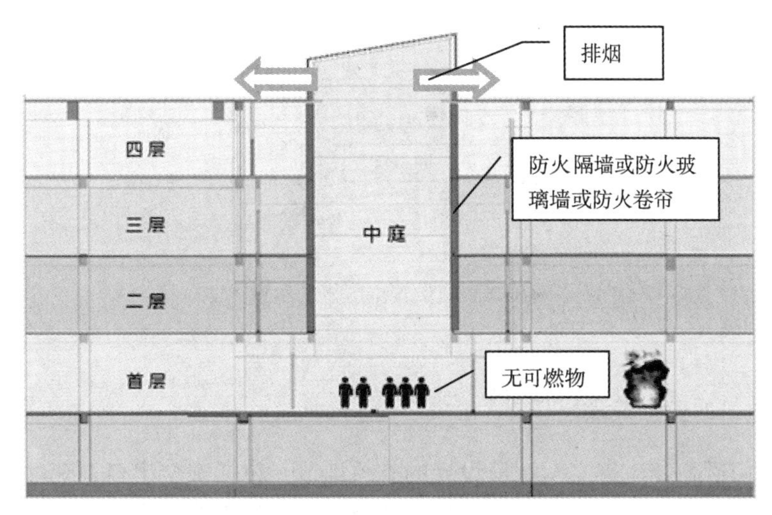


图3-17 中庭防火设计示意图

## 3.5 建筑的安全疏散

对于高校建筑来说，其本身具有和其他类型建筑所不同的特点，一是人员密集，高校建筑包括教学楼、宿舍楼、食堂、大学生活动中心、体育馆等，这些建筑在日常使用过程中，人员荷载大；二是老式建筑较多，尤其是历史悠久的大学，校园内还保留着有数十年甚至是上百年的建筑，其中还存在部分木结构建筑，这类建筑不仅结构耐火性能有限，而且往往在消防系统方面也存在较多问题；三是学校人员消防安全意识不高，对消防知识接触较少，火灾意识淡薄。

因此，整体来看，大学高校建筑的消防安全问题不容忽视，一旦发生火灾，对于大量教学人员和学生来说，如何有效地进行安全疏散至关重要。

当建筑发生火灾时，人员的疏散路线一般是：房间—走道—前室—楼梯间，因此，在进行安全疏散设计时，必须确保人员疏散路线渐次安全，即下一个空间单元的防火性能高于上一个空间单元。有学者将其称为疏散安全分区，并依次称走道为第一安全分区、前室为第二安全分区、楼梯间为第三安全分区，如图3-18所示。

对于校园内建筑，应结合其自身特性，合理分析疏散门、安全出口等的布置，设计清晰的疏散流线，以使得火灾工况下人员疏散安全得到保障。

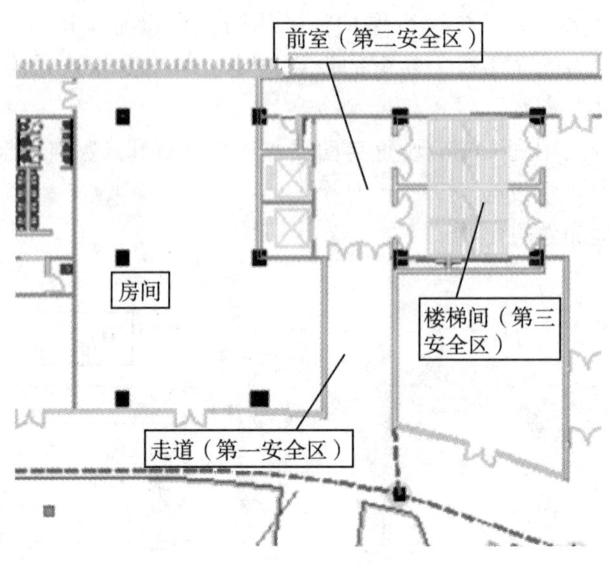


图3-18　疏散安全区概念示意图

### 3.5.1　高校建筑的安全疏散出口

本节主要探讨高校建筑安全疏散设计的有关细节，包括安全出口、疏散门的设计、疏散宽度、疏散距离的设计等方面。为保证高校建筑的人员安全，应设有足够数量的安全出口，因为正常条件下的疏散是有秩序地进行的，而紧急疏散时，由于人们惊恐的心理状态，必然会出现拥挤等许多意想不到的现象。日常使用的各种疏散门、楼梯间等，在发生事故时，不一定都能满足安全疏散的要求。

民用建筑应根据其建筑高度、规模、使用功能和耐火等级等因素合理设置安全疏散设施。安全出口和疏散门的位置、数量、宽度及疏散楼梯间的形式，应满足人员安全疏散的要求。

1. 安全出口

安全出口是指供人员安全疏散用的楼梯间和室外楼梯的出入口或直通室内外安全区域的出口。

对于高校建筑安全出口设计，应满足以下要求：

（1）建筑内的安全出口和疏散门应分散布置，且建筑内每个防火分区或一个防火分区的每个楼层相邻两个安全出口以及每个房间相邻两个疏散门最近边缘之间的水平距离不应小于5m。如图3-19所示。

（2）高层建筑直通室外的安全出口上方，应设置挑出宽度不小于1m的防护挑檐。

（3）公共建筑内每个防火分区或一个防火分区的每个楼层，其安全出口的数量应经计算确定，且不应少于2个。符合《建规》5.5.8条可设置1个安全出口或1部疏散楼梯的建筑除外。

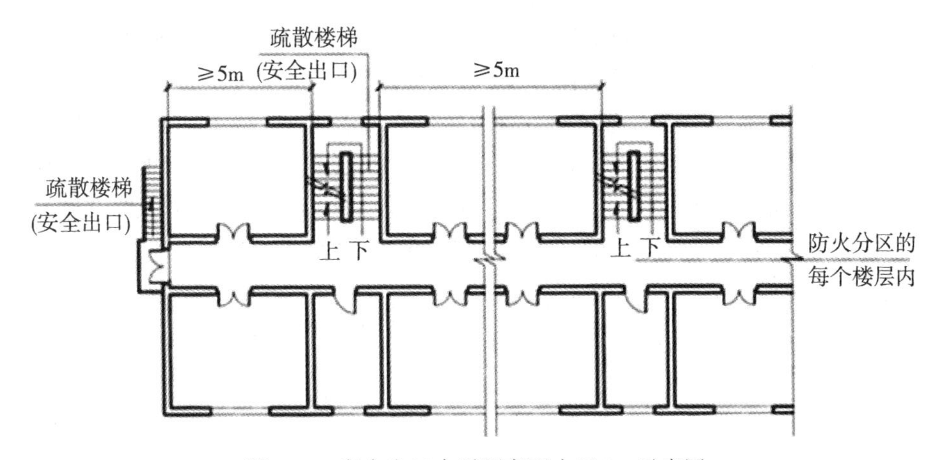


图 3-19　安全出口水平距离不小于 5m 示意图

（4）一、二级耐火等级公共建筑内的安全出口全部直通室外确有困难的防火分区，可利用通向相邻防火分区的甲级防火门作为安全出口，但应符合下列要求：利用通向相邻防火分区的甲级防火门作为安全出口时，应采用防火墙与相邻防火分区进行分隔，如图 3-20 所示；建筑面积大于 1000$m^2$的防火分区，直通室外的安全出口不应少于 2 个；建筑面积不大于 1000$m^2$的防火分区，直通室外的安全出口不应少于 1 个；该防火分区通向相邻防火分区的疏散净宽度不应大于其按《建规》5. 5. 21 条规定计算所需疏散总净宽度的 30%，建筑各层直通室外的安全出口总净宽度不应小于按照《建规》第 5. 5. 21 条规定计算所需疏散总净宽度。

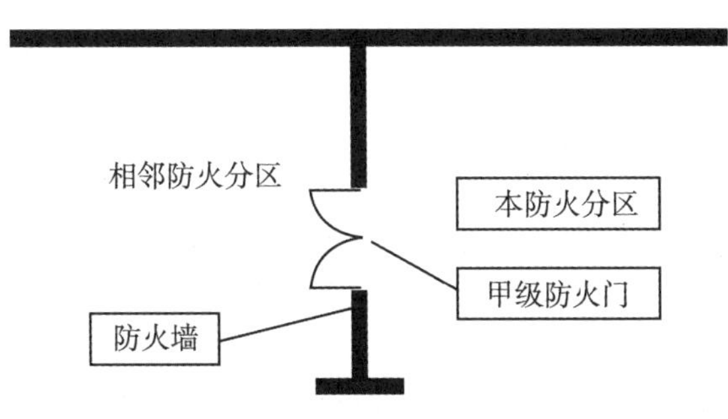


图 3-20　借用安全出口示意图

2. 疏散门

疏散门是指房间直接通向疏散走道的房门、直接开向疏散楼梯间的门或室外的门，不包括套间内的隔间门或住宅套内的房间门。

对于高校建筑疏散门的设计，应满足以下要求：

（1）对于高校建筑中的剧场、电影院、礼堂、体育馆等场所，其疏散门的数量应经计算确定，且不应少于 2 个，并应符合下列规定：对于剧场、电影院、礼堂的观众厅或多功能厅，每个疏散门的平均疏散人数不应超过 250 人；当容纳人数超过 2000 人时，其超过 2000 人的部分，每个疏散门的平均疏散人数不应超过 400 人；对于带有露天性质的体育场的观众厅，每个疏散门的平均疏散人数不宜超过 400~700 人。

2）高校建筑的疏散门应符合下列规定：应采用向疏散方向开启的平开门，不应采用推拉门、卷帘门、吊门、转门和折叠门，人数不超过 60 人且每樘门的平均疏散人数不超过 30 人的房间，其疏散门的开启方向不限，否则应向疏散开启；开向疏散楼梯或疏散楼梯间的门，当其完全开启时，不应减少楼梯平台的有效宽度；人员密集场所内平时需要控制人员随意出入的疏散门和设置门禁系统的宿舍、公寓建筑的外门，应保证火灾时不需使用钥匙等任何工具即能从内部易于打开，并应在显著位置设置具有使用提示的标识。

### 3.5.2　高校建筑的疏散宽度

高校建筑的疏散宽度一般应满足《建规》对公共建筑安全疏散宽度的要求。

（1）公共建筑内疏散门和安全出口的净宽度不应小于 0.9m，疏散走道和疏散楼梯的净宽度不应小于 1.1m。

高层公共建筑内楼梯间的首层疏散门、首层疏散外门、疏散走道和疏散楼梯的最小净宽度应符合表 3-6 的规定。

表 3-6　**高层公共建筑内楼梯间的首层疏散门、首层疏散外门、疏散走道和疏散楼梯的最小净宽度**　（单位：m）

| 建筑类别 | 楼梯间的首层疏散门、首层疏散外门 | 走道 | | 疏散楼梯 |
|---|---|---|---|---|
| | | 单面布房 | 双面布房 | |
| 高层医疗建筑 | 1.3 | 1.4 | 1.5 | 1.3 |
| 其他高层公共建筑 | 1.2 | 1.3 | 1.4 | 1.2 |

（2）人员密集的公共场所、观众厅的疏散门不应设置门槛，其净宽度不应小于 1.4m，且紧靠门口内外各 1.4m 范围内不应设置踏步。

（3）剧场、电影院、礼堂、体育馆等场所的疏散走道、疏散楼梯、疏散门、安全出口的各自总净宽度，应符合下列规定：观众厅内疏散走道的净宽度应按每 100 人不小于 0.6m 计算，且不应小于 1m；边走道的净宽度不宜小于 0.8m；布置疏散走道时，横走道之间的座位排数不宜超过 20 排；纵走道之间的座位数：剧场、电影院、礼堂等，每排不宜超过 22 个；体育馆，每排不宜超过 26 个；前后排座椅的排距不小于 0.9m 时，可增加 1 倍，但不得超过 50 个；仅一侧有纵走道时，座位数应减少一半。如图 3-21 所示。

剧场、电影院、礼堂等场所供观众疏散的所有内门、外门、楼梯和走道的各自总净宽度，应根据疏散人数按每 100 人的最小疏散净宽度不小于表 3-7 中的规定计算确定。

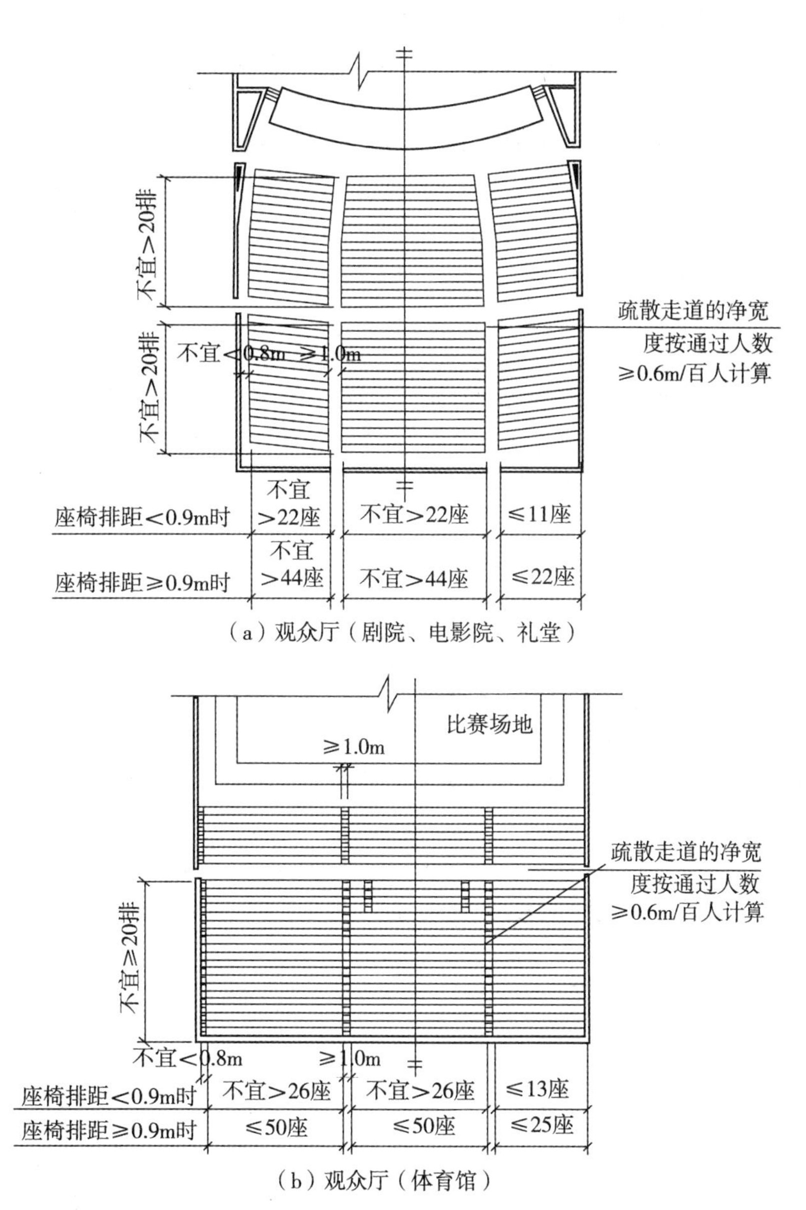


（a）观众厅（剧院、电影院、礼堂）



（b）观众厅（体育馆）

图 3-21 观众厅座位布置及疏散宽度示意图

表 3-7 **剧场、电影院、礼堂等场所每 100 人所需最小疏散净宽度** （单位：m/100 人）

| 观众厅座位数（座） | | | ≤ 2500 | ≤ 1200 |
|---|---|---|---|---|
| 耐火等级 | | | 一、二级 | 三级 |
| 疏散部位 | 门和走道 | 平坡地面 | 0.65 | 0.85 |
| | | 阶梯地面 | 0.75 | 1.00 |
| | 楼 梯 | | 0.75 | 1.00 |

体育馆供观众疏散的所有内门、外门、楼梯和走道的各自总净宽度，应根据疏散人数按每 100 人的最小疏散净宽度不小于表 3-8 中的规定计算确定。

表 3-8　**体育馆每 100 人所需最小疏散净宽度**　（单位：m/100 人）

| 观众厅座位数（座） | | | 3000~5000 | 5001~10000 | 10001~20000 |
|---|---|---|---|---|---|
| 疏散部位 | 门和走道 | 平坡地面 | 0.43 | 0.37 | 0.32 |
| | | 阶梯地面 | 0.50 | 0.43 | 0.37 |
| | 楼梯 | | 0.50 | 0.43 | 0.37 |

注：表中对应较大座位数范围按规定计算的疏散总净宽度，不应小于对应相邻较小座位数范围按其最多座位数计算的疏散总净宽度。对于观众厅座位数少于 3000 个的体育馆，计算供观众疏散的所有内门、外门、楼梯和走道的各自总净宽度时，每 100 人的最小疏散净宽度不应小于表中的规定。

（4）除剧场、电影院、礼堂、体育馆外的其他公共建筑，其房间疏散门、安全出口、疏散走道和疏散楼梯的各自总净宽度，应符合下列规定：

①每层的房间疏散门、安全出口、疏散走道和疏散楼梯的各自总净宽度，应根据疏散人数按每 100 人的最小疏散净宽度不小于表 3-9 中的规定计算确定。当每层疏散人数不等时，疏散楼梯的总净宽度可分层计算，地上建筑内下层楼梯的总净宽度应按该层及以上疏散人数最多一层的人数计算；地下建筑内上层楼梯的总净宽度应按该层及以下疏散人数最多一层的人数计算。

表 3-9　**每层的房间疏散门、安全出口、疏散走道和疏散楼梯的每 100 人最小疏散净宽度**　（单位：m/100 人）

| 建筑层数 | | 建筑的耐火等级 | | |
|---|---|---|---|---|
| | | 一、二级 | 三级 | 四级 |
| 地上楼层 | 1~2 层 | 0.65 | 0.75 | 1.00 |
| | 3 层 | 0.75 | 1.00 | — |
| | ≥4 层 | 1.00 | 1.25 | — |
| 地下楼层 | 与地面出入口地面的高差 $\Delta H \leqslant 10$m | 0.75 | — | — |
| | 与地面出入口地面的高差 $\Delta H > 10$m | 1.00 | — | — |

②地下或半地下人员密集的厅、室，其房间疏散门、安全出口、疏散走道和疏散楼梯的各自总净宽度，应根据疏散人数按每 100 人不小于 1.00m 计算确定。

③首层外门的总净宽度应按该建筑疏散人数最多一层的人数计算确定，不供其他楼层人员疏散的外门，可按本层的疏散人数计算确定。

④有固定座位的场所，其疏散人数可按实际座位数的 1.1 倍计算。

### 3.5.3 高校建筑的安全疏散距离

当人员位于建筑某房间内时，其安全疏散距离一般包含两个方面，一是房间内最远点到房间直通疏散走道的疏散门的疏散距离，如图 3-22 中 $L_1$；二是从房间直通疏散走道的疏散门到疏散楼梯间或室外的距离，安全出口，如图 3-22 中 $L_2$。

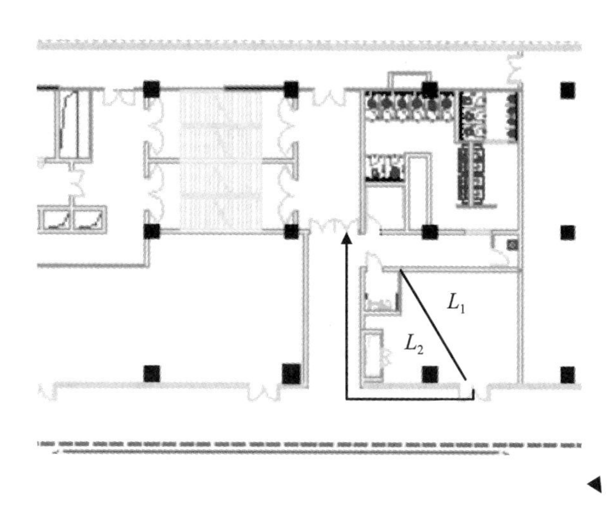


图 3-22 建筑房间内人员疏散距离分段示意图

（1）直通疏散走道的房间疏散门至最近安全出口的直线距离不应大于表 3-10 中的规定。

表 3-10 **直通疏散走道的房间疏散门至最近安全出口的直线距离** （单位：m）

| 名称 | | 位于两个安全出口之间的疏散门 | | | 位于袋形走道两侧或尽端的疏散门 | | |
|---|---|---|---|---|---|---|---|
| | | 一、二级 | 三级 | 四级 | 一、二级 | 三级 | 四级 |
| 教学建筑 | 单、多层 | 35 | 30 | 25 | 22 | 20 | 10 |
| | 高层 | 30 | — | — | 15 | — | — |
| 高层旅馆、公寓、展览建筑 | | 30 | — | — | 15 | — | — |
| 其他建筑 | 单、多层 | 40 | 35 | 25 | 22 | 20 | 15 |
| | 高 层 | 40 | — | — | 20 | — | — |

注：1. 建筑内开向敞开式外廊的房间疏散门至最近安全出口的直线距离可按本表的规定增加 5m。

2. 直通疏散走道的房间疏散门至最近敞开楼梯间的直线距离，当房间位于两个楼梯间之间时，应按本表的规定减少 5m；当房间位于袋形走道两侧或尽端时，应按本表的规定减少 2m。

3. 建筑物内全部设置自动喷水灭火系统时，其安全疏散距离可按本表及注 1 的规定增加 25%。

（2）楼梯间应设在首层直通室外，确有困难时，可在首层采用扩大的封闭楼梯间或防烟楼梯间前室。当层数不超过 4 层且未采用扩大的封闭楼梯间或防烟楼梯间前室时，可将直通室外的门设置在离楼梯间不大于 15m 处。

（3）房间内任一点至房间直通疏散走道的疏散门的直线距离，不应大于表 3-9 中规定的袋形走道两侧或尽端的疏散门至最近安全出口的直线距离。

（4）一、二级耐火等级建筑内疏散门或安全出口不少于 2 个的观众厅、展览厅、多功能厅、餐厅等，其室内任一点至最近疏散门或安全出口的直线距离不应大于 30m；当疏散门不能直通室外地面或疏散楼梯间时，应采用长度不大于 10m 的疏散走道通至最近的安全出口。当该场所设置自动喷水灭火系统时，室内任一点至最近安全出口的安全疏散距离可分别增加 25%。

### 3.5.4 疏散楼梯

当建筑物发生火灾时，普通电梯及自动扶梯由于没有采取有效的防火防烟措施，且由于供电中断，一般会停止运行，建筑上部楼层的人员此时只能通过楼梯进行疏散，因此，在垂直疏散路径上，楼梯成为了最关键的设施。

供人员上下通行的楼梯空间，称为楼梯间，楼梯间按防烟性能一般可分为敞开楼梯间、封闭楼梯间、防烟楼梯间、室外疏散楼梯。此外，在结构形式上，还包含剪刀楼梯间。

1. 楼梯间的一般性设计要求

（1）楼梯间应能天然采光和自然通风，并宜靠外墙设置。靠外墙设置时，楼梯间、前室及合用前室外墙上的窗口与两侧门、窗、洞口最近边缘的水平距离不应小于 1m。

（2）楼梯间内不应设置烧水间、可燃材料储藏室、垃圾道。

（3）楼梯间内不应有影响疏散的凸出物或其他障碍物。

（4）封闭楼梯间、防烟楼梯间及其前室，不应设置卷帘。

（5）楼梯间内不应设置甲、乙、丙类液体管道。

（6）封闭楼梯间、防烟楼梯间及其前室内禁止穿过或设置可燃气体管道。敞开楼梯间内不应设置可燃气体管道。

2. 敞开楼梯间

敞开楼梯间，是指建筑物内由墙体等围护构件构成的无封闭防烟功能，且与其他使用空间相通的楼梯间。

敞开楼梯间由于其安全程度不高，但使用起来较为方便，在高校建筑中多适用于低、多层的综合性公共建筑，如 5 层或 5 层以下（建筑高度不大于 24m）的教学建筑、校园办公建筑等。

对于敞开楼梯间，在设计时需注意，不应在敞开楼梯间内设置可燃气体管道。

3. 封闭楼梯间

封闭楼梯间，是指用耐火建筑构件分隔，能防止烟和热气进入的楼梯间，如图 3-23 所示。

在高校建筑中，封闭楼梯间一般适用于多层公共建筑，如图书馆、会议中心及类似使用功能的建筑或 6 层及以上的其他建筑。对于高层建筑的裙房、建筑高度不超过 32m 的二类高层建筑，其疏散楼梯间也应采用封闭楼梯间。

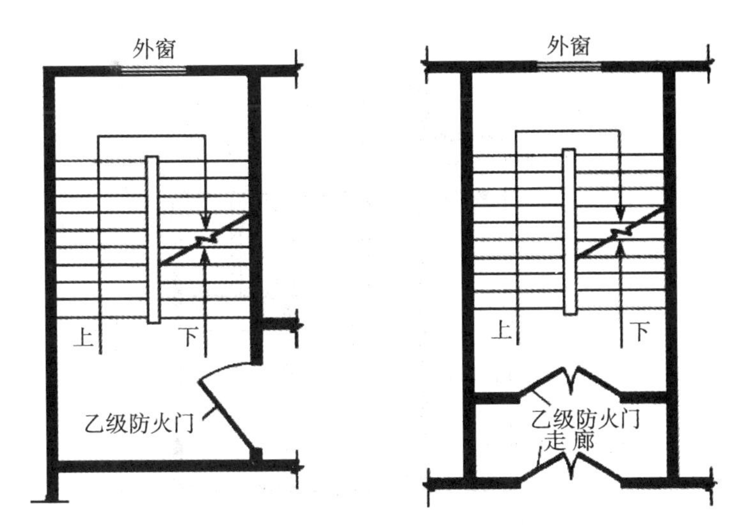


图 3-23 封闭楼梯间（左图）、带门斗封闭楼梯间（右图）

封闭楼梯间的设置除应符合一般性设计要求外，尚应符合下列规定：

（1）不能自然通风或自然通风不能满足要求时，应设置机械加压送风系统或采用防烟楼梯间。

（2）除楼梯间的出入口和外窗外，楼梯间的墙上不应开设其他门、窗、洞口。

（3）高层建筑、人员密集的公共建筑，其封闭楼梯间的门应采用乙级防火门，并应向疏散方向开启；其他建筑，可采用双向弹簧门。

（4）楼梯间的首层可将走道和门厅等包括在楼梯间内形成扩大的封闭楼梯间，但应采用乙级防火门等与其他走道和房间分隔。

4. 防烟楼梯间

防烟楼梯间，是指具有防烟前室和防排烟设施并与建筑物内使用空间分隔的楼梯间，其形式一般有带封闭前室（如图 3-24 所示），或合用前室的防烟楼梯间（如图 3-25 所示），用阳台作前室的防烟楼梯间（如图 3-26 所示），用凹廊作前室的防烟楼梯间（如图 3-27 所示）等。

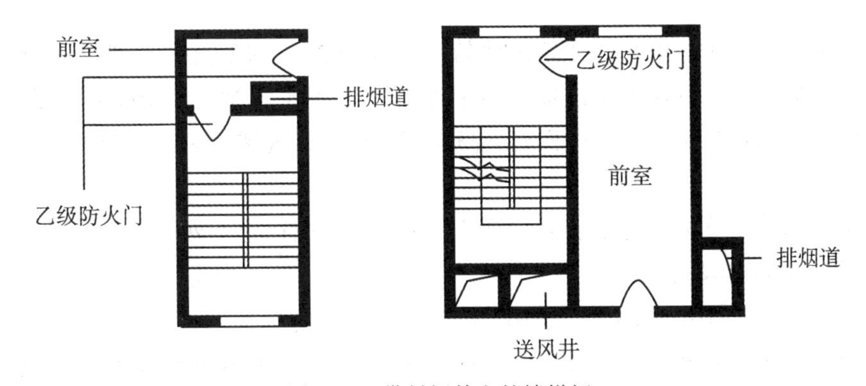


图 3-24 带封闭前室的楼梯间

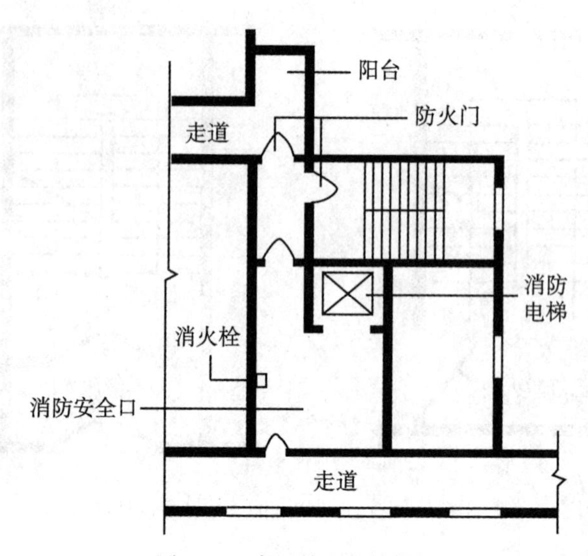


图 3-25　合用前室的楼梯间

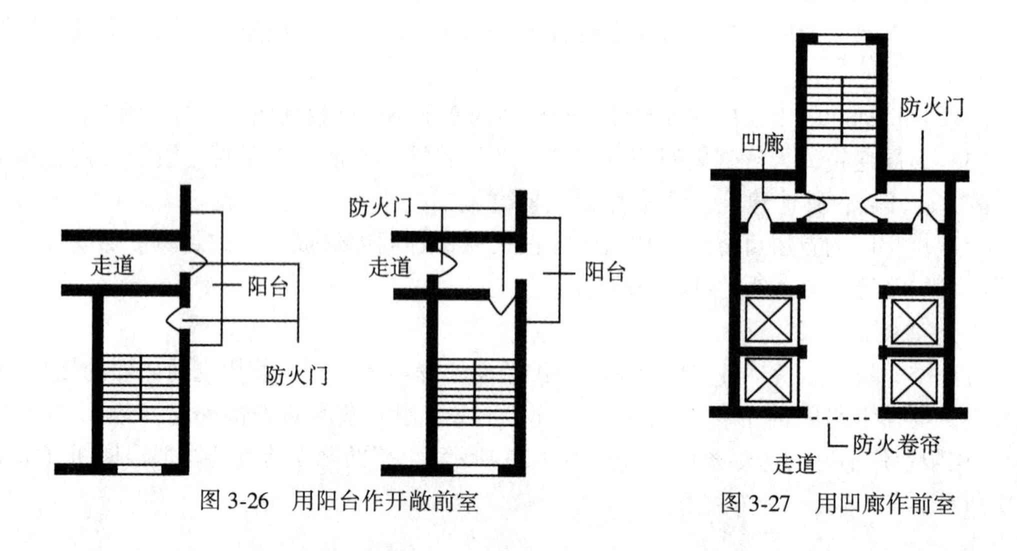


图 3-26　用阳台作开敞前室　　　　图 3-27　用凹廊作前室

防烟前室一般用于一类高层建筑及建筑高度大于 32m 的二类高层建筑。当地下层数为 3 层及 3 层以上，以及地下室内地面与室外出入口地坪高差大于 10m 时，也需要设置防烟楼梯间。在高校建筑中，一般而言，高层图书馆、办公楼、医学大楼等需采用防烟楼梯间。

防烟楼梯间的设置除应符合一般性设计要求外，尚应符合下列规定：

（1）应设置防烟设施。

（2）前室可与消防电梯间前室合用。

（3）前室的使用面积：公共建筑，不应小于 $6m^2$；与消防电梯间前室合用时，合用前室的使用面积：公共建筑，不应小于 $10m^2$。

（4）疏散走道通向前室以及前室通向楼梯间的门应采用乙级防火门。

（5）除楼梯间和前室的出入口、楼梯间和前室内设置的正压送风口，防烟楼梯间和前室的墙上不应开设其他门、窗、洞口。

（6）楼梯间的首层可将走道和门厅等包括在楼梯间前室内形成扩大的前室，但应采用乙级防火门等与其他走道和房间分隔。

5. 室外疏散楼梯

室外疏散楼梯，是指用耐火结构与建筑物分隔，设在墙外的楼梯。

室外疏散楼梯一般用在对于平面面积较小、设置室内楼梯有困难的建筑中。火灾烟气较难对其产生大的威胁，它可供疏散人员使用，也可供消防人员救援使用。在结构上通常采用悬挑的形式，不占据室内使用面积。室外疏散楼梯的布置形式如图 3-28 所示。

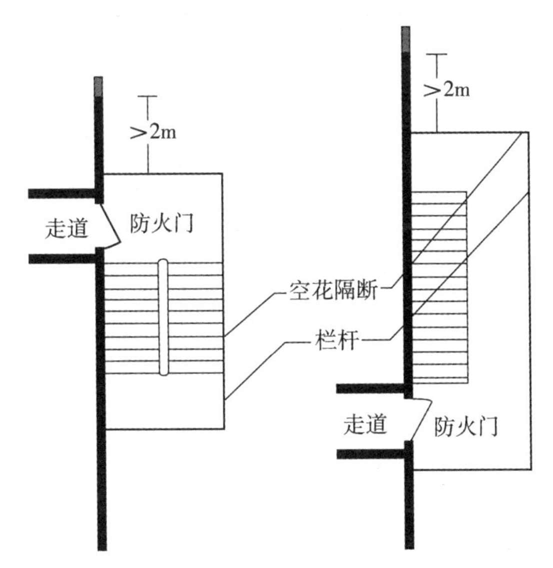


图 3-28　室外疏散楼梯间示意图

在设计室外疏散楼梯时，需要注意如下几点：

（1）室外楼梯的净宽不应小于 0.9m，倾斜度不得大于 45℃，栏杆扶手的高度不应低于 1.1m。

（2）室外楼梯和每层出口处平台应采用耐火极限不低于 1h 的不燃烧材料制作，楼梯段的耐火极限不应低于 0.25h。在楼梯周围 2m 的墙面上，除设疏散门外，不应开设其他门、窗洞口。疏散门应采用乙级防火门，且不应正对楼梯段设置。

6. 剪刀楼梯间

剪刀楼梯也可称为叠合楼梯、交叉楼梯或套梯。它在同一楼梯间设置一对相互重叠，又互不相通的两个楼梯，如图 3-29 所示。在其楼梯间的梯段一般为单跑直梯段。其最重要的特点是，在同一楼梯间里设置了两个楼梯，具有两条垂直方向疏散通道的功能。

剪刀楼梯间因其在平面设计中可利用较为狭窄的空间，使用面积较小，在高层建筑中

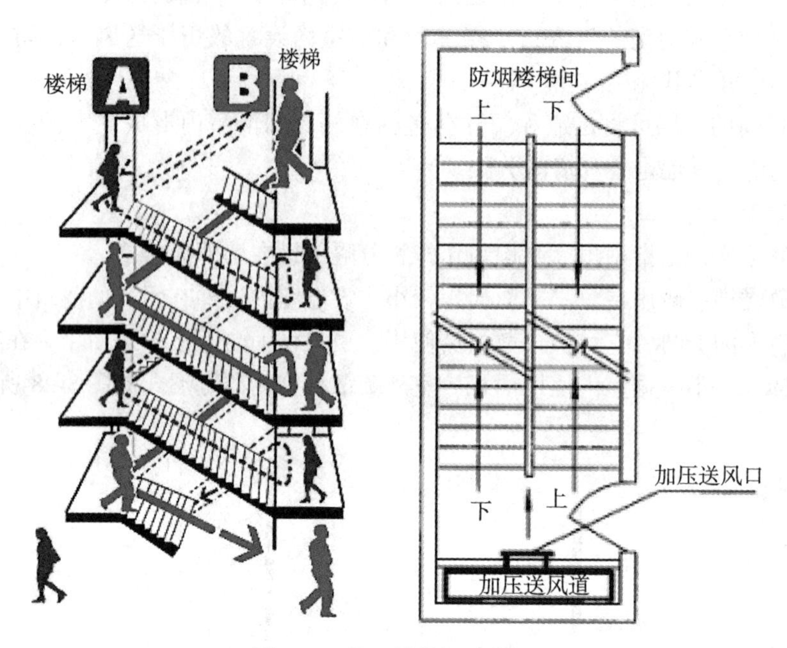


图 3-29　剪刀楼梯间示意图

得以广泛使用。对于高校建筑而言，一般用在塔式高层办公楼、住宅等场所。

剪刀楼梯间的设置除应符合一般性设计要求外，尚应符合下列规定：

（1）剪刀楼梯应具有良好的防火、防烟能力，应采用防烟楼梯间，并分别设置前室。

（2）为确保剪刀楼梯两条疏散通道的功能，其梯段之间应设置耐火极限不低于 1h 的实体墙分隔。

（3）楼梯间内的加压送风系统不应合用。

### 3.5.5　疏散指示标志

合理设置疏散指示标志，对人员安全疏散具有重要作用，国内外实际应用表明，在疏散走道和主要疏散路线的地面上或靠近地面的墙上设置发光疏散指示标志，对安全疏散起到了很好的作用，可以更有效地帮助人们在浓烟弥漫的情况下，及时识别疏散位置和方向，迅速沿发光疏散指示标志顺利疏散，避免造成伤亡事故。

疏散指示标志可分为电致发光型（如灯光型）和光致发光型（如蓄光型），电致发光型必须有外界电源，而光致发光型则是利用外界光源进行照射，从而获得能量，产生激发导致发光。

对于高校建筑而言，疏散指示标志需设置在以下场所：

（1）公共建筑应沿疏散走道和在安全出口、人员密集场所的疏散门的正上方设置灯光疏散指示标志。

（2）座位数超过 1500 个的电影院、剧院，以及座位数超过 3000 个的体育馆、会堂或礼堂，应在其内疏散走道和主要疏散路线的地面上增设能保持视觉连续的灯光疏散指示标志或蓄光型疏散指示标志。

疏散指示标志的设置一般需满足以下要求：

（1）安全出口和疏散门的正上方应采用“安全出口”几个字作为指示标志。

（2）沿疏散走道设置的灯光疏散指示标志，应设置在疏散走道及其转角处距地面高度1m以下的墙面上，且灯光疏散指示标志间距不应大于20m；对于袋形走道，不应大于10m；在走道转角区，不应大于1m。

## 3.6 高校体育馆建筑防火设计举例

### 3.6.1 体育馆基本概况

某综合体育馆总建筑面积37187.86m$^2$（包括单层训练馆），为单层大空间建筑，局部设4层夹层，共设置有8176座席；总建筑高度约为28.687m，并设地下一层，局部区域为人防地下室。主要功能设置在首层，各个功能用房围绕比赛大厅布置，包括瑜伽馆、形体、健美操、武术、柔道、跆拳道、体操、击剑、健身、乒乓球等多个专项场馆。训练馆场地可容纳两个标准篮球场，日常使用中可根据需要调整为羽毛球、排球、室内网球等场地。

### 3.6.2 体育馆总平面防火设计

体育馆周边均为开敞的内部道路和绿地、停车场、广场等，满足消防间距要求。

主馆四周形成环形消防车通道；且在南边道路进入二层观众疏散平台上设消防车通道，通道宽度大于等于4m，并在二层平台东南侧设18m×18m的回车场。在训练馆的北边、西边设置消防扑救场地，同时在主馆的西边及东边设置消防扑救场地，以满足消防车的通行及扑救要求；道路设计荷载满足消防车通行的荷载要求。如图3-30所示。

消防控制室设在首层，设有直通室外的安全出口。

### 3.6.3 体育馆防火分区设计

该项目地下部分为4个防火分区；地上部分为10个防火分区（均加装火灾自动报警及自动灭火喷淋系统或大空间智能水炮灭火系统等），除比赛大厅及观众休息厅所在的防火分区3外，其他防火分区均按《建规》要求，地上部分防火分区按小于等于5000m$^2$设置。如图3-31所示。

防火分区之间主要采用防火墙和甲级防火门进行分隔，部分疏散走道处设置特级防火卷帘。

### 3.6.4 体育馆安全疏散设计

1. 疏散形式

大空间区域（比赛大厅及比赛场地）主要通过“公共疏散通道”（一般利用门厅、

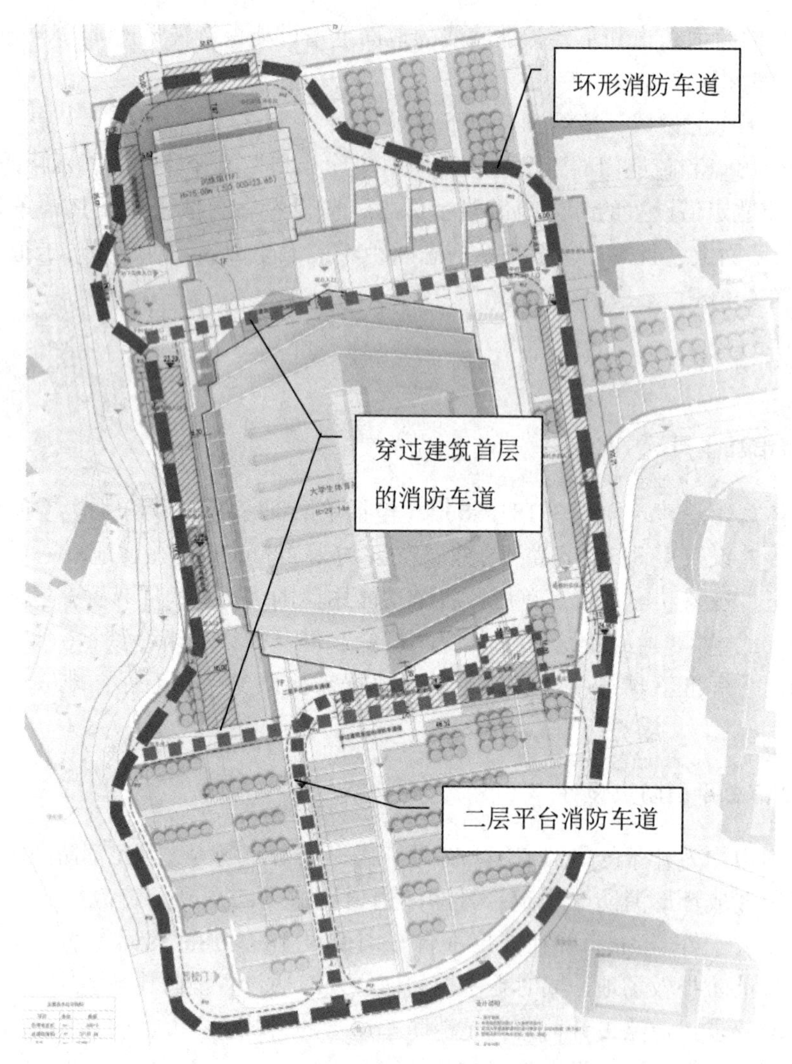


图 3-30　某高校体育馆总平面防火设计示意图

走廊等区域，通过加强性措施论证为安全通道）进行疏散，如图 3-32 所示；看台池座及楼座的观众通过二层观众休息大厅（即通过论证的“安全疏散过渡区”）疏散到二层的室外平台，再通过北边的四部室外楼梯疏散，以及南边平台直接跟规划道路连接，进行观众的人流疏散，如图 3-33 所示。主馆看台各安全出口均通过“安全疏散过渡区”进行疏散。

2. 疏散距离

地上部分大空间（比赛大厅、训练馆等）按不大于 37. 5m 设计，其他房间按双向疏散不大于 50m、袋形走道不大于 27. 5m 设计；地下部分车库按室内任一点到最近安全出口直线距离不大于 60m 设计，设备区内房间直接通向疏散走道的房间疏散门至最近安全出口的最大距离按双向疏散不大于 50m、袋形走道不大于 27. 5m 设计。

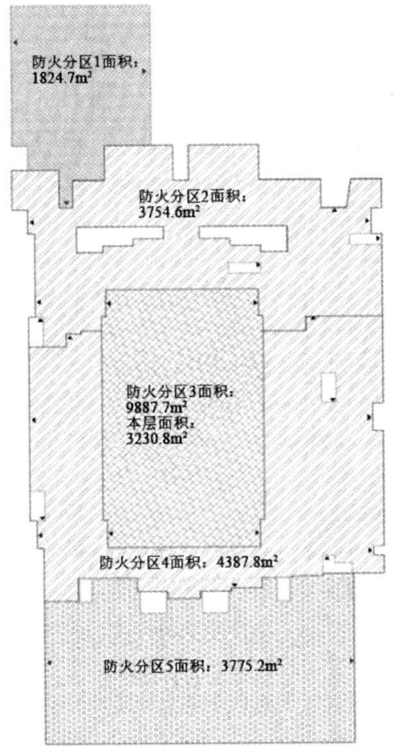


首层防火分区

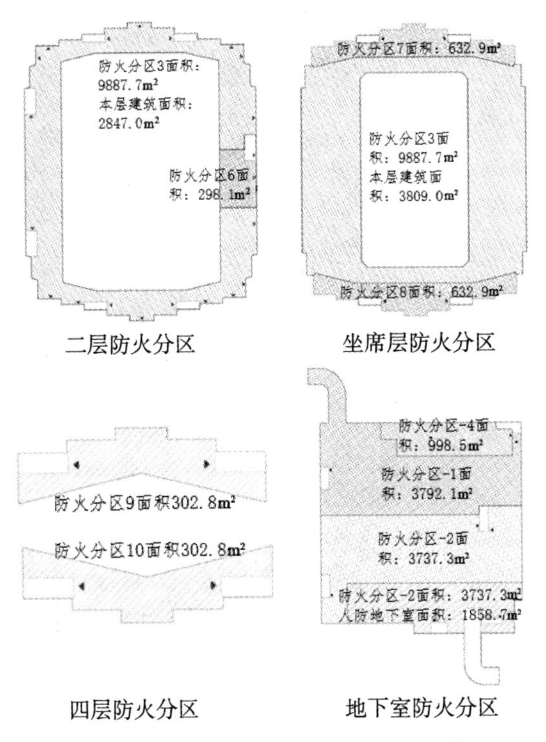


图 3-31　某高校体育馆各层防火分区示意图

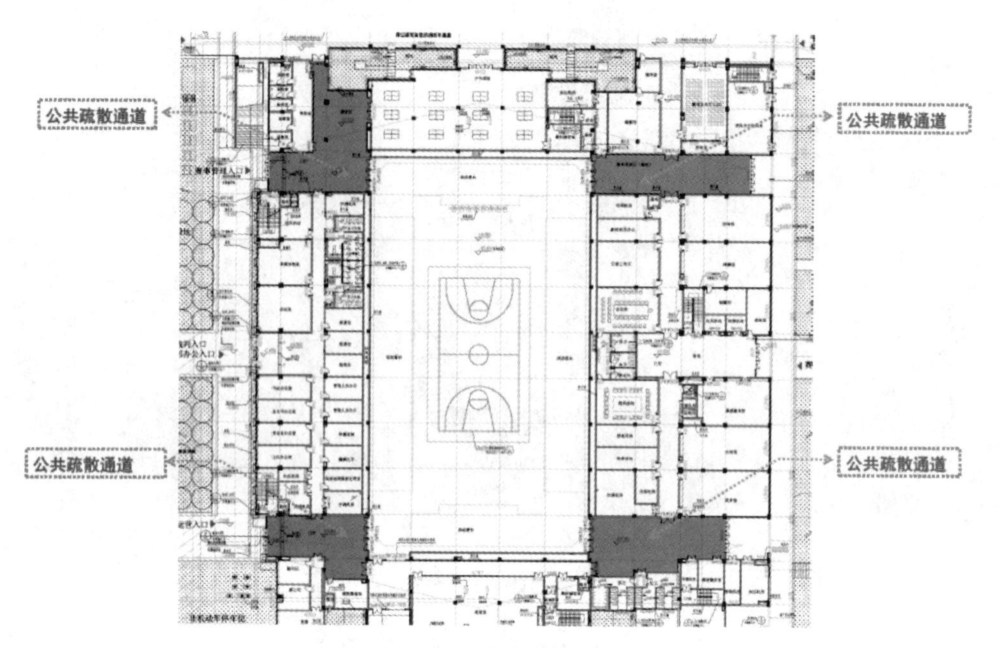


图 3-32　首层公共疏散通道示意图

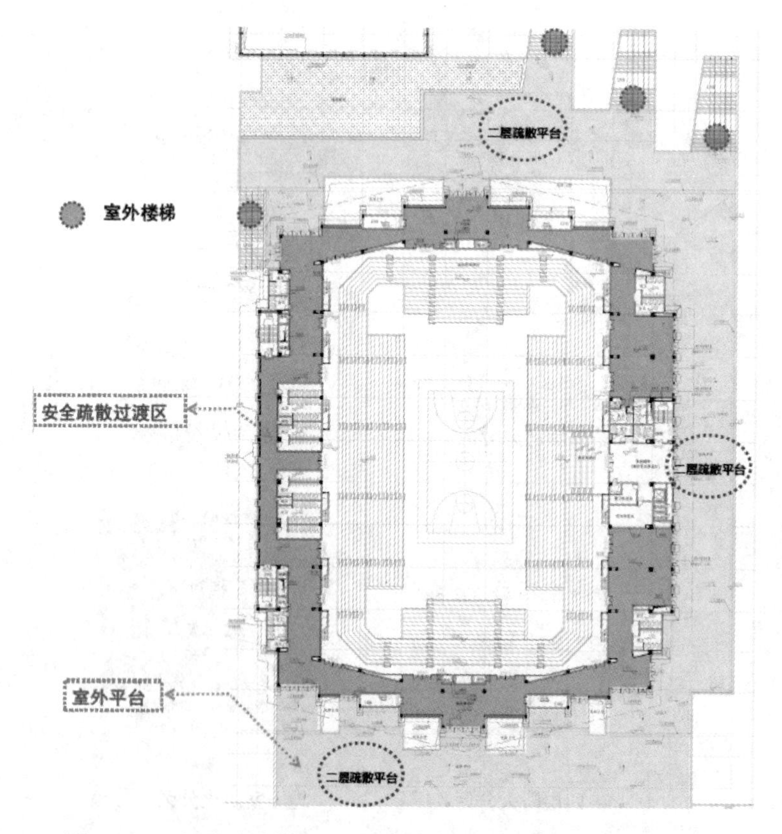


图 3-33　二层安全疏散过渡区、疏散平台、室外疏散楼梯示意图

# 第 4 章　高校建筑消防设施配置

## 4.1　高校建筑消防灭火系统

水是自然界中最普遍、最经济，也是最容易获取的物质，水能从燃烧物中吸收很多热量，使燃烧物的温度迅速下降，使燃烧终止。水在受热汽化时，体积迅速膨胀，当大量的水蒸气笼罩于燃烧物的周围时，可以阻止空气进入燃烧区，从而大大减少氧的含量，使燃烧因缺氧而窒息熄灭。因而，水剂灭火是使用最为广泛的一种灭火方式。

建筑消防中，通常利用给水管道将水输送至建筑物内的各个角落，在一定的压力下，通过相应的射水装置将水扑打在火焰上，通过冷却、窒息等作用将火扑灭。常见的水剂灭火系统包括消火栓系统、自动喷水灭火系统、水喷雾及水炮灭火系统等。

### 4.1.1　消防给水系统

1. 建筑给水系统的分类

根据用户对水质、水压、水量和水温的要求，并结合外部给水系统情况进行划分，有 3 种基本给水系统：生活给水系统、生产给水系统、消防给水系统，如图 4-1 所示。

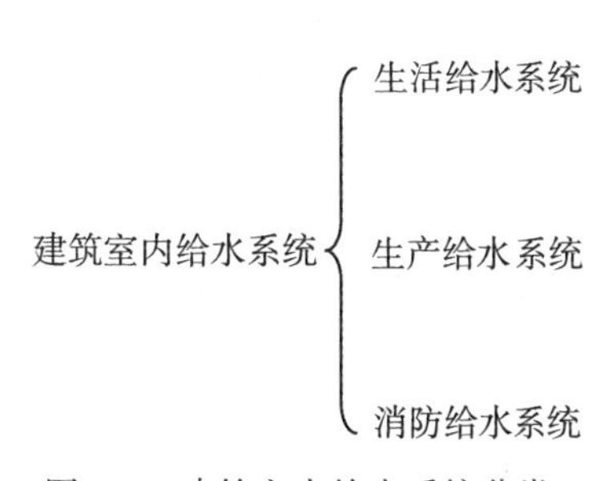


图 4-1　建筑室内给水系统分类

（1）生活给水系统：供给人们在日常生活中饮用、烹饪、盥洗、沐浴、洗涤衣物、冲厕、清洗地面和其他生活用途的用水。近年来，随着人们对饮用水品质要求的不断提高，在某些城市、地区的高档住宅小区、综合楼等实施分质供水，管道直饮水给水系统已经进入住宅。

生活给水系统按照供水水质又分为生活饮用水系统、直饮水系统和杂用水系统。生活饮用水系统包括洗漱、沐浴等用水；直饮水系统包括纯净水、矿泉水等用水；杂用水系统包括冲厕、浇灌花草等用水。生活给水系统的水质必须严格符合国家《生活饮用水卫生标准》（GB5749—2006）的要求，并应具有防止水质污染的措施。

（2）生产给水系统：供生产过程中产品工艺用水、清洗用水、冷却用水、生产空调用水、稀释用水、除尘用水、锅炉用水等。由于工业过程和生产设备的不同，生产给水系统种类繁多，对各类生产用水的水质要求有较大的差异，有的低于生活饮用水标准，有的则远远高于生活饮用水标准。

（3）消防给水系统：提供消防设施用水，主要包括消火栓、消防软管卷盘及自动喷水灭火系统等设施的用水。消防用水用来灭火和控火，即扑灭火灾和控制火灾蔓延。

消防用水对水质要求较低，但必须按照现行国家工程建设消防技术标准确保足够的水量和水压。

消防给水系统分为消火栓给水系统、自动喷水灭火系统、水幕系统、水喷雾灭火系统以及自动水炮灭火系统等。消防系统的选择，应按照生活、生产、消防各项用水对水质、水量和水压的要求，经过经济技术比较后确定。一般来说，除消火栓系统和简易自动喷水灭火系统外，其他消防给水系统都应和生活生产给水系统分开，独立设置。

2. 消防给水系统的给水方式

消防给水方式，是指建筑内部消防给水系统的给水方案。常见的消防给水方式的基本类型有下列几种：

1）直接给水方式

建筑物内部只设有给水管道系统，不设增压和贮水设备，室内给水管道系统和室外供水管网直接相连，利用室外管网压力直接向室内给水系统供水。这种方式只适合于低层或地下建筑。

2）加压给水方式

一般而言，建筑物高度较高，消防灭火时，无论是消火栓系统还是自动喷水灭火系统，都需要以一定的压力把火扑灭，常规自来水管网的压力往往不能满足直接进行灭火的要求，因此需要设置消防水泵，将水进行加压，从而达到消防灭火的要求。系统加压一般是通过固定式消防水泵来完成的，在高层建筑火灾扑救过程中，市政消防车也可以通过向消防管网上设置的水泵接合器输水加压，用于补充室内消防水量，协助室内消防水泵完成供水任务。

3. 消防给水设施

消防给水设施是建筑消防给水系统的重要组成部分，其主要功能是为建筑消防给水系统储存并提供足够的消防水量和水压，确保消防给水系统的供水安全。消防给水设施通常包括消防供水管道、消防水池、消防水箱、消防水泵、消防稳（增）压设备、消防水泵接合器等。

1）引入管和给水管道

（1）引入管，指从室外给水管网的接管点引至建筑物内的管段，一般又称进户管，是室外给水管网与室内给水管网之间的联络管段。引入管段上一般设有水表、阀门等附件。对于高层建筑消防来说，一般引入管连接消防水池，由消防水泵从消防水池吸水供应建筑内的消防用水。

（2）给水管道，在建筑物内通常形成管网，包括干管、立管、支管和分支管，用来输送和分配用水至建筑物内部的各个用水点。

①干管又称总干管，是将水从引入管输送到建筑物各区域的管段。

②立管又称竖管，是将水从干管沿垂直方向输送到各楼层、各不同标高处的管段。

③支管又称配水管，是将水从立管输送到各房间内的管段。

④分支管又称配水支管，是将水从支管输送到各用水设备处的管段。

2）消防水池

消防水池是储存和调节水量的构筑物，一般设置在建筑物地下部分，与消防泵房相邻设置，如图 4-2 所示。在市政给水管道、进水管道或天然水源不能满足消防用水量，以及市政给水管道为枝状或只有一条进水管的情况下，室内外消防用水量之和大于 25L/s 建（构）筑物应设消防水池。不同建（构）筑物设置的消防水池，其有效容量应根据国家相关消防技术标准经计算确定。

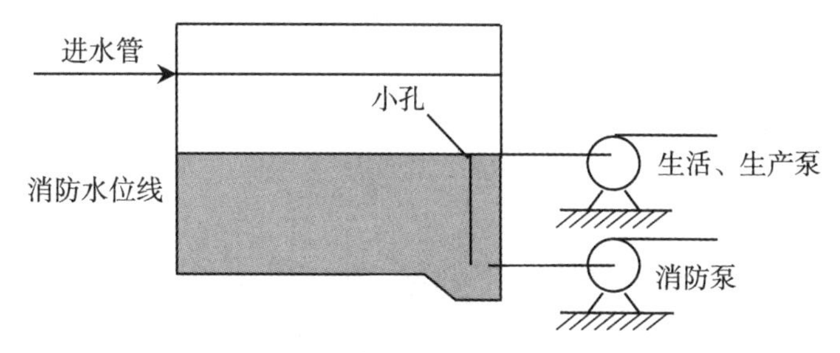


图 4-2　消防水池构成示意图

3）消防水箱

根据水箱的用途不同，有高位水箱、减压水箱、冲洗水箱、断流水箱等多种类别。其形状通常为圆形或矩形，特殊情况下也可设计成任意形状。制作材料包括普通碳钢、搪瓷、镀锌、复合和不锈钢板等；钢筋混凝土；塑料和玻璃钢等。

以下主要介绍在消防给水系统中使用较为广泛、可起到保证水压和储存、调节水量的高位水箱。

采用临时高压给水系统的建筑物应设置高位消防水箱，如图 4-3 所示，一般设置在屋顶。设置消防水箱的目的，一是提供系统启动初期的消防用水量和水压，在消防泵出现故障的紧急情况下应急供水，确保喷头开放后立即喷水，以及时控制初期火灾，并为外援灭火争取时间；二是利用高位差为系统提供准工作状态下所需的水压，以达到管道内充水并保持一定压力的目的。设置常高压给水系统并能保证最不利点消火栓和自动喷水灭火系统等的水量和水压的建筑物，或设置干式消防竖管的建筑物，可不设置消防水箱。

4）消防水泵

消防水泵是通过叶轮的旋转将能量传递给水，从而增加水的动能、压力能，并将其输送到灭火设备处，以满足各种灭火设备的水量、水压要求，它是消防给水系统的心脏。目前，消防给水系统中使用的水泵多为离心泵，因为该类水泵具有适用范围广、型号多、供

图 4-3　消防水箱示意图

水连续、可随意调节流量等优点。

这里的消防水泵主要是指水灭火系统中的消防给水泵，如消火栓泵、喷淋泵、消防转输泵等。

离心泵的工作原理：靠叶轮在泵壳内旋转，使水靠离心力甩出，从而得到压力，将水送到需要的地方，离心泵主要是由泵壳、泵轴、叶轮、吸水管、压力管等部分组成，图 4-4 所示为一卧式离心泵外形图。

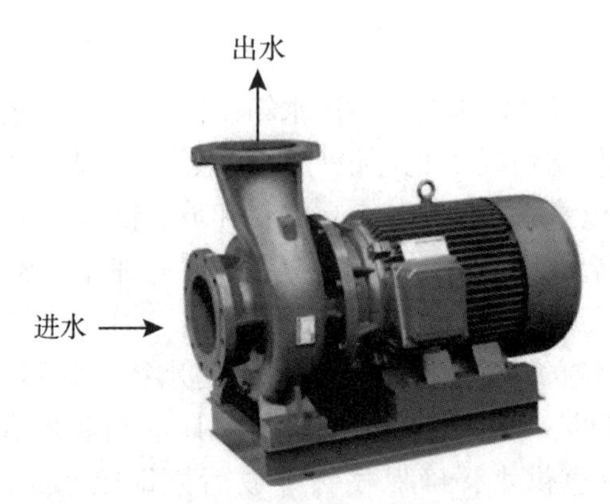


图 4-4　卧式离心泵外形图

开动水泵前，要使泵壳及吸水管中充满水，以排除泵内空气，当叶轮高速转动时，在离心力的作用下，叶片槽道（两叶片间的过水通道）中的水从叶轮中心被甩向泵壳，使水获得动能与压能。由于泵壳的断面是逐渐扩大的，所以水进入泵壳后流速逐渐变小，部分动能转化为压力，因而泵出口处的水便具有较高的压力，流入压力管。在水被甩走的同时，水泵进口处形成真空，由于大气压力的作用，将水池中的水通过吸水管压向水泵进口（一般称为“吸水”），进而流入泵体。由于电动机带动叶轮连续回转，因此，离心泵也就可以均匀连续地供水，不断地将水从低处压送到高处的用水点或水箱。

5）消防增（稳）压设备

对采用临时高压消防给水系统的高层或多层建筑，当消防水箱设置高度不能满足系统最不利点灭火设备所需的水压要求时，应设置增（稳）压设备。增（稳）压设备一般由稳压泵、隔膜式气压罐、管道附件及控制装置等组成，如图 4-5 所示。

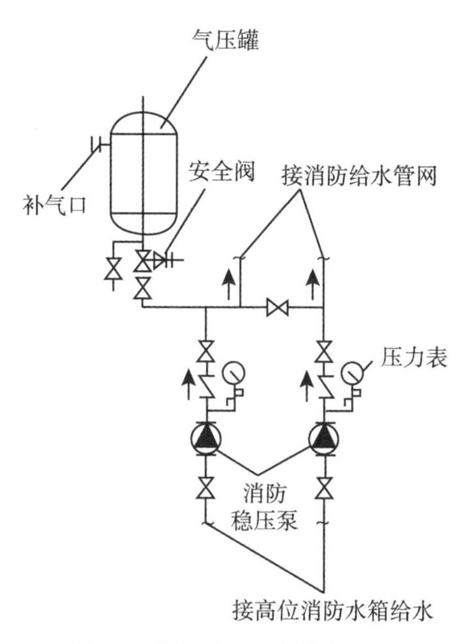


图 4-5 增（稳）压设备的组成

（1）稳压泵及其工作原理。

稳压泵是在消防给水系统中用于稳定平时最不利点水压的给水泵，通常选用小流量、高扬程的水泵。消防稳压泵也应设置备用泵，通常可按“一用一备”原则选用。

稳压泵通过三个压力控制点（$P_2$、$P_3$、$P_4$）分别与压力继电器相连接，用来控制其工作。稳压泵向管网中持续充水时，管网内压力升高，当压力达到设定的压力值 $P_4$（稳压上限）时，稳压泵停止工作。若管网内存在渗漏或由于其他原因导致管网压力逐渐下降，当降到设定压力值 $P_3$（稳压下限）时，稳压泵再次启动。如此周而复始，从而使管网的压力始终保持在 $P_3 \sim P_4$之间。若稳压泵启动并持续给管网补水，但管网压力仍继续下降，则可认为有火灾发生，管网内的消防水正在被使用。因此，当压力继续降到设定压力值 $P_2$（消防主泵启动压力点）时，将连锁启动消防主泵，同时稳压泵停止工作。

（2）气压罐及其工作原理。

实际运行过程中，由于各种原因，稳压泵常常频繁启动，不但泵易损坏，而且对整个管网系统和电网系统不利，稳压泵常与小型气压罐配合使用。

如图 4-6、图 4-7 所示，在气压罐内设定的 $P_1$、$P_2$、$P_{s1}$、$P_{s2}$4 个压力控制点中，$P_1$为气压罐的最小设计工作压力，$P_2$为水泵启动压力，$P_{s1}$为稳压泵启动压力。当罐内压力为

$P_{s2}$时，消防给水管网处于较高工作压力状态，稳压泵和消防水泵均处于停止状态；随着管网泄露或由其他原因引起的泄压，当罐内压力从 $P_{s2}$降至 $P_{s1}$时，便自动启动稳压泵，向气压罐补水，直到罐内压力增加到 $P_{s2}$时，稳压泵停止工作，从而保证了气压罐内消防储水的常备储存。若建筑发生火灾，随着灭火设备出水，气压罐内储水量减少，压力下降，当压力从 $P_{s2}$降至 $P_{s1}$时，稳压泵启动，但稳压泵流量较小，其供水全部用于灭火设备，气压罐内的水得不到补充，罐内压力继续下降到 $P_2$时，消防泵启动并向管网供水，同时向控制中心报警。此时稳压泵停止运转，消防增（稳）压工作完成。

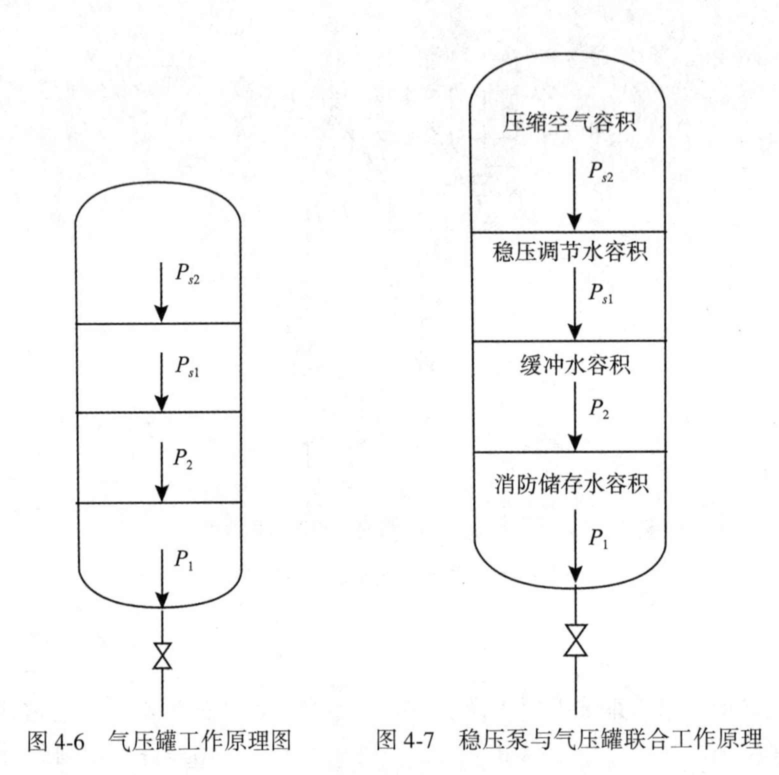


图 4-6　气压罐工作原理图　　　图 4-7　稳压泵与气压罐联合工作原理

6）消防水泵接合器

消防水泵接合器是供消防车向消防给水管网输送消防用水的预留接口。它既可以用于补充消防水量，也可以用于提高消防给水管网的水压。

在火灾情况下，当建筑物内的消防水泵发生故障或室内消防用水不足时，消防车从室外取水通过水泵接合器将水送到室内消防给水管网，供灭火使用。

水泵接合器是由阀门、安全阀、止回阀、栓口放水阀以及连接弯管等组成的。在室外从水泵接合器栓口给水时，安全阀起到保护系统的作用，以防补水压力超过系统的额定压力；水泵接合器设有止回阀，以防止系统的给水从水泵接合器流出；为考虑安全阀和止回阀检修的需要，还应设置阀门；放水阀具有泄水的作用，用于防冻。水泵接合器组件的排列次序应合理，按水泵接合器给水的方向，依次是止回阀、安全阀和阀门。如图 4-8 所示。

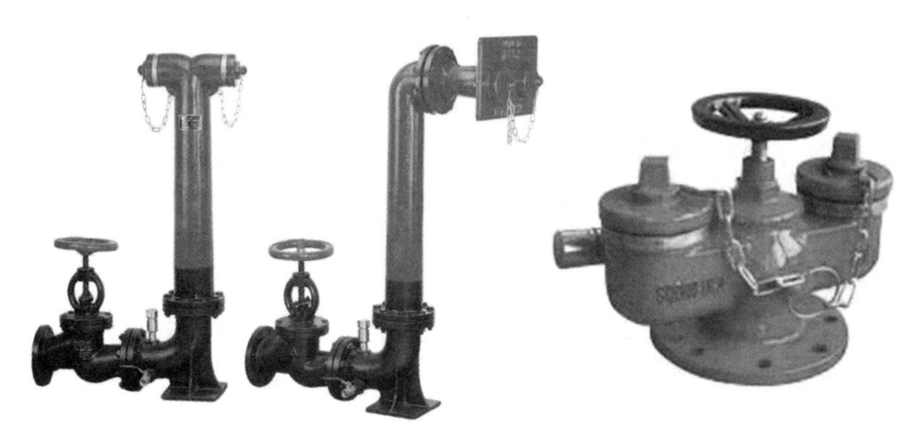

图 4-8 水泵接合器实物图

### 4.1.2 消火栓系统

1. 消火栓系统的分类

按照消火栓系统服务范围可分为市政消火栓、室外消火栓和室内消火栓系统。

按照消火栓系统加压方式的不同可分为常高压消火栓系统、临时高压消火栓系统和低压消火栓系统。

按照消火栓系统是否与生活、生产合用可分为生活、生产、消火栓合用系统和独立的消火栓系统。

2. 室外消火栓系统

在城市、居住区等的规划和建筑设计中，会同时设计消防给水系统。城镇需沿可通行消防车的街道设置市政消火栓，而民用建筑周围一般设有室外消火栓。

室外消火栓的主要功能为供消防车从市政给水管网或室外给水管网取水、连接水带给消防车直接灌水或连接水带水枪直接出水灭火。人们普遍认为，只要消防车到达火场，就可以立即出水把火扑灭。其实不然，在消防队装备的消防车中有相当一部分是不带水的，如举高消防车、抢险救援车、火场照明车等，它们必须和灭火消防车配套使用。而一些灭火消防车因自身运载水量有限，在灭火时也急需寻找水源。这时，室外消火栓就发挥出巨大的供水功能。

1）室外消火栓的类型及组成

室外消火栓有地上式室外消火栓和地下式室外消火栓两种形式，如图 4-9、图 4-10 所示。其中，地上式室外消火栓比较常见，由本体、进水弯管、出水口、排水口等组成，阀体的大部分露出地面，具有目标明显、易于寻找、出水操作方便等特点，适宜于气候温暖地区安装使用；地下式室外消火栓由本体、进水弯管、丝杆、丝杆螺母、出水口、排水口等组成，地下式室外消火栓具有防冻、不宜遭受人为损坏、便利交通等优点，一般多用于严寒、寒冷等冬季结冰地区，但在地面需设有明显的永久性标志，如图 4-11、图 4-12 所示。

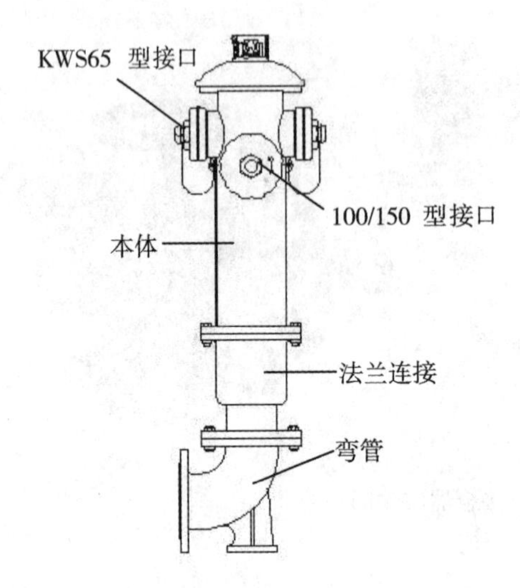


4-9　地上式室外消火栓

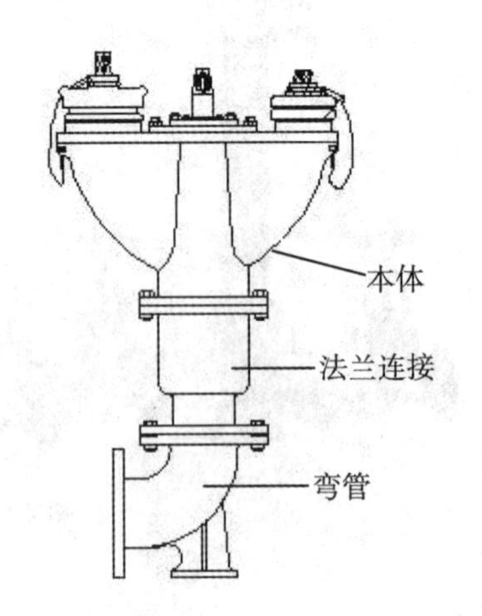


图 4-10　地下式室外消火栓

图 4-11　地上式室外消火栓

图 4-12　地下式室外消火栓

地上式室外消火栓有一个直径为 150mm 或 100mm 的栓口（接消防车）和两个直径为 65mm 的栓口（接消防水带）。地下式室外消火栓应有直径为 100mm 的栓口（接消防车）和 65mm 的栓口（接消防水带）各一个。

2）室外消火栓的设置原则

对于高校建筑，其室外消火栓设计流量不应小于表 4-1 中的规定。

表 4-1　　　　建筑物室外消火栓设计流量　　　　（单位：L/s）

| 耐火等级 | 建筑物名称及类别 | | | 建筑体积（$m^3$） | | | | | |
|---|---|---|---|---|---|---|---|---|---|
| | | | | $V\le1500$ | $1500<V\le3000$ | $3000<V\le5000$ | $5000<V\le20000$ | $20000<V\le50000$ | $V>50000$ |
| 一、二级 | 民用建筑 | 公共建筑 | 单层及多层 | 15 | | | 25 | 30 | 40 |
| | | | 高层 | — | | | 25 | 30 | 40 |
| 三级 | 单层及多层民用建筑 | | | 15 | | 20 | 25 | 30 | — |
| 四级 | 单层及多层民用建筑 | | | 15 | | 20 | 25 | — | |

注：宿舍、公寓等非住宅类居住建筑的室外消火栓设计流量，应按表中的公共建筑确定。

对于高校建筑室外消火栓系统的设计，应满足《消防给水及消火栓系统技术规范》（GB 50974—2014，以下简称《水规》）的要求，具体如下：

（1）建筑室外消火栓的数量应根据室外消火栓设计流量和保护半径经计算确定，保护半径不应大于150m，每个室外消火栓的出流量宜按10~15L/s计算。

（2）室外消火栓宜沿建筑周围均匀布置，且不宜集中布置在建筑一侧；建筑消防扑救面一侧的室外消火栓数量不宜少于2个。

（3）人防工程、地下工程等建筑应在出入口附近设置室外消火栓，且距出入口的距离不宜小于5m，并不宜大于40m。

关于室外消火栓的设计要求还需满足《水规》第7.2、7.3节的其他要求。

3. 室内消火栓系统

室内消火栓给水系统是建筑物应用最广泛的一种消防设施，它既可以供火灾现场人员使用消火栓箱内的消防水喉、水枪扑救初期火灾，也可供消防队员扑救建筑物的大火。室内消火栓实际上是室内消防给水管网向火场供水的带有专用接口的阀门，其进水端与消防管道相连，出水端与水带相连。

1）系统类型及组成

室内消火栓分类复杂、形式较多，现将较为常见的室内消火栓形式进行说明。

（1）按消火栓的阀体结构型式分类，最常见的为直角出口型室内消火栓，如图4-13所示。另外，在个别场所，还可以看到旋转型室内消火栓，其栓体可相对于进水管路连接的底座进行水平360°旋转，平时可将消火栓出水口转向侧面，使用时再将消火栓出水口转至与墙面垂直的方向，这样可以减小消火栓箱体厚度，适用于薄型消火栓，如图4-14所示。

（2）按消火栓的箱体安装方式分类，可分为明装式、暗装式、半暗装式三种。比如，在疏散走道等处，为了不影响人员通行，需要采用暗装式消火栓。在一些高档商业、办公等对装修效果要求较高的场所或区域，为了追求美观，通常也会采用暗装式消火栓，但在外面必须设置明显标识。

（3）按水带安置方式分类，可分为挂置式、盘卷式、卷置式、托架式。日常中较为

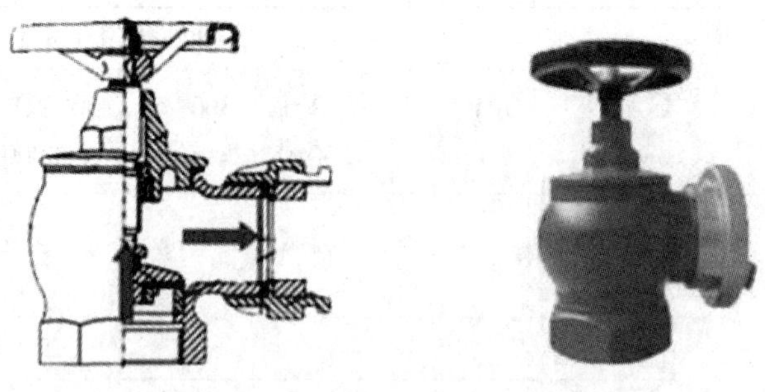

图 4-13　直角出口型室内消火栓

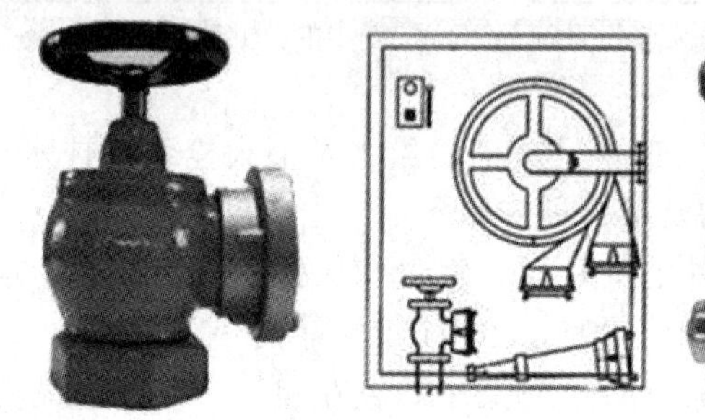

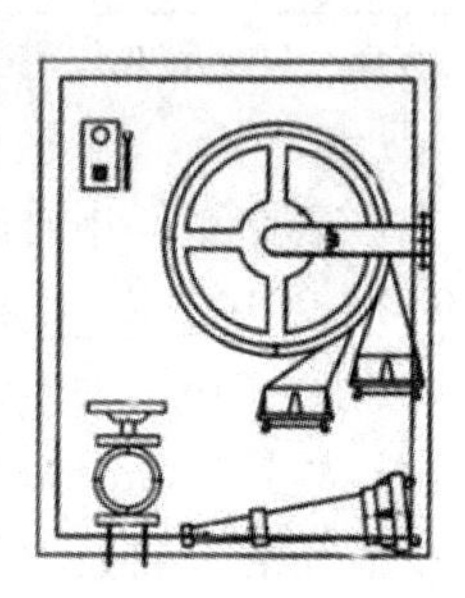

图 4-14　旋转型室内消火栓

常见的为挂置式和卷置式，如图 4-15、图 4-16 所示。

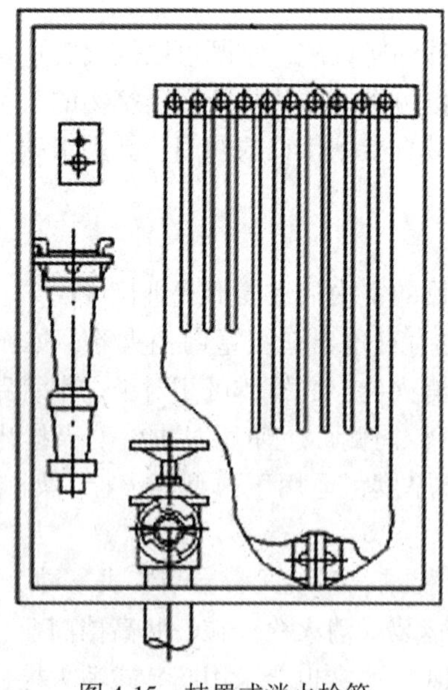

图 4-15　挂置式消火栓箱

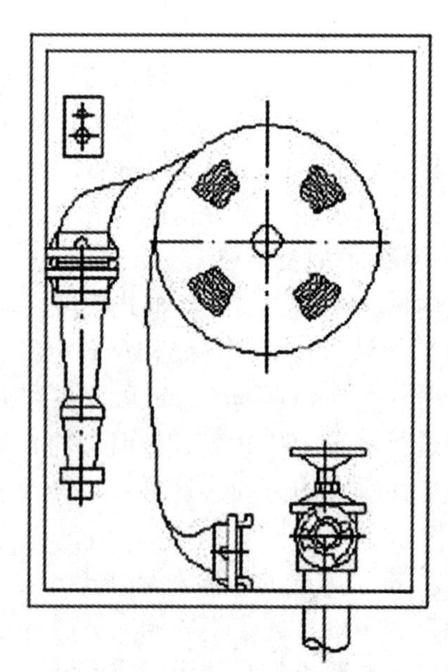

图 4-16　卷置式消火栓箱

室内消火栓给水系统由消防给水基础设施、消防给水管网、室内消火栓设备、报警控制设备及系统附件等组成，如图 4-17 所示。

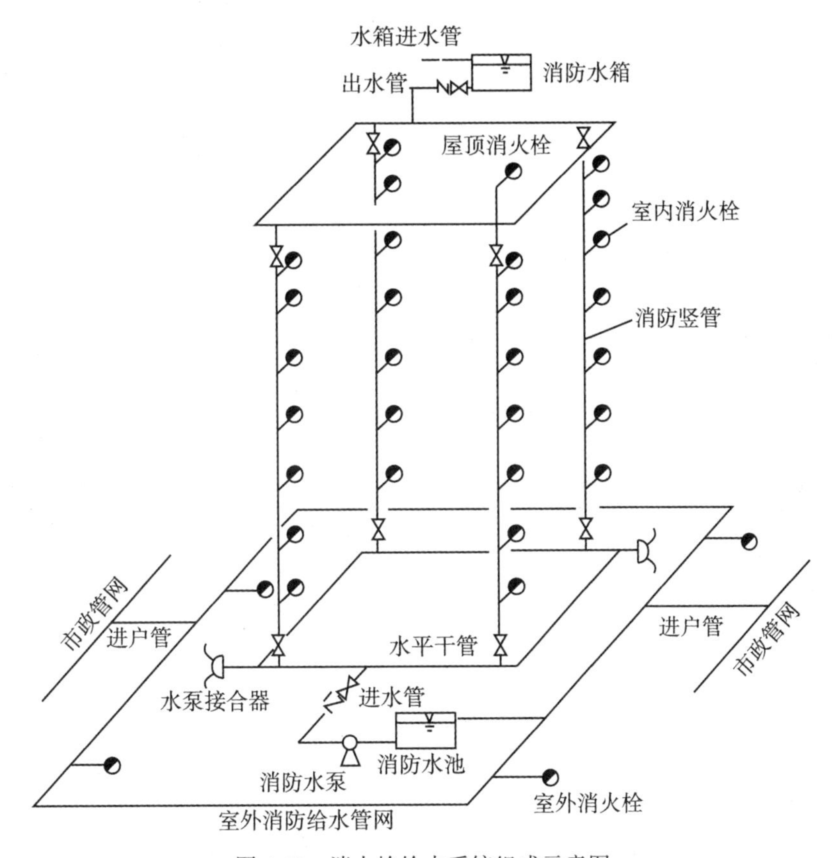


图 4-17 消火栓给水系统组成示意图

其中，消防给水基础设施包括市政管网、室外消防给水管网、室外消火栓、消防水池、消防水泵、消防水箱、增（稳）压设备、水泵接合器等，该设施的主要任务是为系统储存并提供灭火用水。消防给水管网包括进水管、水平干管、消防竖管等，其任务是向室内消火栓设备输送灭火用水。

室内消火栓设备包括栓口、水带、水枪，供消防工作人员使用，在高层建筑的消火栓箱内还会设置消防软管卷盘、水喉等，以供一般工作人员扑灭初期火灾使用。系统附件包括各种阀门、屋顶消火栓等。报警控制设备用于启动消防水泵。

2）室内消火栓的设置原则

对于高校建筑而言，根据《建规》第 8.2.1 条规定，校园内应设置室内消火栓系统的场所有：高层公共建筑和建筑高度大于 21m 的住宅建筑；体积大于 5000m$^3$的图书馆建筑；特等、甲等剧场，超过 800 个座位的其他等级的剧场和电影院等，以及超过 1200 个座位的礼堂、体育馆等单、多层建筑；建筑高度大于 15m 或体积大于 10000m$^3$的办公建筑、教学建筑、医疗大楼和其他单、多层民用建筑。

对于高校建筑，其室内消火栓设计流量不应小于表 4-2 中的规定。

表 4-2　　**建筑物室内消火栓设计流量**

| 建筑物名称 | | | 高度 $h$（m）、层数、体积 $V$（$m^3$）、座位数 $n$（个）、火灾危险性 | 消火栓设计流量（L/s） | 同时使用消防水枪数（支） | 每根竖管最小流量（L/s） |
|---|---|---|---|---|---|---|
| 民用建筑 | 单层及多层 | 科研楼、试验楼 | $V\leq 10000$ | 10 | 2 | 10 |
| | | | $V>10000$ | 15 | 3 | 10 |
| | | 剧场、电影院、会堂、礼堂、体育馆等 | $800<n\leq 1200$ | 10 | 2 | 10 |
| | | | $1200<n\leq 5000$ | 15 | 3 | 10 |
| | | | $5000<n\leq 10000$ | 20 | 4 | 15 |
| | | | $n>10000$ | 30 | 6 | 15 |
| | | 图书馆、档案馆等 | $5000<V\leq 10000$ | 15 | 3 | 10 |
| | | | $10000<V\leq 25000$ | 25 | 5 | 15 |
| | | | $V>25000$ | 40 | 8 | 15 |
| | | 教学楼、宿舍等其他建筑 | 高度超过 15m 或 $V>10000$ | 15 | 3 | 10 |
| | 高层 | 二类公共建筑 | $h\leq 50$ | 20 | 4 | 10 |
| | | 一类公共建筑 | $h\leq 50$ | 30 | 6 | 15 |
| | | | $h>50$ | 40 | 8 | 15 |

注：消防软管卷盘、轻便消防水龙，其消火栓设计流量可不计入室内消防给水设计流量；

当一座多层建筑有多种使用功能时，室内消火栓设计流量应分别按本表中不同功能计算，且应取最大值。

对于高校建筑室内消火栓的设计，应满足《水规》的要求，具体如下：

（1）室内消火栓的选型应根据使用者、火灾危险性、火灾类型和不同灭火功能等因素综合确定。

（2）设置室内消火栓的建筑，包括设备层在内的各层均应设置消火栓。

（3）消防电梯前室应设置室内消火栓，并应计入消火栓使用数量。

（4）室内消火栓的布置应满足同一平面有 2 支消防水枪的 2 股充实水柱同时达到任何部位的要求。

（5）建筑室内消火栓的设置位置应满足火灾扑救要求，并应符合：室内消火栓应设置在楼梯间及其休息平台和前室、走道等明显易于取用，以及便于火灾扑救的位置；同一楼梯间及其附近不同层设置的消火栓，其平面位置宜相同。

（6）建筑室内消火栓栓口的安装高度应便于消防水龙带的连接和使用，其距地面高度宜为 1.1m；其出水方向应便于消防水带的敷设，并宜与设置消火栓的墙面成 90°角或向下。

（7）室内消火栓宜按直线距离计算其布置间距，并应符合：消火栓按2支消防水枪的2股充实水柱布置的建筑物，消火栓的布置间距不应大于30m；消火栓按1支消防水枪的1股充实水柱布置的建筑物，消火栓的布置间距不应大于50m。

（8）室内消火栓栓口压力和消防水枪充实水柱，应符合：消火栓栓口动压力不应大于0.5MPa；当大于0.7MPa时，必须设置减压装置；高层建筑、室内净空高度超过8m的民用建筑等场所，消火栓栓口动压不应小于0.35MPa，且消防水枪充实水柱应按13m计算；其他场所，消火栓栓口动压不应小于0.25MPa，且消防水枪充实水柱应按10m计算。

### 4.1.3 自动喷水灭火系统

自动喷水灭火系统是一种全天候的固定式主动消防系统，火灾发生时，喷头的热敏元件对环境温度产生反应，喷头自动打开，并把水均匀地喷洒在着火区域，快速抑制燃烧，以实现火灾的初期控制，最大限度地减少生命和财产损失。

有记载的世界上第一套简易自动喷水灭火系统于1812年安装在英国伦敦皇家剧院，距今已有200年历史，而我国的自动喷水灭火系统应用也有90余年的历史。据统计，随着技术水平的提高，目前自动喷水灭火系统灭火控火成功率平均在96%以上，澳大利亚、新西兰等国家灭火控火率达99.8%，有些国家和地区甚至高达100%。国内外自动喷水灭火系统的应用实践和资料证明，该系统除灭火、控火成功率高以外，还具有安全可靠、经济实用、适用范围广、使用寿命长，以及在自动灭火的同时具有自动报警等优点。

1. 系统的分类与组成

自动喷水灭火系统根据所使用喷头的型式，可分为闭式自动喷水灭火系统和开式自动喷水灭火系统两大类；根据系统的用途和配置情况，自动喷水灭火系统又分为湿式系统、干式系统、预作用系统、雨淋系统、水幕系统、自动喷水-泡沫联用系统等。自动喷水灭火系统的分类如图4-18所示。

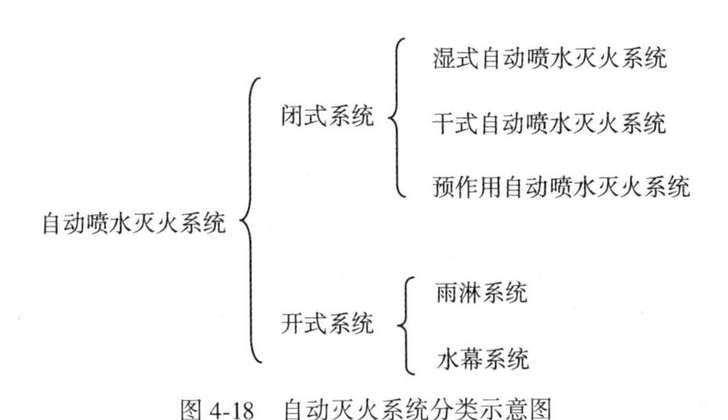


图4-18 自动灭火系统分类示意图

1）湿式自动喷水灭火系统

湿式自动喷水灭火系统（以下简称湿式系统）由闭式喷头、湿式报警阀组、水流指示器或压力开关、供水与配水管道以及供水设施等组成，在准工作状态下，管道内充满用于启动系统的有压水。湿式系统的组成如图 4-19 所示。这种系统造价低、维护管理方便，高校建筑大部分采用此种系统，如礼堂、报告厅、医学建筑、高层实验楼、宾馆、车库等，但对于害怕水渍影响的建筑，如图书馆、计算机楼、粮食仓库等，则不宜使用，此外，在北方寒冷地区高校中一些没有采暖的房间也不宜使用。

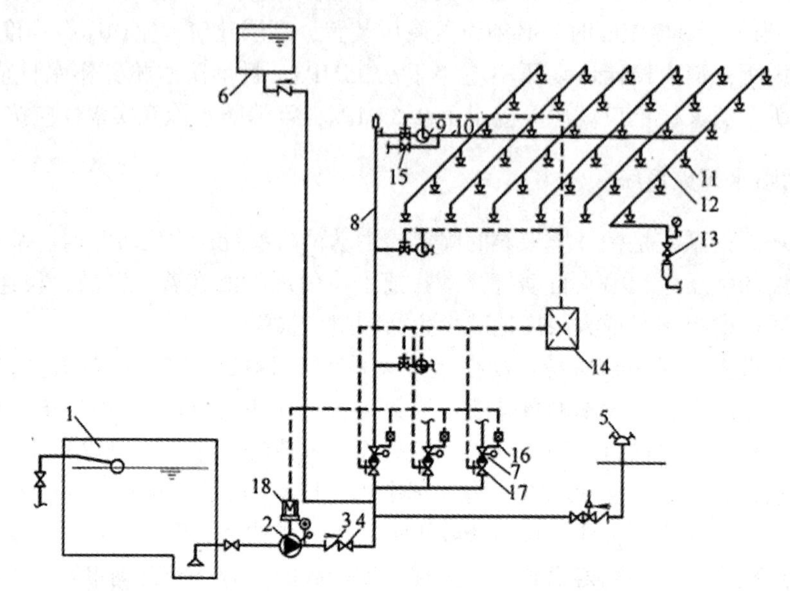


1—消防水池；2—水泵；3—止回阀；4—闸阀；5—水泵接合器；6—消防水箱；
7—干式报警阀组；8—配水干管；9—配水管；10—闭式喷头；11—配水支管；
12—排气阀；13—电动阀；14—报警控制器；15—泄水阀；16—压力开关；
17—信号阀；18—驱动电动机

图 4-19　湿式系统示意图

2）干式自动喷水灭火系统

干式自动喷水灭火系统（以下简称干式系统）由闭式喷头、干式报警阀组、水流指示器或压力开关、供水与配水管道、充气设备以及供水设施等组成，在准工作状态下，配水管道内充满用于启动系统的有压气体。干式系统的启动原理与湿式系统相似，只是将传输喷头开放信号的介质由有压水改为有压气体。干式系统的组成如图 4-20 所示。这种系统克服了湿式自动喷水可能造成水渍损失的影响，也不存在低温条件下冻结的问题，但由于管网内为气体，一旦发生火灾后，需要有一个充水过程，所以火灾扑救相对滞后一些。

3）预作用自动喷水灭火系统

预作用自动喷水灭火系统（以下简称预作用系统）由闭式喷头、雨淋阀组、水流报警装置、供水与配水管道、充气设备和供水设施等组成。在准工作状态下，配水管道内不充水，由火灾报警系统自动开启雨淋阀后，转换为湿式系统。预作用系统与湿式系统、干式系统的不同之处在于，系统采用雨淋阀，并配套设置火灾自动报警系统。这种系统兼顾了湿式自动喷水和干式自动喷水两个灭火系统的优点，无水渍损失，系统灭火迅速，现在

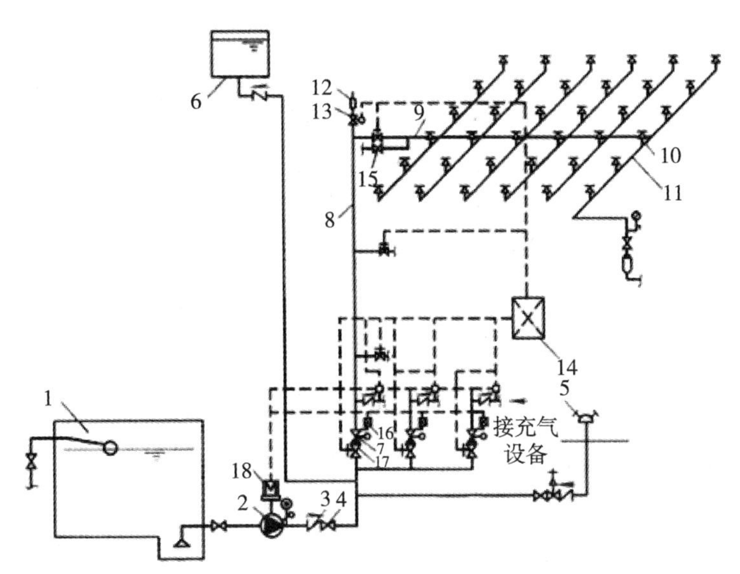


1—消防水池；2—水泵；3—止回阀；4—闸阀；5—水泵接合器；6—消防水箱；
7—干式报警阀组；8—配水干管；9—配水管；10—闭式喷头；11—配水支管；
12—排气阀；13—电动阀；14—报警控制器；15—泄水阀；16—压力开关；
17—信号阀；18—驱动电动机

图 4-20 干式系统示意图

逐步被许多工程所采用。预作用系统的组成如图 4-21 所示。

4）雨淋系统

雨淋系统由开式喷头、雨淋阀组、水流报警装置、供水与配水管道，以及供水设施等组成。它与前几种系统的不同之处在于，雨淋系统采用开式喷头，由雨淋阀控制喷水范围，由配套的火灾自动报警系统或传动管系统启动雨淋阀。高校建筑中，雨淋系统通常用于舞台葡萄架下的保护。雨淋系统有电动、液动和气动控制方式，常用的电动和液动雨淋系统分别如图 4-22 和图 4-23 所示。

5）水幕系统

水幕系统由开式洒水喷头或水幕喷头、雨淋报警阀组或感温雨淋阀、供水与配水管道、控制阀，以及水流报警装置（水流指示器或压力开关）等组成。与前几种系统的不同之处在于，水幕系统不具备直接灭火的能力，而只是用于挡烟阻火或冷却分隔物。在高校建筑中，该系统一般用于舞台口部与观众席之间的分隔，也有用于防火卷帘的保护等。

6）自动喷水-泡沫联用系统

配置供给泡沫混合液的设备后，即组成了既可以喷水又可以喷泡沫的自动喷水-泡沫联用系统。该系统用于扑救一些具有可燃液体区域的火灾，也有的用于一些地下停车库。

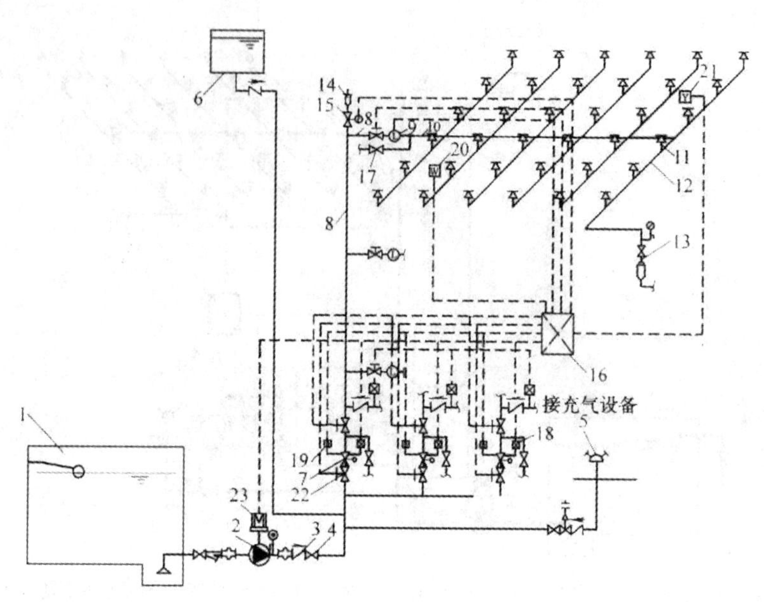


1—消防水池；2—水泵；3—止回阀；4—闸阀；5—水泵接合器；6—消防水箱；
7—预作用报警阀组；8—配水干管；9—水流指示器；10—配水管；11—闭式喷头；
12—配水支管；13—末端试水装置；14—排气阀；15—电动阀；16—报警控制器；
17—泄水阀；18—压力开关；19—电磁阀；20—感温探测器；21—感烟探测器；
22—信号阀；23—驱动电动机

图 4-21　预作用系统示意图

2. 常用的系统主要组件

自动喷水灭火系统主要由洒水喷头、报警阀组、水流指示器、压力开关、末端试水装置和管网等组件组成，本节介绍主要组件的组成。

1）洒水喷头

喷头是自动喷水灭火系统的主要组件。自动喷水灭火系统的火灾探测性能和灭火性能主要体现在喷头上。喷头在扑灭火灾时的作用过程首先是探测火灾，然后是在保护面积上进行布水，以控制和扑灭火灾。

根据喷头是否有热敏元件封堵，可把喷头分为闭式喷头和开式喷头。喷水口有阀片的为闭式喷头，无阀片的为开式喷头。

根据安装方式可分为下垂型喷头、直立型喷头、直立式边墙型喷头、水平式边墙型喷头及吊顶隐蔽型喷头。

按照热敏元件分类可分为玻璃球喷头和易熔元件喷头。

洒水喷头分类如图 4-24、图 4-25 所示。

根据国家标准，玻璃球喷头的公称动作温度分为 13 个温度等级，易熔元件喷头的公称动作温度分为 7 个温度等级。为了区分不同公称动作温度的喷头，将感温玻璃球中的液体和易熔元件喷头的轭臂标识不同的颜色，见表 4-3。

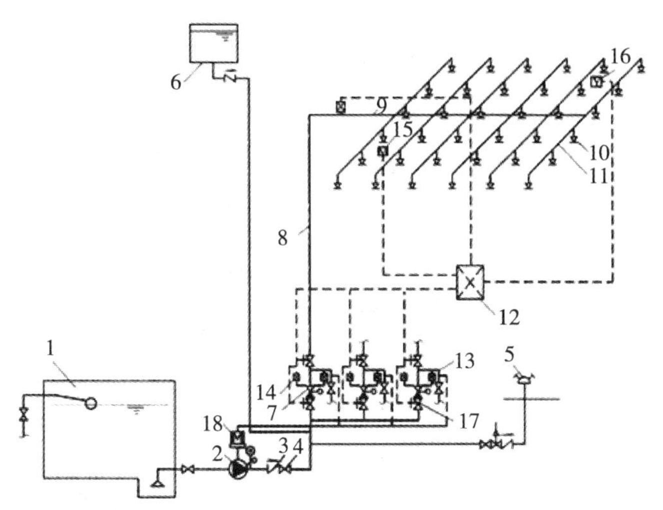


1—消防水池；2—水泵；3—止回阀；4—闸阀；5—水泵接合器；6—消防水箱；
7—雨淋报警阀组；8—配水干管；9—配水管；10—开式喷头；11—配水支管；
12—报警控制器；13—压力开关；14—电磁阀；15—感温探测器；16—感烟探测器；
17—信号阀；18—驱动电动机

图 4-22 电动雨淋系统示意图

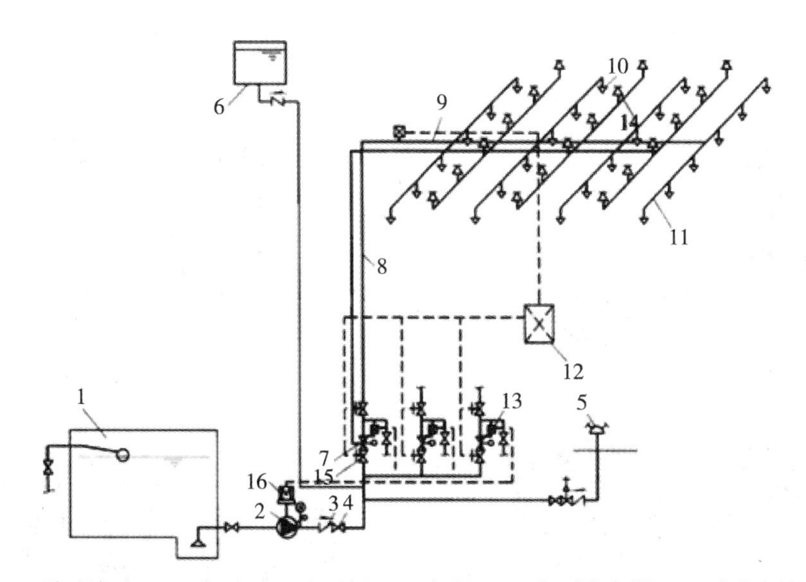


1—消防水池；2—水泵；3—止回阀；4—闸阀；5—水泵接合器；6—消防水箱；
7—雨淋报警阀组；8—配水干管；9—配水管；10—开式喷头；11—配水支管；
12—报警控制器；13—压力开关；14—开式喷头；15—信号阀；16—驱动电动机

图 4-23 液动雨淋系统示意图

- 洒水喷头
  - 按结构分类
    - 闭式喷头
    - 开式喷头
  - 按安装方式分类
    - 下垂型喷头
    - 直立型喷头
    - 直立式边墙型喷头
    - 水平式边墙型喷头
    - 吊顶隐蔽型喷头
  - 按热敏元件分类
    - 玻璃球喷头
    - 易熔元件喷头

图 4-24　洒水喷头分类示意图

（a）下垂式喷头

（b）边墙式喷头

（c）吊顶式喷头

（d）直立式喷头

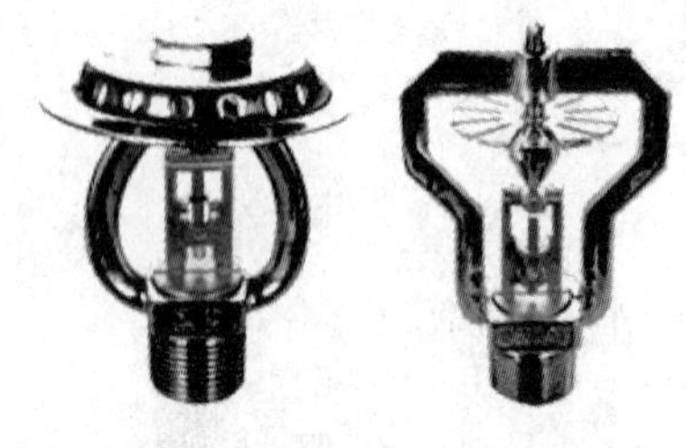

（e）快速反应式喷头（ESFR）

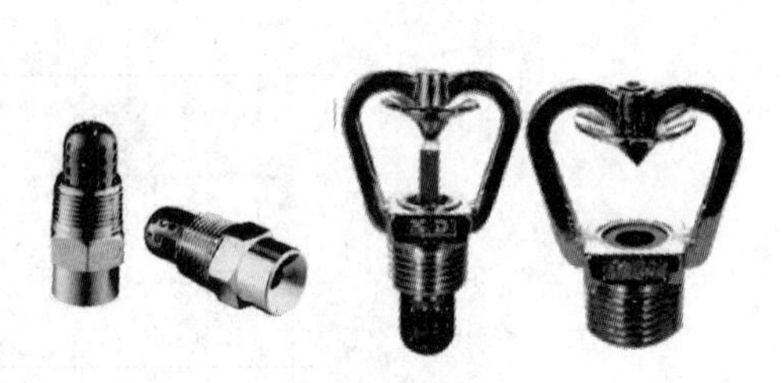

（f）水雾喷头

图 4-25　洒水喷头图

表 4-3 闭式喷头的公称动作温度和色标

| 玻璃球喷头 | | 易熔元件喷头 | |
|---|---|---|---|
| 公称动作温度（℃） | 工作液色标 | 公称动作温度（℃） | 轭臂色标 |
| 57 | 橙 | 57～77 | 无色 |
| 68 | 红 | | |
| 79 | 黄 | | |
| 93 | 绿 | | |
| 107 | 绿 | 80～107 | 白 |
| 121 | 蓝 | 121～149 | 蓝 |
| 141 | 蓝 | 163～191 | 红 |
| 163 | 紫 | 204～246 | 绿 |
| 182 | 紫 | 260～302 | 橙 |
| 204 | 黑 | 320～343 | 橙 |
| 227 | 黑 | | |
| 260 | 黑 | | |
| 343 | 黑 | | |

2）报警阀组

在自动喷水灭火系统中，报警阀也是至关重要的组件，与报警信号管路、延迟器、压力开关、水力警铃、泄水及试验装置、压力表及控制阀等组成报警阀组。

报警阀具有三个基本作用。首先，接通或切断水源，即在系统动作前，它将管网与水流隔开，避免用水和可能的污染；当系统开启时，报警阀打开，接通水源和配水管。其次，输出报警信号，即在报警阀开启的同时，部分水流通过阀座上的环形槽，经信号管道送至水力警铃，发出音响报警信号。再次，对于湿式系统，还可防止水流倒流回水源。

报警阀组分为湿式报警阀组、干式报警阀组、雨淋报警阀组和预作用报警装置。

（1）湿式报警阀组，其上设有进水口、报警口、测试口、检修口和出水口，阀内部设有阀瓣、阀座等组件，是控制水流方向的主要可动密封件。隔板座圈型湿式报警阀的结构如图 4-26、图 4-27 所示。

在准工作状态时，阀瓣上下充满水，水的压强近似相等，由于阀瓣上面与水接触的面积大于下面与水接触的面积，因此阀瓣受到的水压合力向下。在水压力及自重的作用下，阀瓣坐落在阀座上，处于关闭状态。当水源压力出现波动或冲击时，通过补偿器（或补水单向阀）使上、下腔压力保持一致，水力警铃不发生报警，压力开关不接通，阀瓣仍处于准工作状态。补偿器具有防止误报或误动作功能。闭式喷头喷水灭火时，补偿器来不及补水，阀瓣上面的水压下降，当其下降到使下腔的水压足以开启阀瓣时，下腔的水便向洒水管网及动作喷头供水，同时，水沿着报警阀的环形槽进入报警口，流向延迟器、水力

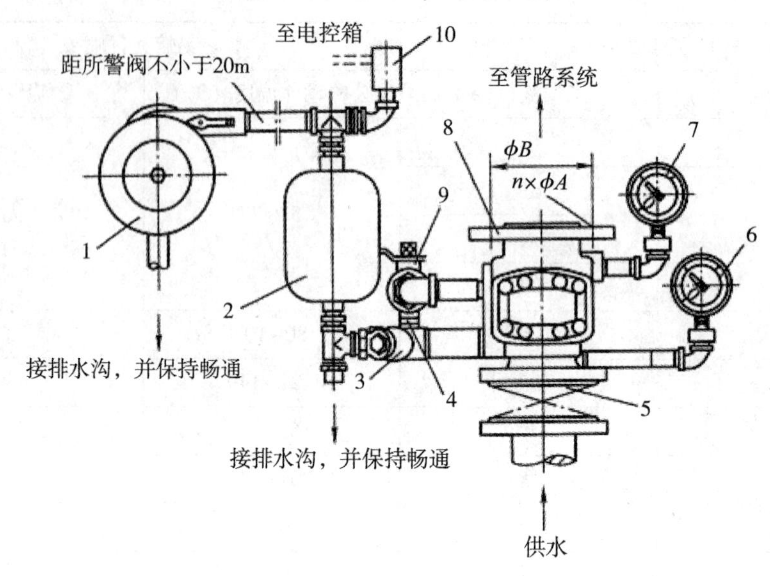


1—水力警铃；2—延迟器；3—过滤器；4—试验球阀；5—水源控制阀；
6—进水侧压力表；7—出水侧压力表；8—报警阀；9—排水球阀；10—压力开关

图 4-26　隔板座圈型湿式报警阀的结构示意图

图 4-27　湿式报警阀示意图

警铃，警铃发出声响报警，压力开关开启，给出电接点信号并启动自动喷水灭火系统的给水泵。

延迟器是一个罐式容器，其入口与报警阀的报警水流通道连接，出口与压力开关和水力警铃连接，延迟器入口安装有过滤器。在准工作状态下，可防止因压力波动而产生误报警。当配水管道发生泄露时，有可能引起湿式报警阀阀瓣的微小开启，使水进入延迟器。但是，由于水的流量小，进入延迟器的水会从延迟器底部的节流孔排出，使延迟器无法充满水，更不能从出口流向压力开关和水力警铃。只有当湿式报警阀开启，经报警通道进入延迟器的水流将延迟器注满并由出口溢出时，才能驱动水力警铃和压力开关。

水力警铃是一种靠水力驱动的机械警铃，安装在报警阀组的报警管道上，报警阀开启后，水流进入水力警铃并形成一股高速射流，冲击水轮带动铃锤快速旋转，敲击铃盖，发出声响报警。

（2）干式报警阀组，主要由干式报警阀、水力警铃、压力开关、空压机、安全阀、控制阀等组成，如图 4-28 所示。报警阀的阀瓣将阀门分成两部分，出口侧与系统管路相连，内充压缩空气，进口侧与水源相连，配水管道中的气压抵住阀瓣，使配水管道始终处于干管状态，通过两侧气压和水压的压力变化控制阀瓣的封闭和开启。喷头开启后，干式报警阀自动开启，其后续的一系列动作类似于湿式报警阀。

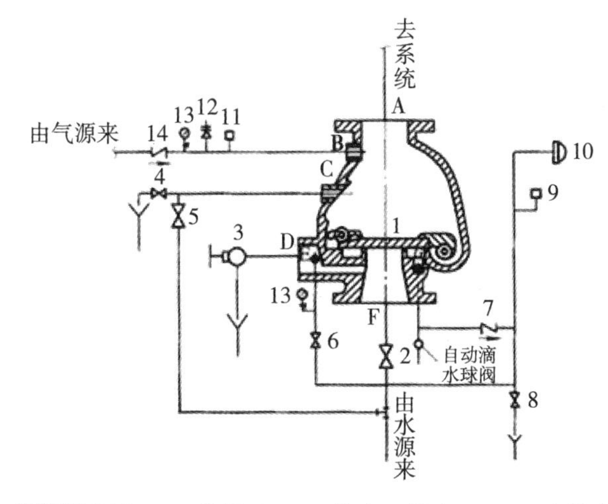


A—报警阀出口；B—充气口；C—注水、排水口；D—主排水口；
E—试警铃口；F—供水口；G—信号报警口；
1—报警阀；2—水源控制阀；3—主排水阀；4—排水阀；5—注水阀；
6—试警铃阀；7、14—止回阀；8—小孔阀；9—压力开关；
10—警铃；11—低压压力开关；12—安全阀；13—压力表

图 4-28 干式报警阀组

干式报警阀的构造如图 4-29 所示。其中的阀瓣、水密封阀座、气密封阀座组成隔断水、气的可动密封件。在准工作状态下，报警阀处于关闭位置，橡胶面的阀瓣紧紧地闭合于两个同心的水、气密封阀座上，内侧为水密封圈，外侧为气密封圈，内外侧之间的环形隔离室与大气相通，大气由报警接口配管通向平时开启的自动滴水球阀。在注水口加水加到打开注水排水阀有水流出为止，然后关闭注水口。注水是为了使气密封垫起密封作用，防止系统中的空气泄漏到隔离室或大气中。只要管道的气压保持在适当值，阀瓣就始终处于关闭状态。

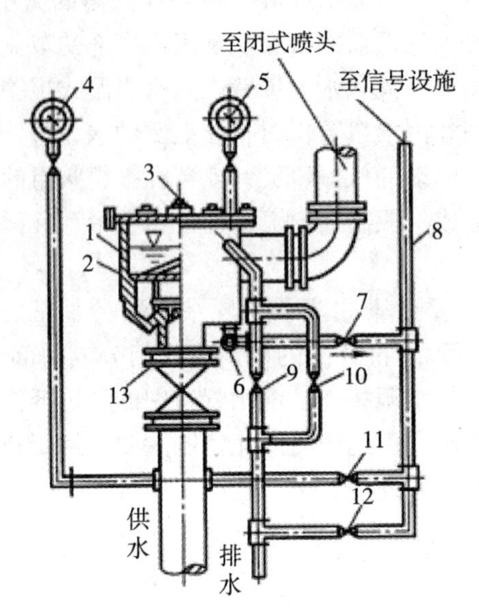


1—阀体；2—差动双盘阀板；3—充气塞；4—阀前压力表；5—阀后压力表；6—角阀；7—止回阀；8—信号阀；9、10、11—截止阀；12—小孔阀；13—总闸阀

图 4-29　干式报警阀组的构造

（3）雨淋报警阀组，是通过电动、机械或其他方法开启，使水能够自动流入喷水灭火系统，并同时进行报警的一种单向阀。其按照结构可分为隔膜式、推杆式、活塞式、蝶阀式雨淋报警阀。雨淋报警阀广泛应用于雨淋系统、水幕系统、水雾系统、泡沫系统等各类开式自动喷水灭火系统中。雨淋报警阀组的组成如图 4-30 所示。

雨淋阀是水流控制阀，可以通过电动、液动、气动及机械方式开启，其构造如图 4-31 所示。

雨淋阀的阀腔分成上腔、下腔和控制腔三部分，控制腔与供水管道连通，中间设限流传压的孔板。供水管道中的压力水推动控制腔中的膜片，进而推动驱动杆顶紧阀瓣锁定杆，锁定杆产生力矩，把阀瓣锁定在阀座上。阀瓣使下腔的压力水不能进入上腔，控制腔泄压时，使驱动杆作用在阀瓣锁定杆上的力矩低于供水压力作用在阀瓣上的力矩，于是阀瓣开启，供水进入配水管道。

（4）预作用报警装置，由预作用报警阀组、控制盘、气压维持装置和空气供给装置等组成，它是通过电动、气动、机械或其他方式控制报警阀组开启，使水能够单向流入喷水灭火系统，并同时进行报警的一种单向阀组装置。预作用报警装置的结构如图 4-32 所示。

（5）报警阀组的设置要求：自动喷水灭火系统应根据不同的系统形式设置相应的报警阀组。保护室内钢屋架等建筑构件的闭式系统，应设置独立的报警阀组；水幕系统应设置独立的报警阀组或感温雨淋阀。

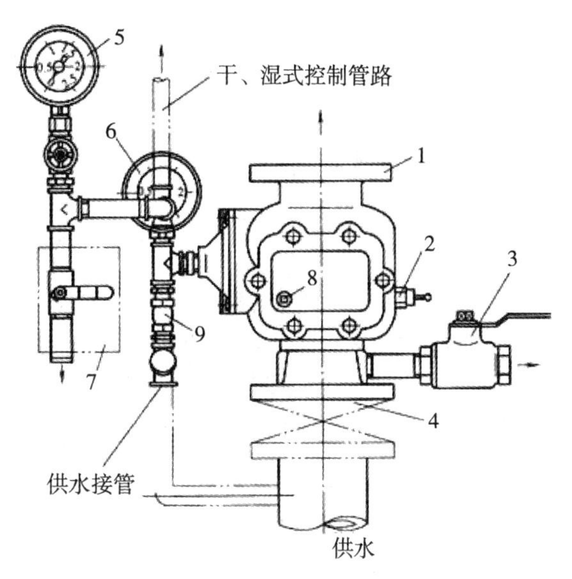


1—雨淋阀；2—自动滴水阀；3—排水球阀；4—供水控制阀；5—隔膜式压力表；
6—供水压力表；7—紧急手动控制装置；8—阀瓣复位轴；9—节流阀

图 4-30　雨淋报警阀组

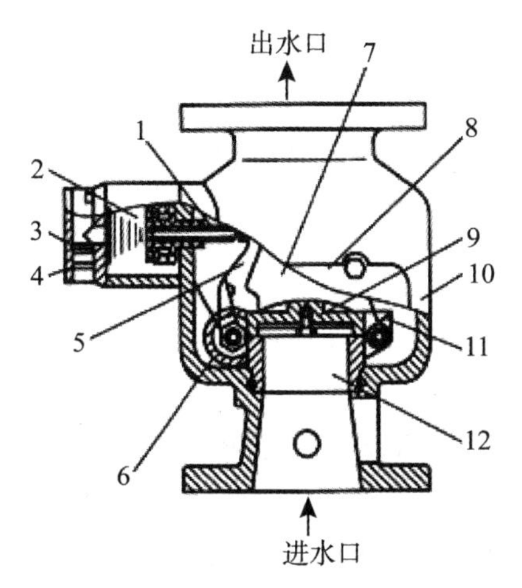


1—驱动杆总成；2—侧墙；3—固锥弹簧；4—节流孔；5—锁止机构；6—复位手轮；
7—上腔；8—检修盖板；9—阀瓣总成；10—阀体总成；11—复位扭簧；12—下腔

图 4-31　雨淋阀的构造

报警阀组宜设置在安全且易于操作、检修的地点，环境温度不低于 4℃且不高于 70℃，距地面的距离宜为 1.2m，水力警铃应设置在有人值班的地点附近，其与报警阀连接的管道直径应为 20mm，总长度不宜大于 20m；水力警铃的工作压力不应大于 0.05MPa。

一个报警阀组控制的喷头数，对于湿式系统、预作用系统，不宜超过 800 只；对于干式系统，不宜超过 500 只。串联接入湿式系统配水干管的其他自动喷水灭火系统，应分别

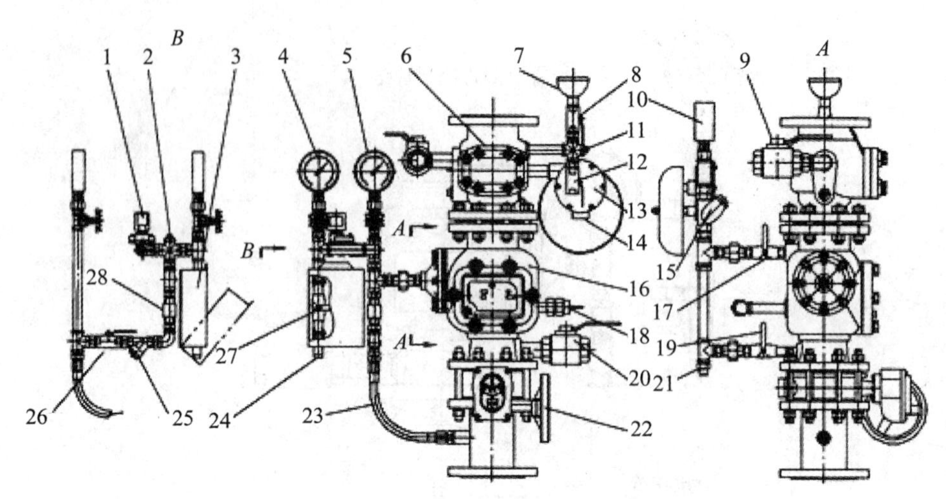


1—启动电磁阀；2—远程引导启动方式接口；3—紧急启动盒；4—隔膜室压力表；5—补水压力表；
6—隔离单向阀；7—底水漏斗；8—底水阀；9—试验排水阀；10—压力开关；11—压缩空气接口；
12—多余底水排水阀；13—水力警铃；14—警铃排水口；15—报警通道过滤器；16—雨淋报警阀；
17、19—报警试验阀；18—滴水阀；20—排水阀；21—报警试验排水口；22—进水蝶阀；
23—补水软管；24—紧急启动排水口；25—补水通道过滤器；26—补水阀；
27—紧急启动阀；28—补水隔离单向阀

图 4-32　预作用报警装置的结构

设置独立的报警阀组，其控制的喷头数计入湿式阀组控制的喷头总数。每个报警阀组供水的最高和最低位置喷头的高程不宜大于 50m。

控制阀安装在报警阀的入口处，用于在系统检修时关闭系统。控制阀应保持在常开位置，保证系统时刻处于警戒状态。使用信号阀时，其启闭状态的信号反馈到消防控制中心；使用常规阀门时，必须用锁具锁定阀瓣位置。

3）水流指示器

水流指示器是在自动喷水灭火系统中，将水流信号转换成电信号的一种水流报警装置，一般用于湿式、干式、预作用、循环启闭式等系统中，水流指示器的叶片与水流方向垂直，喷头开启后引起管道中的水流动，当桨片或膜片感知水流的作用力时带动传动轴动作，接通延时线路，延时器开始计时。达到延时设定时间后，叶片仍向水流方向偏转无法回位，电触点闭合输出信号，当水流停止时，叶片和动作杆复位，触点断开，信号消除。水流指示器的构造如图 4-33 所示。

4）压力开关

压力开关是一种压力传感器，是自动喷水灭火系统的一个部件，其作用是将系统的压力信号转化为电信号。报警阀开启后，报警管道充水，压力开关受到水压的作用后接通电触点，输出报警阀开启及供水泵启动的信号，报警阀关闭后电触点断开，压力开关的构造如图 4-34 所示。

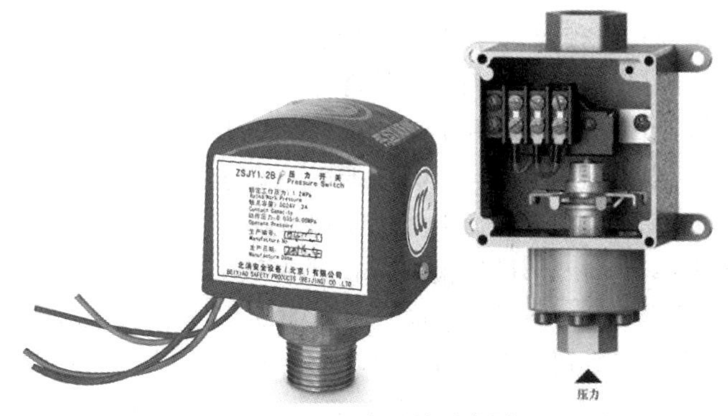

图 4-33　马鞍式水流指示器示意图　　　　图 4-34　压力开关示意图

5）末端试水装置

末端试水装置由试水阀、压力表以及试水接头等组成，其作用是检验系统的可靠性，测试干式系统和预作用系统的管道充水时间，末端试水装置的构造如图 4-35 所示。

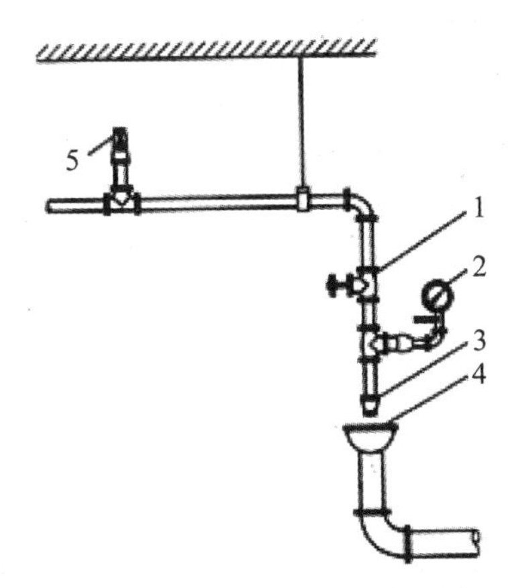


1—截止阀；2—压力表；3—试水接头；4—排水漏斗；5—最不利点处喷头

图 4-35　末端试水装置构造示意图

3. 自动喷水灭火系统的设置原则

1）自动喷水灭火系统设置场所

对于高校建筑而言，根据《建规》第 8.3.3 条规定，除本规范另有规定和不宜用水保护或灭火的场所外，下列高层民用建筑或场所应设置自动灭火系统，并宜采用自动喷水灭火系统：一类高层公共建筑及其地下、半地下室；二类高层公共建筑及其地下、半地下室的公共活动用房、走道、办公室、可燃物品库房、自动扶梯底部。根据《建规》第 8.3.4 条规定，除本规范另有规定和不宜用水保护或灭火的场所外，下列单、多层民用建筑或场所应设置自动灭火系统，并宜采用自动喷水灭火系统：特等、甲等剧场，超过 1500 个座位的其他等级的剧场；超过 2000 个座位的会堂或礼堂；超过 3000 个座位的体育馆；超过 5000 人的体育场的室内人员休息室与器材间等；藏书量超过 50 万册的图书馆。

2）高校建筑常用自动喷水灭火系统设计要求

对于高校建筑而言，其常见的自动喷水灭火系统一般为湿式自动喷水灭火系统，简称湿式系统，是一种在准工作状态时配水管道内充满用于启动系统的有压水的闭式系统。

当火灾发生时，火源周围环境温度上升，导致火源上方的喷头开启、出水、管网压力下降，报警阀后压力下降致使阀瓣开启，接通管网和水源，供水灭火。与此同时，部分水由阀座上的凹形槽经报警阀的信号管，带动水力警铃发出报警信号。如果管网中设有水流指示器，水流指示器感应到水流流动，也可发出电信号。如果管网中设有压力开关，当管网水压下降到一定值时，也可发出电信号，启动水泵供水。

对于高校建筑自动喷水灭火系统的设计，应满足《自动喷水灭火系统设计规范》（GB 50084—2017，以下简称新《自喷规》）的要求，具体如下：

自动喷水灭火系统的设计原则应符合下列规定：闭式洒水喷头或启动系统的火灾探测器，应能有效探测初期火灾；湿式系统应在开放一只洒水喷头后自动启动；作用面积内开放的洒水喷头，应在规定时间内按设计选定的喷水强度持续喷水；喷头洒水时，应均匀分布，且不应受阻挡。

民用建筑采用湿式系统时的设计基本参数不应低于表 4-4 中的规定。

表 4-4　**民用建筑采用湿式系统的设计基本参数**

| 火灾危险等级 | | 净空高度 $h$（m） | 喷水强度（L/（min·m$^2$）） | 作用面积（m$^2$） |
|---|---|---|---|---|
| 轻危险级 | | ≤8 | 4 | 160 |
| 中危险级 | Ⅰ级 | | 6 | |
| | Ⅱ级 | | 8 | |
| 严重危险级 | Ⅰ级 | | 12 | 260 |
| | Ⅱ级 | | 16 | |

民用建筑高大空间场所采用湿式系统时的设计基本参数不应低于表 4-5 中的规定。

表 4-5　**民用建筑高大空间场所采用湿式系统的设计基本参数**

| 适用场所 | 净空高度 $h$（m） | 喷水强度（L/（min·m$^2$）） | 作用面积（m$^2$） | 喷头间距 $S$（m） |
|---|---|---|---|---|
| 中庭、影剧院、音乐厅、单一功能体育馆等 | $8<h\leq 12$ | 20 | 120 | $1.8\leq S\leq 3.0$ |
| | $12<h\leq 18$ | 22 | | |
| 会展中心、多功能体育馆等 | $8<h\leq 12$ | 22 | | |
| | $12<h\leq 18$ | 40 | | |

注：应采用非仓库型特殊应用喷头。

除规范另有规定外，自动喷水灭火系统的持续喷水时间应按火灾延续时间不小于 1h 确定。

设置闭式系统的场所，洒水喷头类型和场所的最大净空高度应符合表 4-6 中的规定；仅用于保护室内钢屋架等建筑构件的洒水喷头和设置货架内置洒水喷头的场所，可不受此表规定的限制。

表 4-6 **洒水喷头类型和场所净空高度**

<table>
<tr><th colspan="2" rowspan="2">设置场所</th><th colspan="3">喷 头 类 型</th><th rowspan="2">场所净空高度<br>$h$（m）</th></tr>
<tr><th>一只喷头的保护面积</th><th>响应时间性能</th><th>流量系数 $K$</th></tr>
<tr><td rowspan="3">民用<br>建筑</td><td rowspan="2">普通场所</td><td>标准覆盖面积洒水喷头</td><td>快速响应喷头<br>特殊响应喷头<br>标准响应喷头</td><td>≥80</td><td rowspan="2">≤8</td></tr>
<tr><td>扩大覆盖面积洒水喷头</td><td>快速响应喷头</td><td>≥80</td></tr>
<tr><td>高大空间场所</td><td colspan="3">非仓库型特殊应用喷头</td><td>$8<h\leq 8$</td></tr>
</table>

闭式系统的洒水喷头，其公称动作温度宜高于环境最高温度 30℃。

湿式系统的洒水喷头选型应符合下列规定：不做吊顶的场所，当配水支管布置在梁下时，应采用直立型洒水喷头；吊顶下布置的洒水喷头，应采用下垂型洒水喷头或吊顶型洒水喷头；顶板为水平面的轻危险级、中危险级 I 级宿舍、办公室，可采用边墙型洒水喷头；易受碰撞的部位，应采用带保护罩洒水喷头或吊顶型洒水喷头；顶板为水平面，且无梁、通风管道等障碍物影响喷头洒水的场所，可采用扩大覆盖面积洒水喷头；宿舍等非住宅类居住建筑宜采用家用喷头，不宜选用隐蔽式洒水喷头；确需采用时，应仅适用于轻危险级和中危险级 I 级场所。

自动喷水灭火系统应有备用洒水喷头，其数量不应少于总数的 1%，且每种型号均不得少于 10 只。

### 4.1.4 灭火器配置

灭火器是一种移动式应急灭火器材，一般主要适用于对初期火灾进行扑救。由于其构造较为简单、轻便灵活、操作容易、使用范围比较广泛，在高校建筑中也很常见。在火灾初期，着火范围一般比较小，火势弱，此时是扑灭火势的最佳时机，如果灭火器配置得当，并且得到及时应用，将能够形成第一灭火力量，火灾一般不会得以蔓延扩大。

1. 灭火器的类型

灭火器种类不同，其适用的火灾不同，其结构和使用方法也各不相同。灭火器的种类繁多，按所充装的灭火剂不同，可分为水基型、干粉、二氧化碳、洁净气体灭火器等；按移动方式不同，可分为手提式和推车式灭火器；按驱动灭火剂的动力来源不同，可分为储气瓶式和储压式灭火器；按灭火类型不同，可分为 A 类、B 类、C 类、D 类、E 类灭火器等。

目前，常用灭火器的类型主要有干粉灭火器、二氧化碳灭火器、水基型灭火器、洁净气体灭火器等。

1）干粉灭火器

干粉灭火器是将干粉灭火剂灌装于灭火装置内，一般利用氮气作为动力，将灭火器内的干粉灭火剂喷出灭火。干粉灭火器应用比较广泛，其可扑灭一般的可燃固体火灾，还可扑救易燃液体、可燃气体和电气设备的初起火灾。

干粉灭火剂在消防中应用广泛，主要用于灭火器中，是一种用于灭火的干燥且易于流动的微细粉末，由具有灭火效能的无机盐和少量的添加剂经干燥、粉碎、混合而成的微细固体粉末组成。干粉灭火剂一般分为BC干粉（以碳酸氢钠为基料）和ABC干粉（以磷酸铵盐为基料），扑救金属火灾需用专用干粉化学灭火剂，以氯化钠、氯化钾等为基料的干粉灭火剂可用于扑救钠、镁、铝等轻质金属火灾。

2）二氧化碳灭火器

二氧化碳灭火器内充装的是二氧化碳气体，靠自身的压力驱动喷出进行灭火。二氧化碳灭火器具有流动性好、喷射率高、不腐蚀容器或不易变质等优良性能，适用于扑灭图书、档案、贵重设备、精密仪器、600V以下电气设备及油类的初起火灾。

二氧化碳是一种不燃烧的气体，其主要依靠窒息作用和部分冷却作用灭火。二氧化碳具有较高的密度，约为空气的1.5倍，且在常压下，液态的二氧化碳就会立即汽化，一般1kg的液态二氧化碳可产生约0.5$m^3$的气体，因此，当二氧化碳释放到灭火空间时，二氧化碳气体可以迅速汽化并排除空气而包围在燃烧物体的表面，稀释燃烧区的空气，降低可燃物周围的氧浓度，当使空气中的氧气含量减少到低于维持物质燃烧时所需的极限含氧量时，物质就不会继续燃烧从而熄灭；另外，二氧化碳从储存容器喷出时，由液体迅速汽化，会从周围环境中吸收部分热量，起到冷却作用。

3）水基型灭火器

水基型灭火器是内部充入的灭火剂以水为基础的灭火器，一般以氮气（或二氧化碳）为驱动气体，是一种高效的灭火剂。目前市场上常见的水基型灭火器有水基型泡沫灭火器和水基型水雾灭火器。

（1）水基型泡沫灭火器，其内部装有水成膜泡沫（AFFF）灭火剂和氮气，靠泡沫和水膜的双重作用迅速灭火，是化学泡沫灭火器的更新换代产品。具有操作简单、灭火效率高、使用时不需倒置、有效期长、抗复燃、双重灭火等优点，能够扑灭可燃固体和液体的初起火灾，多用于扑救石油及石油产品等非溶性物质的火灾，广泛应用于工厂、学校、宾馆、商店、油站等场所。

（2）水基型水雾灭火器，是我国2008年开始推广的新型水雾灭火器，喷射后成水雾状，瞬间蒸发火场大量的热量，迅速降低火场温度，抑制热辐射，表面活性剂在可燃物表面迅速形成一层水膜，隔离氧气，降温、隔离，从而达到快速灭火的目的。其灭火后药剂可100%生物降解，不会对周围设备、空间造成污染，具有绿色环保、高效阻燃、抗复燃性强、灭火速度快、渗透性强等特点。主要适合配置在具有可燃固体物质的场所，如商场、饭店、写字楼、学校、旅游场所、娱乐场所、纺织厂、橡胶厂、纸制品厂和家庭等。

4）洁净气体灭火器

洁净气体灭火器是将洁净气体（如七氟丙烷、IG541 等）灭火剂加压充装在容器中的灭火器。洁净气体灭火器对环境无害，在自然中存留期短，灭火效率高且低毒，是卤代烷灭火器在现阶段较为理想的替代产品。使用时，灭火剂从灭火器中排出射向燃烧物，当灭火剂与火焰接触时发生一系列物理化学反应，使燃烧中断，达到灭火目的。适用于扑救可燃液体、可燃气体和可融化的固体物质以及带电设备的初期火灾，可在图书馆、档案室、宾馆、商场以及各种公共场所使用。目前在市场上七氟丙烷灭火器是较为常见的一种洁净气体灭火器。

2. 灭火器的构造

不同类型规格的灭火器不仅灭火机理不一样，其构造也根据其灭火机理与使用功能需要而有所不同，如手提式与推车式灭火器的结构就有明显差别。

1）手提式灭火器

手提式灭火器的结构根据驱动气体的驱动方式，可分为贮压式、外置储气瓶式、内置储气瓶式三种形式。市场上主要是贮压式结构的灭火器，如干粉灭火器、水基型灭火器等都是贮压式结构。

外置储气瓶式和内置储气瓶式在以前主要应用于干粉灭火器，其较贮压式干粉灭火器构造复杂、零部件多、维修工艺繁杂，目前已经停止生产，随着科技的发展，已经被性能更加安全可靠的贮压式干粉灭火器所取代。

手提贮压式灭火器主要由筒体、器头阀门、喷（头）管、保险销、灭火剂、驱动气体（一般为氮气，与灭火剂一起充装在灭火器筒体内）、压力表以及铭牌等组成，如图 4-36所示。注意，压力表指针在绿区表示正常；在红区表示压力不足，需到消防器材维修单位加压；在黄区表示压力充足，超出正常范围，但超过黄区稍微一点也不影响使用，不要放置在高温场合就行。

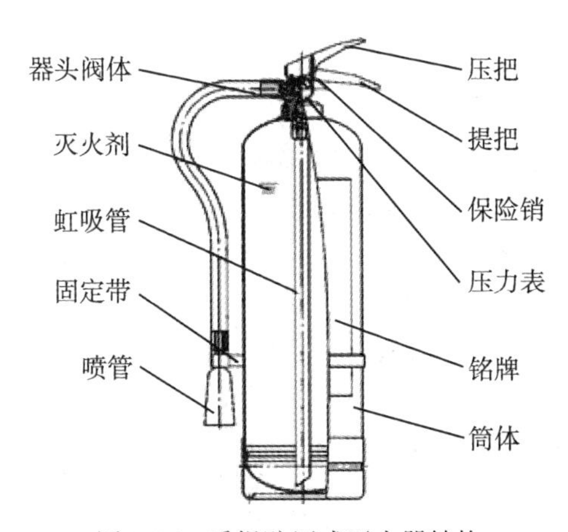


图 4-36 手提贮压式灭火器结构

手提式二氧化碳灭火器结构与手提贮压式灭火器结构相似，如图 4-37 所示。只是充装压力较高，取消了压力表，增加了安全阀，二氧化碳既是灭火剂又是驱动气体。判断二氧化碳灭火器是否失效，一般采用称重法，二氧化碳灭火器每年应至少检查一次，低于额定充装量的95%时就应该进行检修。

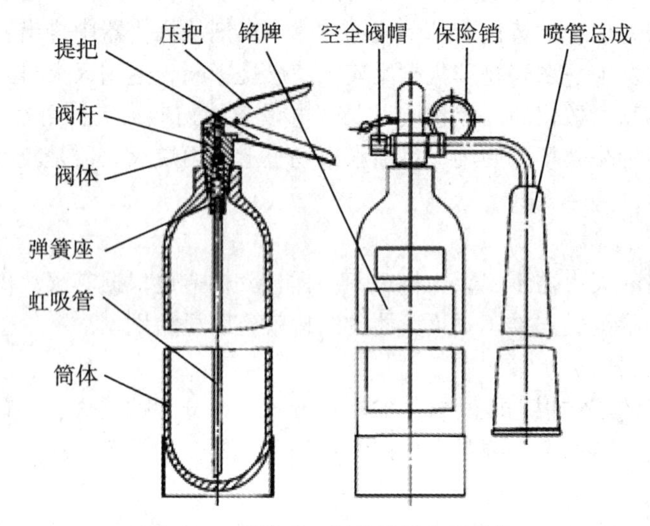


图 4-37　手提式二氧化碳灭火器结构

2）推车式灭火器

推车式灭火器主要由灭火器筒体、阀门机构、喷管喷枪、车架、灭火剂、驱动气体（一般为氮气，与灭火剂一起密封在灭火器筒体内）、压力表及铭牌等组成，如图 4-38 所示。

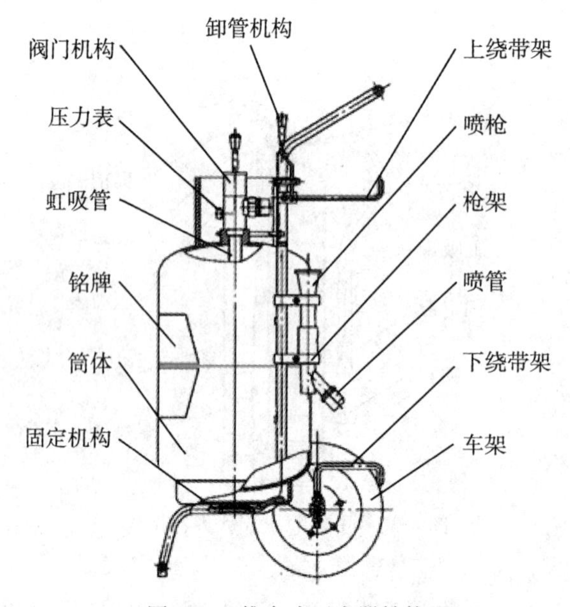


图 4-38　推车式灭火器结构

3. 灭火器的设置要求

1）火灾种类

灭火器配置场所的火灾种类应根据该场所内的物质及其燃烧特性进行分类。

灭火器配置场所的火灾种类可划分为以下五类：

（1）A 类火灾：固体物质火灾。

（2）B 类火灾：液体火灾或可熔化固体物质火灾。

（3）C 类火灾：气体火灾。

（4）D 类火灾：金属火灾。

（5）E 类火灾（带电火灾）：物体带电燃烧的火灾。

2）灭火器的选型

灭火器的选择应考虑下列因素：

（1）灭火器配置场所的火灾种类；

（2）灭火器配置场所的危险等级；

（3）灭火器的灭火效能和通用性；

（4）灭火剂对保护物品的污损程度；

（5）灭火器设置点的环境温度；

（6）使用灭火器人员的体能。

在同一灭火器配置场所，宜选用相同类型和操作方法的灭火器。当同一灭火器配置场所存在不同火灾种类时，应选用通用型灭火器。在同一灭火器配置场所，当选用两种或两种以上类型灭火器时，应采用灭火剂相容的灭火器。

灭火器的配置场所根据火灾种类进行划分，有以下五类：

（1）A 类火灾：A 类火灾场所应选择水型灭火器、磷酸铵盐干粉灭火器、泡沫灭火器或卤代烷灭火器。

（2）B 类火灾：B 类火灾场所应选择泡沫灭火器、碳酸氢钠干粉灭火器、磷酸铵盐干粉灭火器、二氧化碳灭火器、灭 B 类火灾的水型灭火器或卤代烷灭火器。

极性溶剂的 B 类火灾场所应选择灭 B 类火灾的抗溶性灭火器。

（3）C 类火灾：C 类火灾场所应选择磷酸铵盐干粉灭火器、碳酸氢钠干粉灭火器、二氧化碳灭火器或卤代烷灭火器。

（4）D 类火灾：D 类火灾场所应选择扑灭金属火灾的专用灭火器。

（5）E 类火灾（带电火灾）：E 类火灾场所应选择磷酸铵盐干粉灭火器、碳酸氢钠干粉灭火器、卤代烷灭火器或二氧化碳灭火器，但不得选用装有金属喇叭喷筒的二氧化碳灭火器。

3）灭火器的设置要求

对于高校建筑灭火器的设计，应满足《建筑灭火器配置设计规范》（GB 50140—2005，以下简称《灭火器规》）的要求，具体如下：

（1）灭火器应设置在位置明显和便于取用的地点，且不得影响安全疏散。

（2）灭火器不得设置在超出其使用温度范围的地点。

（3）设置在 A 类火灾场所的灭火器，其最大保护距离应符合表 4-7 中的规定。

表 4-7　　**A 类火灾场所的灭火器最大保护距离**　　（单位：m）

| 灭火器形式<br>危险等级 | 手提式灭火器 | 推车式灭火器 |
|---|---|---|
| 严重危险级 | 15 | 30 |
| 中危险级 | 20 | 40 |
| 轻危险级 | 25 | 50 |

（4）设置在 B、C 类火灾场所的灭火器，其最大保护距离应符合表 4-8 中的规定。

表 4-8　　**B、C 类火灾场所的灭火器最大保护距离**　　（单位：m）

| 灭火器形式<br>危险等级 | 手提式灭火器 | 推车式灭火器 |
|---|---|---|
| 严重危险级 | 9 | 18 |
| 中危险级 | 12 | 24 |
| 轻危险级 | 15 | 30 |

（5）D 类火灾场所的灭火器，其最大保护距离应根据具体情况研究确定。

（6）E 类火灾场所的灭火器，其最大保护距离不应低于该场所内 A 类或 B 类火灾的规定。

（7）一个计算单元内配置的灭火器数量不得少于 2 具。

（8）每个设置点的灭火器数量不宜多于 5 具。

（9）A 类火灾场所灭火器的最低配置基准应符合表 4-9 中的规定。

表 4-9　　**A 类火灾场所灭火器的最低配置基准**

| 危险等级 | 严重危险级 | 中危险级 | 轻危险级 |
|---|---|---|---|
| 单具灭火器最小配置灭火级别 | 3A | 2A | 1A |
| 单具灭火级别最大保护面积（$m^2$/A） | 50 | 75 | 100 |

注：灭火器的级对应不同的灭火剂装载量。

（10）B、C 类火灾场所灭火器的最低配置基准应符合表 4-10 中的规定。

表 4-10　　**B、C 类火灾场所灭火器的最低配置基准**

| 危险等级 | 严重危险级 | 中危险级 | 轻危险级 |
|---|---|---|---|
| 单具灭火器最小配置灭火级别 | 3A | 2A | 1A |
| 单具灭火级别最大保护面积（$m^2$/A） | 50 | 75 | 100 |

（11）D 类火灾场所的灭火器最低配置基准应根据金属的种类、物态及其特性等研究确定。

（12）E 类火灾场所的灭火器最低配置基准不应低于该场所内 A 类（或 B 类）火灾的规定。

（13）灭火器设置点的位置和数量应根据灭火器的最大保护距离确定，并应保证最不利点至少在 1 具灭火器的保护范围内。

关于灭火器的设计要求，还需满足《灭火器规》的其他要求。

4）灭火器的配置设计计算

灭火器配置的设计与计算应按计算单元进行。灭火器最小需配灭火级别和最少需配数量的计算值应进位取整。每个灭火器设置点实配灭火器的灭火级别和数量不得小于最小需配灭火级别和数量的计算值。灭火器设置点的位置和数量应根据灭火器的最大保护距离确定，并应保证最不利点至少在 1 具灭火器的保护范围内。

灭火器配置设计的计算单元应按下列规定划分：

（1）当一个楼层或一个水平防火分区内各场所的危险等级和火灾种类相同时，可将其作为一个计算单元。

（2）当一个楼层或一个水平防火分区内各场所的危险等级和火灾种类不相同时，应将其分别作为不同的计算单元。

（3）同一计算单元不得跨越防火分区和楼层。

计算单元保护面积的确定应符合下列规定：

（1）建筑物应按其建筑面积确定；

（2）可燃物露天堆场，甲、乙、丙类液体储罐区，可燃气体储罐区，应按堆垛、储罐的占地面积确定。

计算单元的最小需配灭火级别应按下式计算：

$$Q = K\frac{S}{U}$$

式中，$Q$——计算单元的最小需配灭火级别（A 或 B）；

$S$——计算单元的保护面积（$m^2$）；

$U$——A 类或 B 类火灾场所单位灭火级别最大保护面积（$m^2$/A 或 $m^2$/B）；

$K$——修正系数，应按表 4-11 中的规定取值。

表 4-11　**修 正 系 数**

| 计算单元 | $K$ |
| --- | --- |
| 未设室内消火栓系统 | 1.0 |
| 设有室内消火栓系统 | 0.9 |
| 设有灭火系统 | 0.7 |
| 设有室内消火栓系统和灭火系统 | 0.5 |

续表

| 计算单元 | K |
| --- | --- |
| 可燃物露天堆场 | 0.3 |
| 甲、乙、丙类液体储罐区 | |
| 可燃气体储罐区 | |

计算单元中每个灭火器设置点的最小需配灭火级别应按下式计算：

$$Q_c = \frac{Q}{N}$$

式中：$Q_c$——计算单元中每个灭火器设置点的最小需配灭火器级别（A 或 B）；

$N$——计算单元中的灭火器设置点数（个）。

灭火器配置的设计计算可按下述程序进行：

（1）确定各灭火器配置场所的火灾种类和危险等级；

（2）划分计算单元，计算各计算单元的保护面积；

（3）计算各计算单元的最小需配灭火级别；

（4）确定各计算单元中的灭火器设置点的位置和数量；

（5）计算每个灭火器设置点的最小需配灭火级别；

（6）确定每个设置点灭火器的类型、规格与数量；

（7）确定每具灭火器的设置方式和要求；

（8）在工程设计图上用灭火器图例和文字标明灭火器的型号、数量与设置位置。

## 4.2　高校建筑防排烟系统

### 4.2.1　防排烟系统概述

各类火灾案例表明，火灾烟气是建筑火灾中造成人员伤亡和财产损失的主要因素，建筑中设置防排烟系统的作用就是将火灾产生的烟气及时排除，防止和延缓烟气扩散，保证疏散通道不受烟气侵害，确保建筑物内人员顺利疏散、安全避难，同时，将火灾现场的烟和热量及时排除，以减弱火势的蔓延，为火灾扑救创造有利条件。如图 4-39 所示。

1. 基本概念

建筑火灾烟气控制分为防烟和排烟两个方面。

防烟采取自然通风和机械加压送风的形式。自然通风通过利用设置在楼梯间、前室、避难层（间）等空间的可开启外窗或开口，以防止火灾烟气在这些空间内积聚，如图4-40 所示。机械加压送风系统由送风机、加压送风口及送风管道等设施组成，如图 4-41 所示，通过采用机械加压送风方式，阻止火灾烟气侵入楼梯间、前室、避难层（间）等空间的系统。

图 4-39 防排烟系统示意图

图 4-40 楼梯间自然通风窗

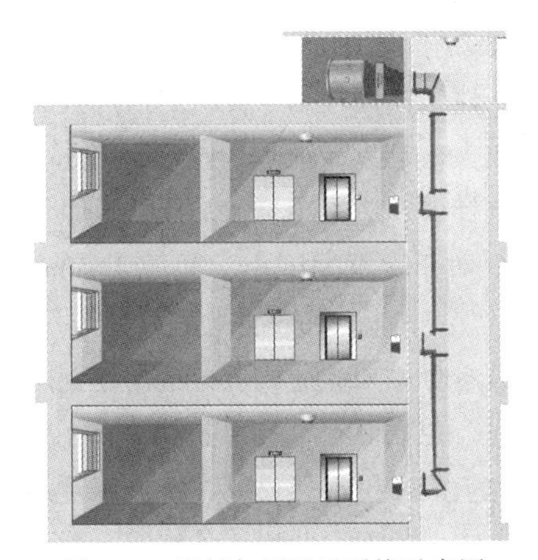

图 4-41 机械加压送风系统示意图

排烟包括自然排烟和机械排烟两种方式。自然排烟系统由可开启外窗或开口等自然排烟设施组成，是利用火灾热烟气流的浮力和外部风压作用，通过建筑开口将建筑内的烟气直接排至室外。机械排烟系统由排烟风机、排烟口、排烟防火阀及排烟管道等设施组成，是利用排烟风机把着火房间中所产生的烟气和热量通过排烟口排至室外。

2. 设置场所

1）防烟设施设置场所

建筑的下列场所或部位应设置防烟设施：

（1）防烟楼梯间及其前室；

（2）消防电梯间前室或合用前室；

（3）避难走道的前室、避难层（间）。

2）排烟设施设置场所

民用建筑的下列场所或部位应设置排烟设施：

（1）设置在一、二、三层且房间建筑面积大于 $100m^2$ 的歌舞、娱乐、放映、游艺场所，设置在四层及以上楼层、地下或半地下的歌舞、娱乐、放映、游艺场所；

（2）中庭；

（3）公共建筑内建筑面积大于 100m$^2$且经常有人停留的地上房间；

（4）公共建筑内建筑面积大于 300m$^2$且可燃物较多的地上房间；

（5）建筑内长度大于 20m 的疏散走道。

（6）地下或半地下建筑（室）、地上建筑内的无窗房间，当总建筑面积大于 200m$^2$或一个房间建筑面积大于 50m$^2$，且经常有人停留或可燃物较多时，应设置排烟设施。

### 4.2.2　建筑防烟系统

1. 系统选择

高校建筑形式多样，既有图书馆、体育馆、教学楼等公共建筑，也有教师楼等住宅建筑，一些高校还可能存在供教学实习使用的厂房车间等工业建筑。

（1）对于建筑高度大于 50m 的公共建筑、工业建筑和建筑高度大于 100m 的住宅建筑，由于建筑高度较高，其自然通风效果受建筑本身的密闭性以及自然环境中风向、风压的影响较大，难以保证防烟效果，因此，其防烟楼梯间、独立前室、共用前室、合用前室及消防电梯前室应采用机械加压送风系统来保证防烟效果。

（2）对于建筑高度小于或等于 50m 的公共建筑、工业建筑和建筑高度小于或等于 100m 的住宅建筑，由于这些建筑受风压作用影响较小，且一般不设火灾自动报警系统，利用建筑本身的采光通风也可基本起到防止烟气进一步进入安全区域的作用，因此，其防烟楼梯间、独立前室、共用前室、合用前室（除共用前室与消防电梯前室合用外）及消防电梯前室应采用自然通风系统，简便易行；当不能设置自然通风系统时，应采用机械加压送风系统。另外，此建筑条件下防烟系统的选择，尚应符合下列规定：

①当采用全敞开的凹廊、阳台作为防烟楼梯间的前室、合用前室，或者防烟楼梯间前室、合用前室具有两个不同朝向的可开启外窗且可开启窗面积满足要求时（独立前室两个外窗面积分别不小于 2m$^2$，合用前室两个外窗面积分别不小于 3m$^2$），可以认为前室、合用前室自然通风性能优良，能及时排出从走道漏入前室、合用前室的烟气，并可防止烟气进入防烟楼梯间，因此可以仅在前室设置防烟设施，楼梯间可不设。

②当独立前室、共用前室及合用前室的机械加压送风口设置在前室的顶部或正对前室入口的墙面时，其可形成有效阻隔烟气的风幕或形成正面阻挡烟气侵入前室的效果，此时，楼梯间可采用自然通风系统；当机械加压送风口未设置在前室的顶部或正对前室入口的墙面时，楼梯间应采用机械加压送风系统。

③当防烟楼梯间在裙房高度以上部分采用自然通风时，不具备自然通风条件的裙房的独立前室、共用前室及合用前室应采用机械加压送风系统，保证防烟楼梯间下部的安全并且不影响其上部。

（3）建筑地下部分的防烟楼梯间前室及消防电梯前室，当无自然通风条件或自然通风不符合要求时，应采用机械加压送风系统。

（4）防烟楼梯间及其前室的机械加压送风系统的设置应符合下列规定：

①建筑高度小于或等于50m的公共建筑、工业建筑和建筑高度小于或等于100m的住宅建筑，当采用独立前室且其仅有一个门与走道或房间相通时，可仅在楼梯间设置机械加压送风系统；当独立前室有多个门时，楼梯间、独立前室应分别独立设置机械加压送风系统。

②当采用合用前室时，楼梯间、合用前室应分别独立设置机械加压送风系统。

③当采用剪刀楼梯时，其两个楼梯间及其前室的机械加压送风系统应分别独立设置。

（5）封闭楼梯间也是火灾时人员疏散的通道，应采用自然通风系统，当楼梯间没有设置可开启外窗时或开窗面积达不到标准规定的面积时，进入楼梯间的烟气就无法有效排除，影响人员疏散，此时应设置机械加压送风系统进行防烟。当地下、半地下建筑（室）的封闭楼梯间不与地上楼梯间共用且地下仅为一层时，为体现经济合理的建设要求，可不设置机械加压送风系统，但首层应设置有效面积不小于1.2$m^2$的可开启外窗或直通室外的疏散门。

2. 自然通风设施

1）自然通风口设置要求

（1）采用自然通风方式的封闭楼梯间、防烟楼梯间，应在最高部位设置面积不小于1$m^2$的可开启外窗或开口；当建筑高度大于10m时，尚应在楼梯间的外墙上每5层内设置总面积不小于2$m^2$的可开启外窗或开口，且布置间隔不大于3层。

（2）前室采用自然通风方式时，独立前室、消防电梯前室可开启外窗或开口的面积不应小于2$m^2$，共用前室、合用前室不应小于3$m^2$。

（3）采用自然通风方式的避难层（间）应设有不同朝向的可开启外窗，其有效面积不应小于该避难层（间）地面面积的2%，且每个朝向的面积不应小于2$m^2$。

2）其他设置要求

可开启外窗应方便直接开启，设置在高处不便于直接开启的可开启外窗应在距地面高度为1.3~1.5m的位置设置手动开启装置。

3. 机械加压送风设施

机械加压送风方式是通过送风机所产生的气体流动和压力差来控制烟气流动的，即在建筑内发生火灾时，对着火区以外的有关区域进行送风加压，使其保持一定正压，以防止烟气侵入的防烟方式。

1）加压送风口

加压送风口是应用在机械加压送风系统中的阀门，有常开和常闭两种形式，如图4-42和图4-43所示。除直灌式加压送风方式外，楼梯间宜每隔2~3层设一个常开式百叶送风口；前室应每层设一个常闭式加压送风口，并应设手动开启装置。送风口不宜设置在被门挡住的部位。

机械加压送风防烟系统中送风口的风速不宜大于7m/s。

图 4-42　常开自垂式百叶送风口

图 4-43　常闭式加压送风口

2）机械加压送风机

由于机械加压送风系统的风压通常在中、低压范围，因此机械加压送风风机宜采用轴流风机或中、低压离心风机。

送风机的进风口应直通室外，且应采取防止烟气被吸入的措施，以保证加压送风机的进风必须是室外不受火灾和烟气污染的空气。一般情况下，送风机的进风口不应与排烟风机的出风口设在同一面上，确有困难时，送风机的进风口与排烟风机的出风口应分开布置，且竖向布置时，送风机的进风口应设置在排烟出口的下方，其两者边缘最小垂直距离不应小于 6m；水平布置时，两者边缘最小水平距离不应小于 20m。

由于烟气自然向上扩散的特性，为了避免从取风口吸入烟气，加压送风机的进风口宜设在机械加压送风系统的下部。从我国发生过火灾的建筑的灾后检查中发现，有些建筑将加压送风机布置在顶层屋面上，发生火灾时，整个建筑被烟气笼罩，加压送风机送往防烟楼梯间、前室的不是清洁空气，而是烟气，严重威胁人员疏散安全，因此，送风机宜设置在系统的下部，且应采取保证各层送风量均匀性的措施，当受条件限制必须在建筑上部布置加压送风机时，应采取措施防止加压送风机进风口烟气影响。

为保证加压送风机不因受风、雨、异物等侵蚀损坏，在火灾时能可靠运行，送风机应放置在专用机房内。当送风机出风管或进风管上安装单向风阀或电动风阀时，应采取火灾时自动开启阀门的措施。

3）机械加压送风系统风量

考虑到实际工程中由于风管（道）的漏风与风机制造标准中允许风量的偏差等各种风量损耗的影响，为保证机械加压送风系统效能，机械加压送风系统的设计风量不应小于计算风量的 1.2 倍。

防烟楼梯间、独立前室、共用前室、合用前室和消防电梯前室的机械加压送风的计算风量应由下述第（1）~（4）项规定计算确定。当系统负担建筑高度大于 24m 时，防烟楼梯间、独立前室、合用前室和消防电梯前室应按计算值与表 4-12~表 4-15 的值中的较大值确定。

表 4-12　　**消防电梯前室加压送风的计算风量**

| 系统负担高度 $h$（m） | 加压送风量（$m^3/h$） |
|---|---|
| $24<h\leqslant 50$ | 35400~36900 |
| $50<h\leqslant 100$ | 37100~40200 |

表 4-13　　**楼梯间自然通风，独立前室、合用前室加压送风的计算风量**

| 系统负担高度 $h$（m） | 加压送风量（$m^3/h$） |
|---|---|
| $24<h\leqslant 50$ | 42400~44700 |
| $50<h\leqslant 100$ | 45000~48600 |

表 4-14　　**前室不送风，封闭楼梯间、防烟楼梯间加压送风的计算风量**

| 系统负担高度 $h$（m） | 加压送风量（$m^3/h$） |
|---|---|
| $24<h\leqslant 50$ | 36100~39200 |
| $50<h\leqslant 100$ | 39600~45800 |

表 4-15　　**防烟楼梯间及独立前室、合用前室分别加压送风的计算风量**

| 系统负担高度 $h$（m） | 送风部位 | 加压送风量（$m^3/h$） |
|---|---|---|
| $24<h\leqslant 50$ | 楼梯间 | 25300~27500 |
| | 独立前室、合用前室 | 24800~25800 |
| $50<h\leqslant 100$ | 楼梯间 | 27800~32200 |
| | 独立前室、合用前室 | 26000~28100 |

注：1. 表 4-12~表 4-15 的风量按开启 1 个 2m×1.6m 的双扇门确定。当采用单扇门时，其风量可乘以系数 0.75 计算。

2. 表中风量按开启着火层及其上下层，共开启三层的风量计算。

3. 表中风量的选取应按建筑高度或层数、风道材料、防火门漏风量等因素综合确定。

（1）楼梯间或前室的机械加压送风量应按下列公式计算：

$$L_j = L_1 + L_2$$

$$L_s = L_1 + L_3$$

式中：$L_j$——楼梯间的机械加压送风量（$m^3/s$）；

$L_s$——前室的机械加压送风量（$m^3/s$）；

$L_1$——门开启时，达到规定风速值所需的送风量（$m^3/s$）；

$L_2$——门开启时，规定风速值下，其他门缝漏风总量（$m^3/s$）；

$L_3$——未开启的常闭送风阀的漏风总量（$m^3/s$）。

（2）门开启时，达到规定风速值所需的送风量应按下式计算：

$$L_1 = A_k v N_1$$

式中：$A_k$———层内开启门的截面面积（$m^2$），对于住宅楼梯前室，可按一个门的面积取值；

$v$——门洞断面风速（m/s）；当楼梯间和独立前室、共用前室、合用前室均机械加压送风时，通向楼梯间和独立前室、共用前室、合用前室疏散门的门洞断面风速均不应小于 0.7m/s；当楼梯间机械加压送风、只有一个开启门的独立前室不送风时，通向楼梯间疏散门的门洞断面风速不应小于 1m/s；当消防电梯前室机械加压送风时，通向消防电梯前室门的门洞断面风速不应小于 1m/s；当独立前室、共用前室或合用前室机械加压送风而楼梯间采用可开启外窗的自然通风系统时，通向独立前室、共用前室或合用前室疏散门的门洞风速不应小于 0.6（$A_l/A_g+1$）（m/s）；$A_l$为楼梯间疏散门的总面积（$m^2$），$A_g$为前室疏散门的总面积（$m^2$）。

$N_1$——设计疏散门开启的楼层数量。楼梯间：采用常开风口，当地上楼梯间为 24m 以下时，设计 2 层内的疏散门开启，取 $N_1 = 2$；当地上楼梯间为 24m 及以上时，设计 3 层内的疏散门开启，取 $N_1 = 3$；当为地下楼梯间时，设计 1 层内的疏散门开启，取 $N_1 = 1$。前室：采用常闭风口，计算风量时取 $N_1 = 3$。

（3）门开启时，规定风速值下的其他门漏风总量应按下式计算：

$$L_2 = 0.827 \times A \times \Delta P^{\frac{1}{n}} \times 1.25 \times N_2$$

式中：A——每个疏散门的有效漏风面积（$m^2$）；疏散门的门缝宽度取 0.002~0.004m。

$\Delta P$——计算漏风量的平均压力差（Pa）；当开启门洞处风速为 0.7m/s 时，取 $\Delta P = 6Pa$；当开启门洞处风速为 1m/s 时，取 $\Delta P = 12Pa$；当开启门洞处风速为 1.2m/s 时，取 $\Delta P = 17Pa$。

$n$——指数，一般取 $n = 2$；

1.25——不严密处附加系数；

$N_2$——漏风疏散门的数量，楼梯间采用常开风口，取 $N_2$ = 加压楼梯间的总门数 $-N_1$ 楼层数上的总门数。

（4）未开启的常闭送风阀的漏风总量应按下式计算：

$$L_3 = 0.083 \times A_f N_3$$

式中：0.083——阀门单位面积的漏风量［$m^3/(s \cdot m^2)$］；

$A_f$——单个送风阀门的面积（$m^2$）；

$N_3$——漏风阀门的数量，前室采用常闭风口取 $N_3$ = 楼层数-3。

4）系统控制

机械加压送风系统应与火灾自动报警系统联动，加压送风机的启动应能够现场手动启动、通过火灾自动报警系统自动启动、消防控制室手动启动；系统中任一常闭加压送风口开启时，加压风机应能自动启动。

当防火分区内火灾确认后，应能在 15s 内联动开启常闭加压送风口和加压送风机；且应开启该防火分区楼梯间的全部加压送风机，并应开启该防火分区内着火层及其相邻上下层前室及合用前室的常闭送风口，同时开启加压送风机。

5）其他设置要求

（1）建筑高度大于 100m 的建筑，加压送风的防烟系统对人员疏散至关重要，其机械加压送风系统应竖向分段独立设置，且每段高度不应超过 100m，如果不分段，则可能造成局部压力过高，给人员疏散造成障碍；或局部压力过低，不能起到有效的防烟作用。

（2）机械加压送风量应满足走廊至前室至楼梯间的压力呈递增分布，余压值应符合下列规定：前室、封闭避难层（间）与走道之间的压差应为 25～30Pa；楼梯间与走道之间的压差应为 40～50Pa；当系统余压值超过最大允许压力差时应采取泄压措施。

（3）机械加压送风系统应采用管道送风，且不应采用土建风道。送风管道应采用不燃材料制作且内壁应光滑。当送风管道内壁为金属时，设计风速不应大于 20m/s；当送风管道内壁为非金属时，设计风速不应大于 15m/s。

（4）设置机械加压送风系统的封闭楼梯间、防烟楼梯间，尚应在其顶部设置不小于 $1m^2$ 的固定窗。靠外墙的防烟楼梯间，尚应在其外墙上每 5 层内设置总面积不小于 $2m^2$ 的固定窗。

（5）建筑高度小于或等于 50m 的建筑，当楼梯间设置加压送风井（管）道确有困难时，楼梯间可采用直灌式加压送风系统，送风量应增加 20%，加压送风口不宜设在影响人员疏散的部位。其中，建筑高度大于 32m 的高层建筑，应采用楼梯间两点部位送风的方式，送风口之间距离不宜小于建筑高度的 1/2。

（6）设置机械加压送风系统的楼梯间的地上部分与地下部分，其机械加压送风系统应分别独立设置。当受建筑条件限制，且地下部分为汽车库或设备用房时，可共用机械加压送风系统，但应分别计算地上、地下部分的加压送风量，相加后作为共用加压送风系统风量，且应采取有效措施分别满足地上、地下部分的送风量的要求。

### 4.2.3 建筑排烟系统

1. 系统选择

设置排烟设施的场所应根据建筑的使用性质、平面布局等因素，优先采用自然排烟系统。当不具备自然排烟条件时，应采用机械排烟系统。同一个防烟分区应采用同一种排烟方式，不应同时采用自然排烟方式和机械排烟方式，以避免两种方式相互之间对气流的干扰，影响排烟效果，若同一个防烟分区同时采用两种排烟方式，则自然排烟口可能会在机械排烟系统动作后变成进风口，使其失去排烟作用。

2. 防烟分区

防烟分区是指在建筑内部屋顶或顶板、吊顶下采用具有挡烟功能的构、配件分隔成具有一定蓄烟能力的局部空间。设置排烟系统的场所或部位应采用挡烟垂壁、结构梁及隔墙等划分防烟分区，且防烟分区不应跨越防火分区。划分防烟分区的目的是为了在火灾初期阶段将烟气控制在一定范围内，以便有组织地将烟排出室外，使人们在避难之前所在空间的烟层高度和烟气浓度在安全允许值之内。

挡烟垂壁等挡烟分隔设施的深度不应小于规定的储烟仓厚度，当采用自然排烟方式时，储烟仓的厚度不应小于空间净高的 20%，且不应小于 500mm；当采用机械排烟方式时，不应小于空间净高的 10%，且不应小于 500mm。同时，储烟仓底部距地面的高度应大于安全疏散所需的最小清晰高度。对于有吊顶的空间，当吊顶开孔不均匀或开孔率小于或等于 25%时，吊顶内空间高度不得计入储烟仓厚度。设置排烟设施的建筑内，敞开楼梯和自动扶梯穿越楼板的开口部位应设置挡烟垂壁等设施。

挡烟垂壁是较为常见防烟分区的防烟分隔物，其用不燃材料制成，垂直安装在建筑顶棚、横梁或吊顶下，能在火灾时形成一定蓄烟空间的挡烟分隔设施。

挡烟垂壁可分为固定式挡烟垂壁和活动式挡烟垂壁。固定式挡烟垂壁是固定安装、能满足设定挡烟高度的挡烟垂壁。固定式挡烟垂壁的主要材料有钢板、防火玻璃、不燃无机复合板等。活动式挡烟垂壁通常采用无机纤维织物，平时收缩在滚筒内，火灾发生时，可自动下放至挡烟工作位置，并满足设定挡烟高度，如图 4-44 所示。

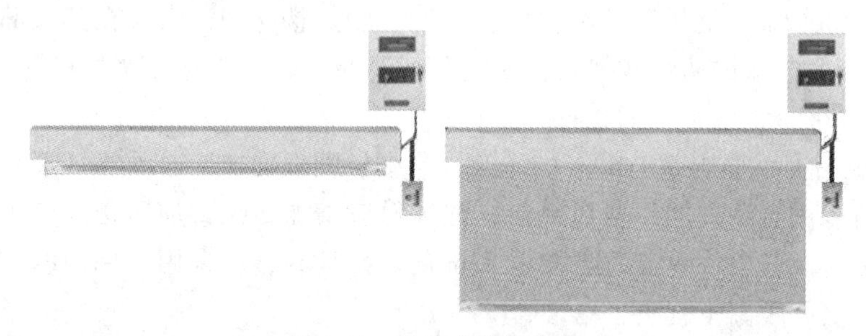

图 4-44　活动式挡烟垂壁

公共建筑、工业建筑防烟分区的最大允许面积及其长边最大允许长度应符合表 4-16 中的规定，当工业建筑采用自然排烟系统时，其防烟分区的长边长度不应大于建筑内空间净高的 8 倍。

表 4-16　**公共建筑、工业建筑防烟分区的最大允许建筑面积及其长边最大允许长度**

| 空间净高 $H$（m） | 最大允许面积（$m^2$） | 长边最大允许长度（m） |
|---|---|---|
| $H \leqslant 3.0$ | 500 | 24 |
| $3.0 < H \leqslant 6.0$ | 1000 | 36 |

续表

| 空间净高 $H$（m） | 最大允许面积（$m^2$） | 长边最大允许长度（m） |
|---|---|---|
| $H>6.0$ | 2000 | 60m；具有自然对流条件时，不应大于75m |

注：1. 公共建筑、工业建筑中的走道宽度不大于2.5m时，其防烟分区的长边长度不应大于60m。
2. 当空间净高大于9m时，防烟分区之间可不设置挡烟设施。

3. 自然排烟

采用自然排烟系统的场所应设置自然排烟窗（口），防烟分区内自然排烟窗（口）的面积、数量、位置应经计算确定。

1）自然排烟窗（口）的设置要求

（1）排烟窗（口）的布置对烟流的控制至关重要。根据烟流扩散特点，排烟窗（口）距离如果过远，烟流在防烟分区内迅速沉降，而不能被及时排出，将严重影响人员安全疏散。因此，要求防烟分区内任一点与最近的自然排烟窗（口）之间的水平距离不应大于30m。当工业建筑采用自然排烟方式时，其水平距离不应大于建筑内空间净高的2.8倍；当公共建筑空间净高大于或等于6m，且具有自然对流条件时，其水平距离不应大于37.5m。

（2）火灾时烟气上升至建筑物顶部，并积聚在挡烟垂壁、梁等形成的储烟仓内，因此，自然排烟窗（口）应设置在排烟区域的顶部或外墙，当设置在外墙上时，自然排烟窗（口）应在储烟仓以内以确保自然排烟效果，但走道、室内空间净高不大于3m的区域的自然排烟窗（口）可设置在室内净高度的1/2以上。

自然排烟窗（口）的开启形式应有利于火灾烟气的排出，设置在外墙上的单开式自动排烟窗宜采用下悬外开式，设置在屋面上的自动排烟窗宜采用对开式或百叶式；当房间面积不大于200$m^2$时，自然排烟窗（口）的开启方向可不受限。

自然排烟窗（口）宜分散均匀布置，且每组的长度不宜大于3m；为防止火势从防火墙的内转角或防火墙两侧的门窗洞口蔓延，设置在防火墙两侧的自然排烟窗（口）之间最近边缘的水平距离不应小于2m。

（3）厂房、仓库的自然排烟窗（口）当设置在外墙时，自然排烟窗（口）应沿建筑物的两条对边均匀设置；当设置在屋顶时，自然排烟窗（口）应在屋面均匀设置且宜采用自动控制方式开启，当屋面斜度小于或等于12°时，每200$m^2$的建筑面积应设置相应的自然排烟窗（口）；当屋面斜度大于12°时，每400$m^2$的建筑面积应设置相应的自然排烟窗（口）。

（4）自然排烟窗（口）应设置手动开启装置，设置在高位不便于直接开启的自然排烟窗（口），应设置距地面高度1.3~1.5m的手动开启装置，以确保火灾时即使在断电、联动和自动功能失效的状态下仍然能够通过手动装置可靠开启排烟窗以保证排烟效果。

2）自然排烟窗（口）开启的有效面积

（1）当采用开窗角大于70°的悬窗时，可认为其已经基本开直，排烟有效面积应按窗的面积计算；当开窗角小于或等于70°时，其面积应按窗最大开启时的水平投影面积计算。

（2）当采用开窗角大于 70°的平开窗时，其面积应按窗的面积计算；当开窗角小于或等于 70°时，其面积应按窗最大开启时的竖向投影面积计算。

（3）当采用推拉窗时，其面积应按开启的最大窗口面积计算。

（4）当采用百叶窗时，其面积应按窗的有效开口面积计算，窗的有效面积为窗的净面积乘以遮挡系数，根据工程实际经验，当采用防雨百叶时系数取 0.6，当采用一般百叶时系数取 0.8。

（5）当平推窗设置在顶部时，其面积可按窗的 1/2 周长与平推距离乘积计算，且不应大于窗面积。

（6）当平推窗设置在外墙时，其面积可按窗的 1/4 周长与平推距离乘积计算，且不应大于窗面积。

4. 机械排烟系统

当建筑的机械排烟系统沿水平方向布置时，每个防火分区的机械排烟系统应独立设置，防止火灾在不同防火分区之间蔓延，且有利于不同防火分区烟气的排出。为了提高系统的可靠性，及时排出烟气，防止排烟系统因担负楼层数太多或竖向高度过高而失效，对于建筑高度超过 50m 的公共建筑和建筑高度超过 100m 的住宅，其排烟系统应竖向分段独立设置，且公共建筑每段高度不应超过 50m，住宅建筑每段高度不应超过 100m。

1）排烟风机的设置

排烟风机宜设置在排烟系统的最高处，烟气出口宜朝上，并应高于加压送风机和补风机的进风口，排烟风机应设置在专用机房内，且应满足 280℃时连续工作 30min 的要求。

当排烟风道内烟气温度达到 280℃时，烟气中已带火，此时应停止排烟，否则，烟火扩散到其他部位，会造成新的危害。而仅关闭排烟风机，不能阻止烟火通过管道的蔓延，因此，排烟风机应与风机入口处的排烟防火阀连锁，当该排烟防火阀关闭时，排烟风机应能停止运转。

2）排烟阀（排烟口）的设置

排烟阀是安装在机械排烟系统各支管端部（烟气吸入口）处、平时呈关闭状态并满足漏风量要求、火灾时可手动和电动启闭、起排烟作用的阀门。排烟阀一般由阀体、叶片、执行机构等部件组成。

带有装饰或进行过装饰处理的阀门，称为排烟口，常见的排烟口有多叶排烟口和板式排烟口，这是机械排烟系统中应用最多的形式，如图 4-45 和图 4-46 所示。

图 4-45　多叶排烟口

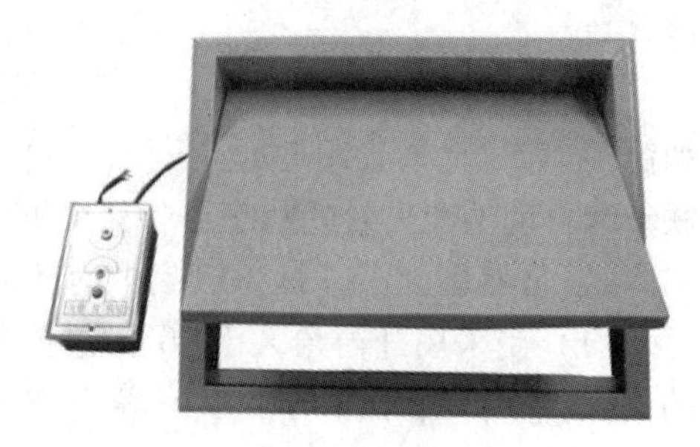

图 4-46　板式排烟口

防烟分区内任一点与最近的排烟口之间的水平距离不应大于30m。排烟口宜设置在顶棚或靠近顶棚的墙面上，设置在墙面上时，应设在储烟仓内，但走道、室内空间净高不大于3m的区域，其排烟口可设置在其净空高度的1/2以上，当设置在侧墙时，吊顶与其最近边缘的距离不应大于0.5m。对于需要设置机械排烟系统的房间，当其建筑面积小于50m$^2$时，可通过走道排烟，排烟口可设置在疏散走道。火灾时，由火灾自动报警系统联动开启排烟区域的排烟阀或排烟口，应在现场设置手动开启装置。排烟口的设置宜使烟流方向与人员疏散方向相反，排烟口与附近安全出口相邻边缘之间的水平距离不应小于1.5m。排烟口的风速不宜大于10m/s。

当排烟口设在吊顶内且通过吊顶上部空间进行排烟时，吊顶应采用不燃材料，且吊顶内不应有可燃物，封闭式吊顶上设置的烟气流入口的颈部烟气速度不宜大于1.5m/s，非封闭式吊顶的开孔率不应小于吊顶净面积的25%，且孔洞应均匀布置。

3）排烟防火阀的设置

在机械排烟系统中，当建筑的某部位着火时，所在防烟分区的排烟口或排烟阀开启，排烟风机通过排风管道（风道）、排烟口，排除燃烧产生的烟气和热量。

但当排烟道内的烟气温度达到或超过280℃时，烟气中已带火，如不停止排烟，烟火就有通过烟道扩散蔓延到其他区域的风险，可能造成更大的危害，因此，必须在区域分隔的关键部位安装排烟防火阀。

在机械排烟系统的以下部位，需要设置280℃时能自动关闭的排烟防火阀：

（1）垂直风管与每层水平风管交接处的水平管段上；

（2）一个排烟系统负担多个防烟分区的排烟支管上；

（3）排烟风机入口处；

（4）穿越防火分区处。

4）排烟管道

机械排烟系统应采用管道排烟，且不应采用土建风道。排烟管道应采用不燃材料制作且内壁应光滑。当排烟管道内壁为金属时，管道设计风速不应大于20m/s；当排烟管道内壁为非金属时，管道设计风速不应大于15m/s。

排烟管道及其连接部件应能在280℃时连续30min保证其结构完整性。竖向设置的排烟管道应设置在独立的管道井内，排烟管道的耐火极限不应低于0.5h。水平设置的排烟管道应设置在吊顶内，其耐火极限不应低于0.5h；当确有困难时，可直接设置在室内，但管道的耐火极限不应小于1h。设置在走道部位吊顶内的排烟管道，以及穿越防火分区的排烟管道，其管道的耐火极限不应小于1h，但设备用房和汽车库的排烟管道耐火极限可不低于0.5h。

当吊顶内有可燃物时，吊顶内的排烟管道应采用不燃材料进行隔热，并应与可燃物保持不小于150mm的距离。

5. 补风系统

根据空气流动的原理，必须要有补风才能排出烟气。排烟系统排烟时，补风的主要目的是为了形成理想的气流组织，迅速排除烟气，有利于人员的安全疏散和消防人员的进入。对于建筑地上部分的机械排烟的走道、面积小于 500m² 的房间，由于这些场所的面积较小，排烟量也较小，可以利用建筑的各种缝隙，满足排烟系统所需的补风，为了简化系统管理和减少工程投入，可以不用专门为这些场所设置补风系统。因此，除地上建筑的走道或建筑面积小于 500m² 的房间外，设置排烟系统的场所应设置补风系统，且补风系统应与排烟系统联动开启或关闭。

补风系统应直接从室外引入空气，且补风量不应小于排烟量的 50%。补风系统可采用疏散外门、手动或自动可开启外窗等自然进风方式以及机械送风方式。防火门、窗不得用作补风设施。风机应设置在专用机房内。

补风口与排烟口设置在同一空间内相邻的防烟分区时，补风口位置不限；当补风口与排烟口设置在同一防烟分区时，补风口应设在储烟仓下沿以下；补风口与排烟口水平距离不应少于 5m。

机械补风口的风速不宜大于 10m/s，人员密集场所补风口的风速不宜大于 5m/s；自然补风口的风速不宜大于 3m/s。补风管道耐火极限不应低于 0. 5h，当补风管道跨越防火分区时，管道的耐火极限不应小于 1. 5h。

6. 排烟系统设计计算

考虑到实际工程中由于风管（道）及排烟阀（口）的漏风及风机制造标准中允许风量的偏差等各种风量损耗的影响，排烟系统的设计风量不应小于该系统计算风量的 1. 2 倍。

除中庭外，下列场所一个防烟分区的排烟量计算应符合下列规定：

（1）建筑空间净高小于或等于 6m 的场所，其排烟量应按不小于 60m³/（h · m²）计算，且取值不小于 15000m³/h，或设置有效面积不小于该房间建筑面积 2%的自然排烟窗（口）。

（2）公共建筑、工业建筑中空间净高大于 6m 的场所，其每个防烟分区排烟量应根据场所内的热释放速率经计算确定，且不应小于表 4-17 中的数值，或设置自然排烟窗（口），其所需有效排烟面积应根据表 4-17 及自然排烟窗（口）处风速计算。

表 4-17　**公共建筑、工业建筑中空间净高大于 6m 场所的计算排烟量及自然排烟侧窗（口）部风速**

| 空间净高（m） | 办公室、学校（×10⁴m³/h） | | 商店、展览厅（×10⁴m³/h） | | 厂房、其他公共建筑（×10⁴m³/h） | | 仓库（×10⁴m³/h） | |
|---|---|---|---|---|---|---|---|---|
| | 无喷淋 | 有喷淋 | 无喷淋 | 有喷淋 | 无喷淋 | 有喷淋 | 无喷淋 | 有喷淋 |
| 6. 0 | 12. 2 | 5. 2 | 17. 6 | 7. 8 | 15. 0 | 7. 0 | 30. 1 | 9. 3 |
| 7. 0 | 13. 9 | 6. 3 | 19. 6 | 9. 1 | 16. 8 | 8. 2 | 32. 8 | 10. 8 |
| 8. 0 | 15. 8 | 7. 4 | 21. 8 | 10. 6 | 18. 9 | 9. 6 | 35. 4 | 12. 4 |

续表

| 空间净高（m） | 办公室、学校（$\times10^4m^3/h$） | | 商店、展览厅（$\times10^4m^3/h$） | | 厂房、其他公共建筑（$\times10^4m^3/h$） | | 仓库（$\times10^4m^3/h$） | |
|---|---|---|---|---|---|---|---|---|
| | 无喷淋 | 有喷淋 | 无喷淋 | 有喷淋 | 无喷淋 | 有喷淋 | 无喷淋 | 有喷淋 |
| 9.0 | 17.8 | 8.7 | 24.2 | 12.2 | 21.1 | 11.1 | 38.5 | 14.2 |
| 自然排烟侧窗（口）部风速（m/s） | 0.94 | 0.64 | 1.06 | 0.78 | 1.01 | 0.74 | 1.26 | 0.84 |

注：1. 建筑空间净高大于9m的，按9m取值；建筑空间净高位于表中两个高度之间的，按线性插值法取值；表中建筑空间净高为6m处的各排烟量值为线性插值法的计算基准值。

2. 当采用自然排烟方式时，储烟仓厚度应大于房间净高的20%；自然排烟窗（口）面积=计算排烟量/自然排烟窗（口）处风速；当采用顶开窗排烟时，其自然排烟窗（口）的风速可按侧窗口部风速的1.4倍计。

3. 当公共建筑仅需在走道或回廊设置排烟时，其机械排烟量不应小于13000$m^3/h$，或在走道两端（侧）均设置面积不小于2$m^2$的自然排烟窗（口）且两侧自然排烟窗（口）的距离不应小于走道长度的2/3。

4. 当公共建筑房间内与走道或回廊均需设置排烟时，其走道或回廊的机械排烟量可按60$m^3/(h\cdot m^2)$计算，且不小于13000$m^3/h$，或设置有效面积不小于走道、回廊建筑面积2%的自然排烟窗（口）。

7. 系统控制

机械排烟系统应与火灾自动报警系统联动，机械排烟系统中的常闭排烟阀或排烟口应具有火灾自动报警系统自动开启、消防控制室手动开启和现场手动开启功能，其开启信号应与排烟风机联动。当火灾确认后，火灾自动报警系统应在15s内联动开启相应防烟分区的全部排烟阀、排烟口、排烟风机和补风设施，并应在30s内自动关闭与排烟无关的通风、空调系统。

当火灾确认后，担负两个及以上防烟分区的排烟系统，应仅打开着火防烟分区的排烟阀或排烟口，其他防烟分区的排烟阀或排烟口应呈关闭状态。

活动挡烟垂壁应具有火灾自动报警系统自动启动和现场手动启动功能，当火灾确认后，火灾自动报警系统应在15s内联动相应防烟分区的全部活动挡烟垂壁，60s以内挡烟垂壁应开启到位。

自动排烟窗可采用与火灾自动报警系统联动和温度释放装置联动的控制方式。当采用与火灾自动报警系统自动启动时，自动排烟窗应在60s内或小于烟气充满储烟仓时间内开启完毕。带有温控功能的自动排烟窗，其温控释放温度应大于环境温度30℃且小于100℃。

排烟风机、补风机应能够现场手动启动、火灾自动报警系统自动启动、消防控制室手动启动，系统中任一排烟阀或排烟口开启时，排烟风机、补风机自动启动、排烟防火阀在280℃时应自行关闭，并应连锁关闭排烟风机和补风机。

## 4.3　高校建筑火灾自动报警系统

### 4.3.1　火灾自动报警系统概述

1. 火灾自动报警系统组成

火灾自动报警系统主要由信号触发装置、火灾报警装置、火灾警报装置、消防电源等组成，如图 4-47 所示，能在建筑发生火灾后第一时间识别火灾，迅速将火灾报警信号发送到消防控制室，使受灾对象中人员及早知晓火情，引导人员尽快逃生。

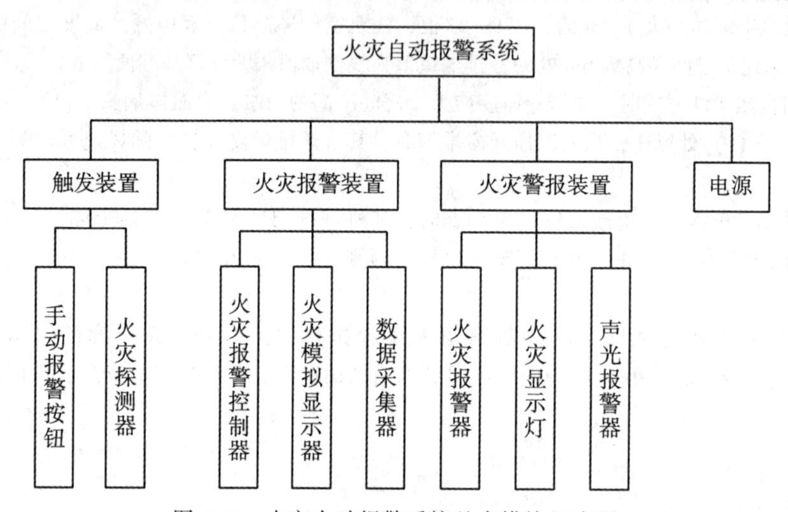


图 4-47　火灾自动报警系统基本模块组成图

通过火灾自动报警系统联动控制与之相连接的自动灭火系统、消防应急照明与疏散指示系统、防排烟系统、防火分隔系统等消防设施，及时调动各类消防设施发挥应有作用，可以最大限度地预防和减少建筑物或场所的火灾危害。

2. 火灾自动报警系统分类

根据系统组成形式，火灾自动报警系统可分为区域报警系统、集中报警系统和控制中心报警系统。

1）区域报警系统

仅需要报警，不需要联动自动消防设备的保护对象，宜采用该系统，区域报警系统组成如图 4-48 所示。

2）集中报警系统

不仅需要报警，同时需要联动自动消防设备，且只设置一台具有集中控制功能的火灾报警控制器和消防联动控制器的保护对象，应采用该系统，并应设置一个消防控制室，系统组成如图 4-49 所示。

3）控制中心报警系统

设置两个及以上消防控制室的保护对象，或已设置两个及以上集中报警系统的保护对

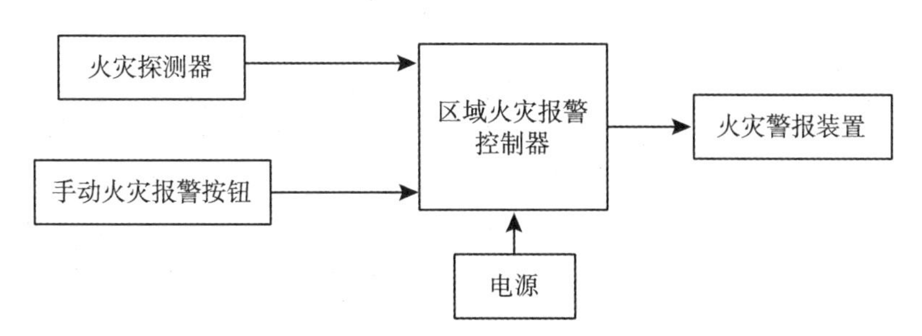


图 4-48 区域报警系统组成图

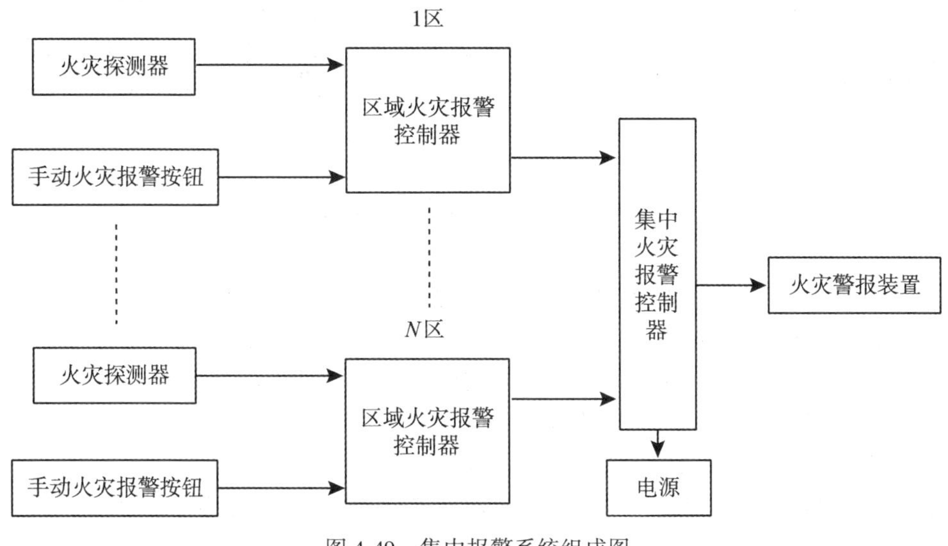


图 4-49 集中报警系统组成图

象，应采用该系统，系统组成图如图 4-50 所示。

### 4.3.2 消防联动控制设置

1. 消防联动系统工作原理

火灾发生时，火灾探测器和手动火灾报警按钮的报警信号等联动触发信号传输至消防联动控制器，消防联动控制器按照预设的逻辑关系对接收到的触发信号进行识别判断，在满足逻辑关系条件时，消防联动控制器按照预设的控制时序启动相应自动消防系统（设施），实现预设的消防功能；消防控制室的消防管理人员也可以通过操作控制消防联动控制器的手动控制盘直接启动相应的消防系统（设施），从而实现相应消防系统预设的消防功能。消防联动控制器接收并显示消防系统（设施）动作的反馈信息。

消防联动控制系统的工作原理如图 4-51 所示。

2. 一般性设置要求

（1）消防联动控制器应能按设定的控制逻辑，向各相关的受控设备发出联动控制信号，并接受相关设备的联动反馈信号。

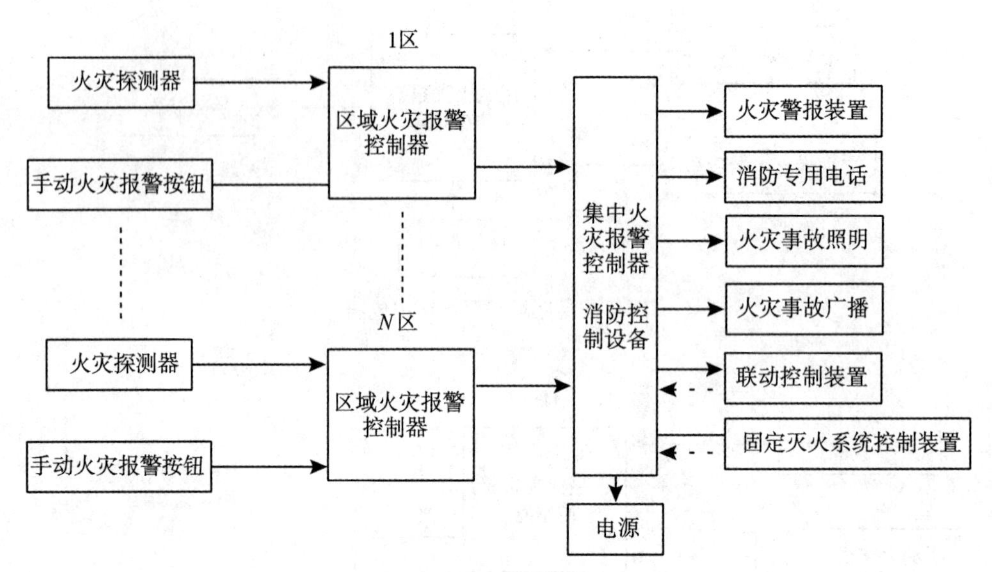


图4-50　控制中心报警系统组成图

(2) 消防水泵、防烟和排烟风机的控制设备，除应采用联动控制方式外，还应在消防控制室设置手动直接控制装置。

(3) 需要火灾自动报警系统联动控制的消防设备，其联动触发信号应采用两个独立的报警触发装置报警信号的“与”逻辑组合。

3. 自动喷水灭火系统的联动控制设计系统

对于高校建筑而言，自动喷水灭火系统常见的形式为湿式系统和干式系统，其联动控制设计，应符合下列规定：

(1) 联动控制方式，应由湿式报警阀压力开关的动作信号作为触发信号，直接控制启动喷淋消防泵，联动控制不应受消防联动控制器处于自动或手动状态影响。

(2) 手动控制方式，应将喷淋消防泵控制箱（柜）的启动、停止按钮用专用线路直接连接至设置在消防控制室内的消防联动控制器的手动控制盘，直接手动控制喷淋消防泵的启动、停止。

(3) 水流指示器、信号阀、压力开关、喷淋消防泵的启动和停止的动作信号应反馈至消防联动控制器。

4. 消火栓系统的联动控制设计

(1) 联动控制方式，应由消火栓系统出水干管上设置的低压压力开关、高位消防水箱出水管上设置的流量开关或报警阀压力开关等信号作为触发信号，直接控制启动消火栓泵，联动控制不应受消防联动控制器处于自动或手动状态影响。当设置消火栓按钮时，消火栓按钮的动作信号应作为报警信号及启动消火栓泵的联动触发信号，由消防联动控制器联动控制消火栓泵的启动。

(2) 手动控制方式，应将消火栓泵控制箱（柜）的启动、停止按钮用专用线路直接连接至设置在消防控制室内的消防联动控制器的手动控制盘，并应直接手动控制消火栓泵

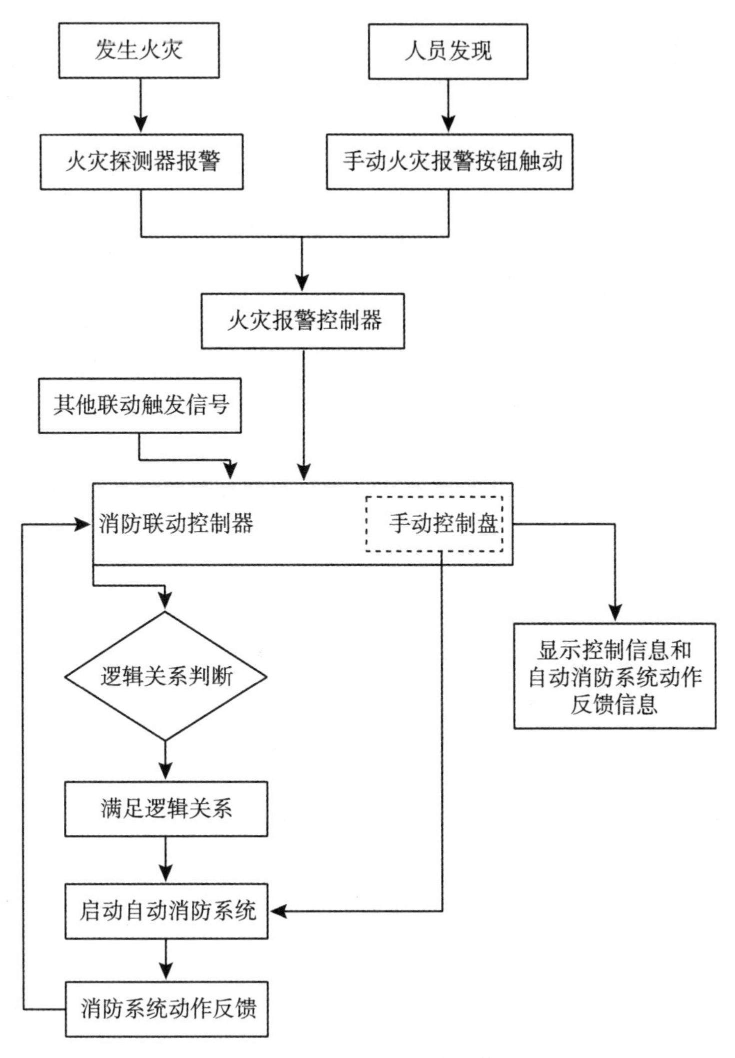


图 4-51 消防联动控制系统工作原理图

的启动、停止。

(3) 消火栓泵的动作信号应反馈至消防联动控制器。

5. 防烟排烟系统的联动控制设计

(1) 防烟系统的联动控制方式应符合下列规定：① 应由加压送风口所在防火分区内的两只独立的火灾探测器或一只火灾探测器与一只手动火灾报警按钮的报警信号，作为送风门开启和加压送风机启动的联动触发信号，并应由消防联动控制器联动控制相关层前室等需要加压送风场所的加压送风口开启和加压送风机启动。②应由同一防烟分区内且位于电动挡烟垂壁附近的两只独立的感烟火灾探测器的报警信号，作为电动挡烟垂壁降落的联动触发信号，并应由消防联动控制器联动控制电动挡烟垂壁的降落。

(2) 排烟系统的联动控制方式应符合下列规定：①应由同一防烟分区内的两只独立

的火灾探测器的报警信号，作为排烟口、排烟窗或排烟阀开启的联动触发信号，并应由消防联动控制器联动控制排烟口、排烟窗或排烟阀的开启，同时停止该防烟分区的空气调节系统。②应由排烟口、排烟窗或排烟阀开启的动作信号，作为排烟风机启动的联动触发信号，并应由消防联动控制器联动控制排烟风机的启动。

（3）防烟系统、排烟系统的手动控制方式，应能在消防控制室内的消防联动控制器上手动控制送风口、电动挡烟垂壁、排烟口、排烟窗、排烟阀的开启或关闭及防烟风机、排烟风机等设备的启动或停止，防烟、排烟风机的启动、停止按钮应采用专用线路直接连接至设置在消防控制室内的消防联动控制器的自动控制盘，并应直接手动控制防烟、排烟风机的启动、停止。

6. 火灾警报和消防应急广播系统的联动控制设计

（1）火灾自动报警系统应设置火灾声光警报器，并应在确认火灾后启动建筑内的所有火灾声光警报器。

（2）火灾声光警报器设置带有语音提示功能时，应同时设置语音同步器。

（3）同一建筑内设置多个火灾声光警报器时，火灾自动报警系统应能同时启动和停止所有火灾声光警报器工作。

（4）集中报警系统和控制中心报警系统应设置消防应急广播。

（5）消防应急广播系统的联动控制信号应由消防联动控制器发出。当确认火灾后，应同时向全楼进行广播。

（6）消防应急广播与普通广播或背景音乐广播合用时，应具有强制切入消防应急广播的功能。

7. 消防应急照明和疏散指示系统的联动控制设计

（1）消防应急照明和疏散指示系统的联动控制设计，应符合下列规定：

①集中控制型消防应急照明和疏散指示系统，应由火灾报警控制器或消防联动控制器启动应急照明控制器实现。

②集中电源非集中控制型消防应急照明和疏散指示系统，应由消防联动控制器联动应急照明集中电源和应急照明配电装置实现。

③自带电源非集中控制型消防应急照明和疏散指示系统，应由消防联动控制器联动消防应急照明配电箱实现。

（2）当确认火灾后，由发生火灾的报警区域开始，顺序启动全楼疏散通道的消防应急照明和疏散指示系统，系统全部投入应急状态的启动时间不应大于 5s。对于高校建筑火灾自动报警系统消防联动控制的设计，还应符合《火灾自动报警系统设计规范》（GB 50116—2013，下文简称《火规》）第 4 部分相关规定。

### 4.3.3　火灾探测器的选择

火灾探测器是火灾自动报警系统最基本和最关键的部件之一，对被保护区域进行不间断的监视和探测，把火灾初期阶段能引起火灾的参数（烟、热及光等信息）尽早、及时和准确地检测出来并报警。

一般物质的火灾发展过程通常都要经过阴燃、发展和熄灭三个阶段。因此，火灾探测器的选择原则是要根据被保护区域内初期火灾的形成和发展特点去选择有相应特点和功能的火灾探测器。

1. 火灾探测器的分类

按结构类型分类，火灾探测器可以分为点型和线型。

按火灾探测的参数分类，火灾探测器可以分为感烟火灾探测器（包含吸气式感烟火灾探测器）、感温火灾探测器、火焰探测器、可燃气体探测器、复合探测器等。

按是否具有复位功能分类，火灾探测器可以分为可复位探测器、不可复位探测器。

各种探测器实物如图 4-52 所示。

（a）点型感烟火灾探测器

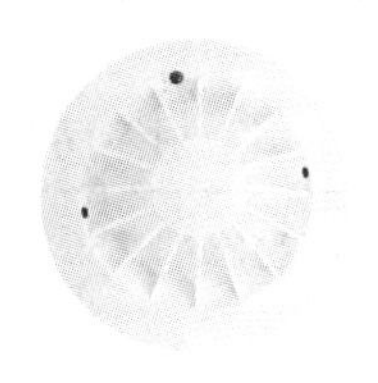

（b）点型感温火灾探测器

（c）紫外火焰探测器

（d）吸气式感烟探测器

（e）图像型火灾探测器

（f）可燃气体探测器

图 4-52　各种探测器实物图

2. 火灾探测器的选择

选择火灾探测器时，应符合下列一般规定：

（1）对火灾初期有阴燃阶段，产生大量的烟和少量的热，很少或没有火焰辐射的场所，应选择感烟火灾探测器。对于高校建筑，如教学楼、办公楼的厅堂、办公室、计算机房、通信机房、书库、档案库等，宜选择点型感烟火灾探测器。

（2）对火灾发展迅速，可产生大量的热、烟和火焰辐射的场所，可选择感温火灾探测器、感烟火灾探测器、火焰探测器或其组合。

（3）对火灾发展迅速、有强烈的火焰辐射和少量烟、热的场所，应选择火焰探测器。

（4）对火灾初期有阴燃阶段，且需要早期探测的场所，宜增设一氧化碳火灾探测器。

（5）对使用、生产可燃气体或可燃蒸气的场所，应选择可燃气体探测器。

（6）应根据保护场所可能发生火灾的部位和燃烧材料的分析，以及火灾探测器的类型、灵敏度和响应时间等，选择相应的火灾探测器，对火灾形成特征不可预料的场所，可根据模拟试验的结果选择火灾探测器。

（7）同一探测区域内设置多个火灾探测器时，可选择具有复合判断火灾功能的火灾探测器和火灾报警控制器。

对于不同高度的房间，在选择点型火灾探测器时，可按表 4-18 进行。

表 4-18　**对不同高度的房间点型火灾探测器的选择**

| 房间高度 $h$（m） | 点型感烟火灾探测器 | 点型感温火灾探测器 | | | 火焰探测器 |
|---|---|---|---|---|---|
| | | $A_1$、$A_2$ | B | C、D、E、F、G | |
| $12<h\leq 20$ | 不适合 | 不适合 | 不适合 | 不适合 | 适合 |
| $8<h\leq 12$ | 适合 | 不适合 | 不适合 | 不适合 | 适合 |
| $6<h\leq 8$ | 适合 | 适合 | 不适合 | 不适合 | 适合 |
| $4<h\leq 6$ | 适合 | 适合 | 适合 | 不适合 | 适合 |
| $h\leq 4$ | 适合 | 适合 | 适合 | 适合 | 适合 |

对于吸气式感烟火灾探测器的选择，可参考以下原则进行：

①具有高速气流的场所。

②点型感烟、感温火灾探测器不适宜的大空间、舞台上方、建筑高度超过 12m 或有特殊要求的场所。

③低温场所。

④需要进行隐蔽探测的场所。

⑤需要进行火灾早期探测的重要场所。

⑥人员不宜进入的场所。

对于高校建筑而言，空间高大的体育馆、会堂、礼堂可选择设置吸气式感烟火灾探测器，以提高探测的灵敏度。

对于高校建筑火灾探测器的选择，还应符合《火规》第 5 部分相关规定。

### 4.3.4　火灾自动报警系统设备的设置

1. 火灾报警控制器和消防联动控制器的设置

（1）火灾报警控制器和消防联动控制器，应设置在消防控制室内或有人值班的房间和场所。

（2）集中报警系统和控制中心报警系统中的区域火灾报警控制器在满足下列条件时，

可设置在无人值班的场所：

①本区域内无需要手动控制的消防联动设备。

②本火灾报警控制器的所有信息在集中火灾报警控制器上均有显示，且能接收集中控制功能的火灾报警控制器的联动控制信号，并自动启动相应的消防设备。

③设置的场所只有值班人员可以进入。

2. 火灾探测器的设置

（1）点型火灾探测器的设置应符合下列规定：

①探测区域的每个房间应至少设置一只火灾探测器。

②感烟火灾探测器和 $A_1$、$A_2$、B 型感温火灾探测器的保护面积和保护半径，应按表4-19确定；C、D、E、F、G 型感温火灾探测器的保护面积和保护半径，应根据生产企业设计说明书确定。

表 4-19　**感烟火灾探测器和 $A_1$、$A_2$、B 型感温火灾探测器的保护面积和保护半径**

| 火灾探测器的种类 | 地面面积 $S$（m²） | 房间高度 $h$（m） | 一只探测器的保护面积 $A$ 和保护半径 $R$ | | | | | |
|---|---|---|---|---|---|---|---|---|
| | | | 屋顶坡度 $\theta$ | | | | | |
| | | | $\theta\leqslant15°$ | | $6°<\theta\leqslant30°$ | | $\theta>30°$ | |
| | | | $A$（m²） | $R$（m） | $A$（m²） | $R$（m） | $A$（m²） | $R$（m） |
| 感烟火灾探测器 | $S\leqslant80$ | $h\leqslant12$ | 80 | 6.7 | 80 | 7.2 | 80 | 8.0 |
| | $S>80$ | $6<h\leqslant12$ | 80 | 6.7 | 100 | 8.0 | 120 | 9.9 |
| | | $h\leqslant6$ | 60 | 5.8 | 80 | 7.2 | 100 | 9.0 |
| 感温火灾探测器 | $S\leqslant30$ | $h\leqslant8$ | 30 | 4.4 | 30 | 4.9 | 30 | 5.5 |
| | $S>30$ | $h\leqslant8$ | 20 | 3.6 | 30 | 4.9 | 40 | 6.3 |

注：建筑高度不超过 14m 的封闭探测空间，且火灾初期会产生大量的烟时，可设置点型感烟火灾探测器。

（2）感烟火灾探测器、感温火灾探测器的安装间距，应根据探测器的保护面积 $A$ 和保护半径 $R$ 确定，并不应超过《火规》附录 E 探测器安装间距的极限曲线 $D_1 \sim D_{11}$（含 $D_9'$）规定的范围。

（3）点型探测器至墙壁、梁边的水平距离，不应小于 0.5m。

（4）点型探测器周围 0.5m 内，不应有遮挡物。

（5）点型探测器至空调送风口边的水平距离不应小于 1.5m，并宜接近回风口安装。探测器至多孔送风顶棚孔口的水平距离不应小于 0.5m。

对于高校建筑其他火灾探测器的设置，还应符合《火规》6.2 节相关规定。

对于高校建筑其他火灾系统相关设备，如手动火灾报警按钮、区域显示器、火灾警报器、消防应急广播、消防专用电话、模块、消防控制室图形显示装置等的设置，还应符合《火规》第 6 部分相关规定。

### 4.3.5　消防控制室

消防控制室是建筑消防系统的信息中心、控制中心、日常运行管理中心和各种自动消防系统运行状态监视中心，也是建筑发生火灾和日常火灾演练时的应急指挥中心。如图 4-53 所示。

图 4-53　某消防控制室

1. 消防控制室的设计要求

设有消防联动功能的火灾自动报警系统和自动灭火系统或设有消防联动功能的火灾自动报警系统和机械防排烟设施的建筑，应设消防控制室。

消防控制室的设置应符合以下规定：

（1）单独建造的消防控制室，其耐火等级不应低于二级。

（2）附设在建筑内的消防控制室，宜设置在建筑内首层的靠外墙部位，亦可设置在建筑物的地下一层，但应采用耐火极限不低于 2h 的隔墙和不低于 1.5h 的楼板与其他部位隔开，并应设置直通室外的安全出口。

（3）消防控制室送、回风管的穿墙处应设防火阀。

（4）消防控制室内严禁有与消防设施无关的电气线路及管路穿过。

（5）消防控制室不应设置在电磁场干扰较强及其他可能影响消防控制设备工作的设备用房附近。

2. 消防控制室的设备组成及布置

消防控制室内的设备一般包含以下组成部分：

（1）火灾报警控制器；

（2）自动灭火系统控制装置；

（3）室内消火栓系统的控制装置；

（4）防烟、排烟系统及空调通风系统的控制装置；

（5）防火门、防火卷帘的控制装置；

（6）电梯控制装置；

（7）火灾应急广播控制装置；

（8）火灾警报控制装置；

（9）消防通信设备；

（10）火灾应急照明和疏散指示标志的控制装置。

3. 消防控制室的设备布置

消防控制室内设备面盘前的操作距离，单列布置时不应小于1.5m；双列布置时不应小于2m；在值班人员经常工作的一面，设备面盘至墙的距离不应小于3m；设备面盘后的维修距离不宜小于1m；设备面盘的排列长度大于4m时，其两端应设置宽度不小于1m的通道；在与建筑内其他弱电系统合用的消防控制室，消防设备应集中设置，并应与其他设备之间有明显的间隔。

4. 消防控制室的控制与显示功能

1）消防控制室图形显示装置

消防控制室图形显示装置应能用同一界面显示建筑物周边消防车道、消防登高车操作场地、消防水源位置，以及相邻建筑的防火间距、建筑面积、建筑高度、使用性质等情况；应能显示消防系统及设备的名称、位置和动态信息；当有火灾报警信号、反馈信号等信号输入时，应有相应状态的指示；应能显示可燃气体探测报警系统、电气火灾监控系统的报警信息、故障信息和相关联动反馈信息。

2）火灾报警控制器

火灾报警控制器应能显示火灾探测器、火灾显示盘和手动火灾报警按钮的正常工作状态、火灾报警状态、屏蔽状态及故障状态等相关信息；控制火灾声光警报器的启动和停止。

3）消防联动控制器

（1）应能将消防系统及设备的状态信息传输到消防控制室图形显示装置。

（2）对自动喷水灭火系统的控制和显示，应满足：能显示喷淋泵电源的工作状态、显示喷淋泵（稳压或增压泵）的启停状态和故障状态，显示水流指示器、信号阀等的工作状态和动作状态；显示消防水箱（池）最低水位信息和管网最低压力报警信息；能手动控制喷淋泵的启停，并显示其手动启停和自动启动的动作反馈信号。

（3）对消火栓系统的控制和显示，应满足：能显示消防水泵电源的工作状态；能显示消防水泵（稳压或增压泵）的启停状态和故障状态；能显示消火栓按钮的正常工作状态和动作状态及位置信息等；能手动和自动控制消防水泵启停并显示其动作反馈信号。

（4）对防排烟系统及通风空调系统的控制和显示，应满足：能显示防排烟系统风机电源的工作状态；能显示防排烟系统的手动、自动工作状态及防排烟系统风机的正常工作状态和动作状态；能控制防排烟系统及通风空调系统的风机和电动排烟防火阀、电控挡烟垂壁、电动防火阀、常闭送风口、排烟阀等的动作，并显示其反馈信号。

（5）对防火门及防火卷帘的控制和显示，应满足：能显示防火门控制器、防火卷帘控制器的工作状态和故障状态等动态信息；能显示防火卷帘、常开防火门、人员密集场所中因管理需要平时常闭的疏散门及具有信号反馈功能的防火门的工作状态；能关闭防火卷帘和常开防火门并显示其反馈信号。

（6）消防应急广播控制装置应满足：能显示处于应急广播状态的广播分区、预设广播信息；能分别通过手动和按照预设控制逻辑自动控制选择广播分区、启动或停止应急广播，并在扬声器进行应急广播时自动对广播内容进行录音；能显示应急广播的故障状态，并能将故障状态信息传输给消防控制室图形显示装置。

（7）消防应急照明和疏散指示系统控制装置应满足：能手动控制自带电源型消防应急照明和疏散指示系统的主电工作状态和应急工作状态的转换；能分别通过手动和自动控制集中电源型消防应急照明和疏散指示系统与集中控制型消防应急照明和疏散指示系统从主电工作状态切换到应急工作状态；受消防联动控制器控制的系统，能将系统的故障状态和应急工作状态信息传输给消防控制室图形显示装置；不受消防联动控制器控制的系统，能将系统的故障状态和应急工作状态信息传输给消防控制室图形显示装置。

5. 消防控制室的管理

消防控制室应实行每日 24h 专人值班制度，每班不应少于 2 人；火灾自动报警系统和灭火系统应处于正常工作状态；高位消防水箱、消防水池、气压水罐等消防储水设施应水量充足，消防泵出水管阀门、自动喷水灭火系统管道上的阀门常开；消防水泵、防排烟风机、防火卷帘等消防用电设备的配电柜开关处于自动位置。

消防控制室值班应制定应急程序，一般要求是：接到火灾警报后，值班人员应立即以最快方式确认；在火灾确认后，立即将火灾报警联动控制开关转入自动状态，同时拨打“119”报警；还应立即启动单位内部应急疏散和灭火预案，同时报告单位负责人。

### 4.3.6　消防应急照明系统

1. 系统的分类和组成

消防应急照明和疏散指示系统是指为人员疏散、消防作业提供照明和疏散指示的系统，由各类消防应急灯具及相关装置组成。

消防应急灯具包括消防应急照明灯具和消防应急标志灯具，如图 4-54 所示。

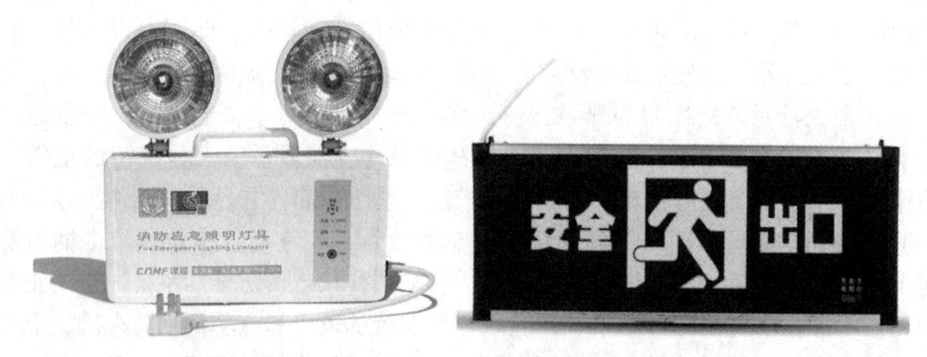


（a）消防应急照明灯具　　（b）消防应急疏散标志灯具

图 4-54　消防应急照明系统组成和分类示意图

根据用途、工作方式、供电方式、控制方式的不同，消防应急灯具分类如图 4-55 所示。

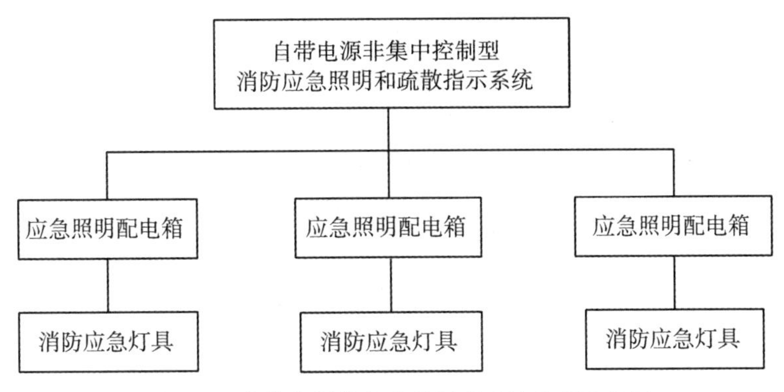


图 4-55 自带电源非集中控制型系统组成示意图

1）自带电源非集中控制型系统

自带电源非集中控制型系统连接的消防应急灯具均为自带电源型，灯具内部自带蓄电池，工作方式为独立控制，无集中控制功能，系统组成如图 4-55 所示。

2）自带电源集中控制型系统

自带电源集中控制型系统由应急照明控制器、应急照明配电箱和消防应急灯具组成。消防应急灯具由应急照明配电箱供电，消防应急灯具的工作状态受应急照明控制器控制和管理。

自带电源集中控制型系统连接的消防应急灯具均为自带电源型，灯具内部自带蓄电池，但是消防应急灯具的应急转换由应急照明控制器控制，系统组成如图 4-56 所示。

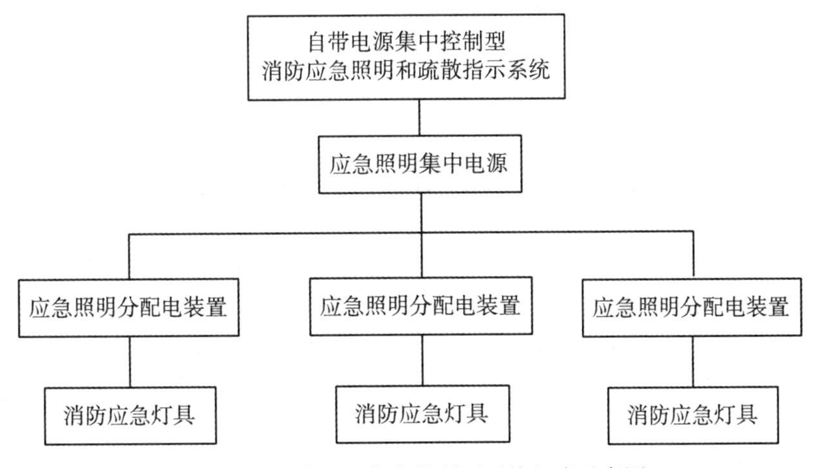


图 4-56 自带电源集中控制型系统组成示意图

3）集中电源非集中控制型系统

集中电源非集中控制型系统由应急照明集中电源、应急照明分配电装置和消防应急灯具组成。应急照明集中电源通过应急照明分配电装置为消防应急灯具供电。

集中电源非集中控制型系统连接的消防应急灯具不自带电源，工作电源由应急照明集中电源提供，工作方式为独立控制，无集中控制功能，系统组成如图 4-57 所示。

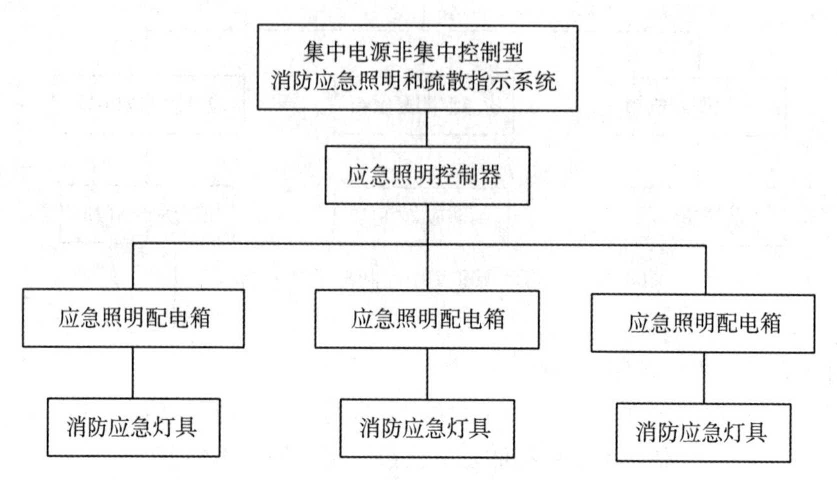


图 4-57　集中电源非集中控制型系统组成示意图

4）集中电源集中控制型系统

集中电源集中控制型系统由应急照明控制器、应急照明集中电源、应急照明分配电装置和消防应急灯具组成。应急照明集中电源通过应急照明分配电装置为消防应急灯具供电，应急照明集中电源和消防应急灯具的工作状态受应急照明控制器控制，系统组成如图 4-58 所示。

2. 消防应急照明系统设置场所及要求

1）设置场所

（1）封闭楼梯间、防烟楼梯间及其前室、消防电梯间的前室或合用前室、避难走道、避难层（间）；

（2）观众厅、展览厅、多功能厅和建筑面积大于 200m$^2$的营业厅、餐厅等人员密集的场所；

（3）建筑面积大于 100m$^2$的地下或半地下公共活动场所；

（4）公共建筑内的疏散走道。

（5）座位数超过 1500 个的电影院、剧场，座位数超过 3000 个的体育馆、会堂或礼堂应在疏散走道和主要疏散路径的地面上增设能保持视觉连续的灯光疏散指示标志或蓄光疏散指示标志。

2）照度要求

（1）对于疏散走道，其地面最低水平照度不应低于 1lx。

（2）对于人员密集场所、避难层（间），其地面最低水平照度不应低于 3lx。

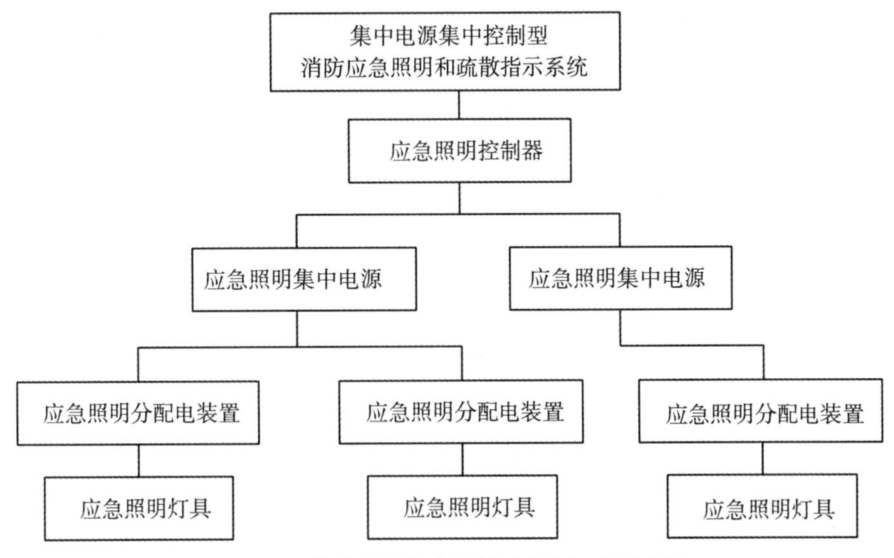

图 4-58　集中电源集中控制型系统组成示意图

（3）对于楼梯间、前室或合用前室、避难走道，其地面最低水平照度不应低于 5lx。

（4）控制室、消防水泵房、自备发电机房、配电室、防排烟机房以及发生火灾时仍需正常工作的消防设备房应设置备用照明，其作业面的最低照度不应低于正常照明的照度。

3）位置要求

（1）疏散照明灯具应设置在出口的顶部、墙面的上部或顶棚上；备用照明灯具应设置在墙面的上部或顶棚上。

（2）灯光疏散指示标志应设置在安全出口和人员密集的场所的疏散门的正上方；当设置在疏散走道及其转角处时，应设置在距地面高度 1m 以下的墙面或地面上，灯光疏散指示标志的间距不应大于 20m；对于袋形走道，不应大于 10m；在走道转角区，不应大于 1m。

（3）消防疏散指示标志和消防应急照明灯具，除应符合《建规》的相关规定外，还应符合现行国家标准《消防安全标志》（GB 13495）和《消防应急照明和疏散指示系统》（GB 17945）的规定。

### 4.3.7　消防电源及其配电系统

1. 消防负荷分级

（1）一类高层民用建筑的消防用电应按一级负荷供电。

（2）二类高层民用建筑的消防用电应按二级负荷供电。

（3）座位数超过 1500 个的剧场，座位数超过 3000 个的体育馆，室外消防用水量大于 25L/s 的其他公共建筑应按一级负荷供电。

2. 供电要求

（1）消防用电按一、二级负荷供电的建筑，当采用自备发电设备作备用电源时，自备发电设备应设置自动和手动启动装置。当采用自动启动方式时，应能保证在 30s 内供电。

（2）不同级别负荷的供电电源应符合现行国家标准《供配电系统设计规范》（GB 50052）的规定。

（3）消防用电设备应采用专用的供电回路，当建筑内的生产、生活用电被切断时，应仍能保证消防用电。

3. 供电时间

建筑内消防应急照明和灯光疏散指示标志的备用电源的连续供电时间应满足下列要求：

（1）建筑高度大于 100m 的民用建筑，不应小于 1.5h。

（2）总建筑面积大于 100000m$^2$的公共建筑和总建筑面积大于 20000m$^2$的地下、半地下建筑，不应少于 1h。

（3）其他建筑，不应少于 0.5h。

（4）备用消防电源的供电时间和容量，应满足该建筑火灾延续时间内各消防用电设备的要求。

4. 线路敷设要求

消防配电线路应满足火灾时连续供电的需要，其敷设应符合下列规定：

（1）明敷时（包括敷设在吊顶内），应穿金属导管或采用封闭式金属槽盒保护，金属导管或封闭式金属槽盒应采取防火保护措施；当采用阻燃或耐火电缆并敷设在电缆井、沟内时，可不穿金属导管或采用封闭式金属槽盒保护；当采用矿物绝缘类不燃性电缆时，可直接明敷。

（2）暗敷时，应穿管并应敷设在不燃性结构内，且保护层厚度不应小于 30mm。

（3）消防配电线路宜与其他配电线路分开敷设在不同的电缆井、沟内；确有困难需敷设在同一电缆井、沟内时，应分别布置在电缆井、沟的两侧，且消防配电线路应采用矿物绝缘类不燃性电缆。

5. 其他

（1）消防配电干线宜按防火分区划分，消防配电支线不宜穿越防火分区。

（2）消防控制室、消防水泵房、防烟和排烟风机房的消防用电设备及消防电梯等的供电，应在其配电线路的最末一级配电箱处设置自动切换装置。

（3）按一、二级负荷供电的消防设备，其配电箱应独立设置；按三级负荷供电的消防设备，其配电箱宜独立设置。消防配电设备应设置明显标志。

# 第5章　高校建筑消防设施的维护管理

随着高校规模的扩大和高层建筑的增多，人员愈加密集，加之现在各种易燃、易爆、放射性等化学物品在教学、科研、实验学习中的广泛使用，高校火灾危险性也越来越大。近年来，发生了很多高校火灾案例，通过对这些案例和现场进行消防安全调查分析，发现高校普遍存在着消防设施管理不力、保管不善、使用操作不当的问题。加强高校建筑消防设施维护管理，是确保消防设施系统长期保持正常的运行状态、持久有效地发挥作用的保证。消防设施的维护和管理需要体现“整体大于部分之和”的原则，通过维护管理提高整个系统的可靠性，降低火灾风险。

## 5.1　基本要求

高校建筑使用管理单位应按下列要求组织实施消防设施维护管理：

（1）明确管理职责。高校法定代表人是学校的消防安全责任人，全面负责学校的消防安全工作；分管学校消防安全的校领导是学校的消防安全管理人，协助学校法定代表人负责消防安全工作；其他校领导在分管工作范围内对消防工作负有领导、监督、检查、教育和管理职责。学校必须设立或者明确负责日常消防安全工作的机构（以下简称学校消防机构），配备专职消防管理人员，对日常消防安全进行统一归口管理；各二级学院（系）、行政部门配备的消防设施、器材，配合学校消防机构进行消防管理；各教学楼、办公楼等公共场所配备的消防设施、器材分别由各楼管理部门指定专人管理。

（2）制定消防设施维护管理制度和维修管理技术规程。建筑消防设施投入使用后，必须建立并落实值班、巡查、检查、检测、维修、保养、建档等各项维护管理制度和技术规程，及时发现问题，适时维护保养，确保消防设施处于正常工作状态，并且完好有效。

（3）实施消防设施标识化管理。消防设施及相关设备的电气控制设备具有控制方式转换装置的，除现场具有控制方式及其转换标识外，其控制信号能够反馈至消防控制室。消防设施、器材应当设置规范、醒目的标识，并用文字或图例标明操作使用方法；疏散通道、安全出口和消防安全重点部位等处应当设置消防警示、提示标识；主要消防设施设备上应当张贴记载维护保养、检测情况的卡片或者记录。

（4）故障消除及报修。值班、巡查、检查时发现消防设施故障的，应将其如实记录下来，并报相关部门的消防安全管理人。消防安全管理人接到报告后，应立即组织相关人员进行现场考察，并制定相应的整改方案。制定好方案后，应及时落实相关整改人员、资金以及时限，同时，还应制定出整改时限内问题场所的替换方案。如能现场进行整改和恢复的，就当场立即解决，不能现场解决的，应在最短时间内落实解决。在故障排除后，还应由消防安全管理人进行签字认可，将故障处理记录进行存档备案，有效保障消防设施正常运行。

（5）建立健全消防设施维护管理档案。消防设施档案是建筑消防设施维护管理的记录，具有延续性和可追溯性，是消防设施维护管理等状况的真实记录。应定期整理消防设施维护管理技术资料，按照规定期限和程序保存、销毁相关文件档案。

高校消防设施的维护管理包括值班、巡查、检测、维护保养、建档等工作，下面将从值班、巡查、检测、维护保养、建档五个方面对消防设施维护管理进行详细介绍。

## 5.2 值班

### 5.2.1 一般要求

高校建筑使用管理单位应建立值班制度。在消防控制室、消防水泵房、防排烟机房等重要的设备用房，合理安排符合从业资格条件的专业人员对消防设施实施值守、监控，负责消防设施操作控制，确保火灾情况下能按操作规程及时、正确地操作建筑消防设施。

高校制定灭火和应急疏散预案以及组织预案演练时，应将建筑消防设施的操作内容纳入其中，对操作过程中发现的问题应及时纠正。

### 5.2.2 值班制度

高校消防控制室不准挪作他用，不准设床位，不准容留其他人员。

高校消防控制室值班时间和人员应符合以下要求：

（1）实行每日24h值班制度，每班工作时间应不大于8h。每班人员应不少于2人。当班期间不准喝酒，不准酒后上班。值班人员对火灾报警控制器进行检查、接班、交班时，应填写消防控制室值班记录表。值班期间，每2h记录一次消防控制室内消防设备的运行情况，及时记录消防控制室内消防设备的火警或故障情况。

（2）消防值班人员应经消防行业特有工种职业技能鉴定合格，持有初级技能及以上等级的职业资格证书，能够熟练操作消防设施。

（3）正常工作状态下，不应将自动喷水灭火系统控制柜、消火栓系统控制柜、防烟排烟系统控制柜等消防设施控制柜设置在手动控制状态。若设置在手动控制状态时，在火灾情况下，应有迅速将手动控制状态转换为自动控制状态的可靠措施。

消防控制室值班人员接到报警信号后，应按下列程序进行处理：

（1）接到火灾报警信息后，应以最快方式确认。

（2）确认属于误报时，查找误报原因并填写高校消防设施故障维修记录表。

（3）确认属于火灾时，立即将火灾报警联动控制开关转入自动状态（处于自动状态的除外），自动喷水灭火系统控制柜、消火栓系统控制柜、防烟排烟系统控制柜等消防设施控制柜转入自动状态（处于自动状态的除外），同时拨打“119”火警电话报警。

（4）立即启动灭火和应急疏散预案，同时报告消防安全责任人，消防安全责任人接到报告后应立即赶赴现场。

消防控制室火灾报警紧急处理程序流程如图 5-1 所示。

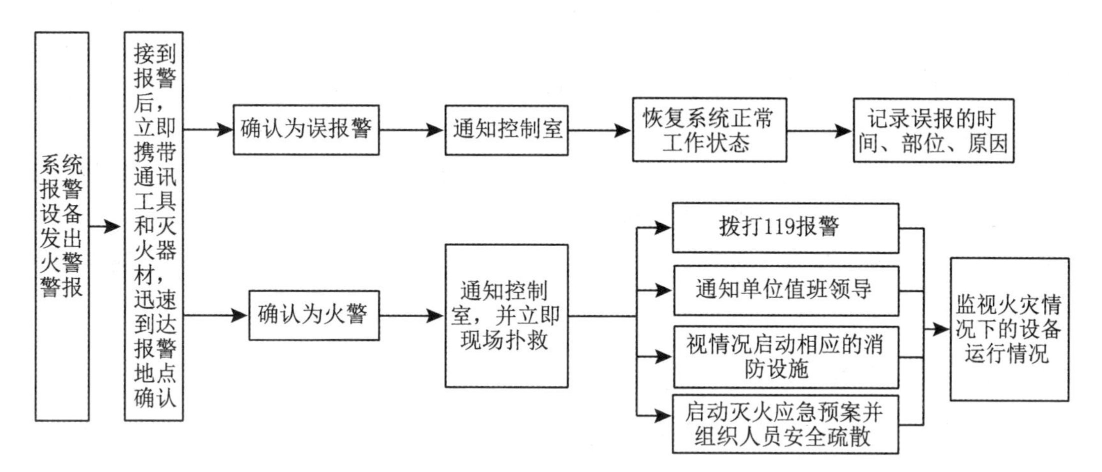


图 5-1　消防控制室火灾报警紧急处理程序流程图

## 5.3　日常巡查

### 5.3.1　一般要求

高校单位应当将下列单位（部位）列为消防安全重点单位（部位）：

（1）学生宿舍、食堂（餐厅）、教学楼、校医院、体育场（馆）、会堂（会议中心）、超市（市场）、宾馆（招待所）、托儿所、幼儿园，以及其他文体活动、公共娱乐等人员密集场所；

（2）学校网络、广播电台、电视台等传媒部门和驻校内邮政、通信、金融等单位；

（3）车库、油库、加油站等部位；

（4）图书馆、展览馆、档案馆、博物馆、文物古建筑；

（5）供水、供电、供气、供热等系统；

（6）易燃易爆等危险化学物品的生产、充装、储存、供应、使用部门；

（7）实验室、计算机房、电化教学中心和承担国家重点科研项目或配备有先进精密仪器设备的部位，监控中心、消防控制中心；

（8）学校保密要害部门及部位；

（9）高层建筑及地下室、半地下室；

（10）建设工程的施工现场，以及有人员居住的临时性建筑；

（11）其他发生火灾可能性较大，以及一旦发生火灾可能造成重大人身伤亡或者财产损失的单位（部位）。

防火巡查是消防设施维护管理工作的重要内容之一。通过消防巡查，可及时发现、消除火灾隐患，纠正、制止违章行为，避免和减少火灾的发生。

高校内消防重点单位（部位）消防设施巡查频次应满足每日巡查一次，食堂、体育场馆、会堂等场所在使用期间应满足至少每 2h 巡查一次。若遇重大节日或公共活动，应在活动前及活动期间每 2h 组织一次综合巡查，将部分或全部消防设施巡查纳入综合巡查内容；重大节日或公共活动结束后，也应进行一次综合巡查，清除遗留火种，杜绝火灾隐患。校医院、学生宿舍、公共教室、实验室、文物古建筑等应加强夜间巡查。

从事消防设施巡查的人员应经消防行业特有工种职业技能鉴定合格，持有初级技能及以上等级的职业资格证书，能够熟练操作消防设施。

高校消防设施巡查人、消防安全责任人或消防安全管理人应签名确认每日巡查记录情况。

### 5.3.2　巡查内容和要求

高校单位消防巡查项目主要包括：火灾自动报警系统、消防供水设施、消火栓（消防炮）灭火系统、自动喷水灭火系统、防排烟系统、应急照明和疏散指示标志、防火分隔设施等。

高校单位消防设施巡查是针对各类消防设施直观属性的检查，消防设施巡查内容主要包括消防设施设置场所的环境状况、消防设施及组件的外观、消防设施运行状态等，一般采用眼观的方式就可以满足要求。

消防设施巡查内容和要求如下：

1）消防供配电设施

针对高校建筑的消防供配电设施，其具体巡查内容以及巡查要求见表 5-1。

表 5-1　**消防供配电设施巡查内容和巡查要求**

| 序号 | 巡 查 内 容 | 巡 查 要 求 |
|---|---|---|
| 1 | 消防电源主电源、备用电源工作状态 | 消防电源主电源投入运行，工作状态指示灯显示正常，备用电源处于备用状态，状态指示灯显示正常 |
| 2 | 发电机启动装置外观及工作状态、发电机燃料储量、储油间环境 | 发电机启动装置外观正常，工作状态指示灯显示正常。储油间通风良好 |
| 3 | 消防配电房、UPS 电池室、发电机房环境 | 对运行中能够产生火花、电弧和高温危险的电气设备和装置不应放置在易燃易爆危险场所 |
| 4 | 消防设备末端配电箱切换装置工作状态 | 消防设备末端配电箱切换装置工作正常 |

2）火灾自动报警系统

针对高校建筑火灾自动报警系统，其具体巡查内容以及巡查要求见表5-2。

表5-2 **火灾自动报警系统巡查内容和巡查要求**

| 序号 | 巡查内容 | 巡查要求 |
|---|---|---|
| 1 | 火灾探测器、手动报警按钮、信号输入模块、输出模块外观及运行状态 | 火灾探测器、手动报警按钮、信号输入模块、输出模块外观完好，面板无破损，安装牢固，工作指示灯无异常亮灯指示，手动报警按钮前无堵塞物品 |
| 2 | 火灾报警控制器、火灾显示盘、CRT图形显示器运行状况 | 火灾报警控制器、火灾显示盘、CRT图形显示器工作指示灯无异常亮灯指示 |
| 3 | 消防联动控制器外观及运行状况 | 消防联动控制器工作指示灯无异常亮灯指示 |
| 4 | 火灾报警装置外观 | 火灾报警装置外观完好 |
| 5 | 建筑消防设施远程监控、信息显示、信息传输装置外观及运行状况 | 建筑消防设施远程监控、信息显示、信息传输装置外观完好，工作指示灯无异常亮灯指示 |
| 6 | 系统接地装置外观 | 系统接地装置外观完好 |
| 7 | 消防控制室工作环境 | 消防控制室保持通风顺畅 |

火灾自动报警系统常见故障及处理方法见表5-3。

表5-3 **火灾自动报警系统常见故障及处理方法**

| 序号 | 常见故障 | 产生的原因 | 处理方法 |
|---|---|---|---|
| 1 | 探测器误报警或被障碍物遮挡 | 环境湿度大、风速大、粉尘大、机械振动、使用时间长及人为因素 | 根据安装环境选择适当灵敏度的探测器，安装时应避开风口及风速较大的通道，根据情况清洗和更换探测器 |
| 2 | 手动报警按钮误报警、手动报警按钮故障 | 按钮使用时间长、按钮人为损坏 | 定期检查，损坏的及时更换 |
| 3 | 报警控制器故障 | 机械本身器件损坏或外接探测器、手动报警按钮故障 | 用仪表或自身诊断程序判断检查机械本身，排除故障 |
| 4 | 线路故障 | 绝缘层损坏、接头松动、环境湿度大，造成绝缘下降 | 用仪表检查绝缘程度，检查接头情况，接线时采用焊接、塑封等工艺 |

3）电气火灾监控系统

针对高校建筑电气火灾监控系统，其具体巡查内容以及巡查要求见表5-4。

表 5-4　　**电气火灾监控系统巡查内容和巡查要求**

| 序号 | 巡查内容 | 巡查要求 |
| --- | --- | --- |
| 1 | 电气火灾监控探测器的外观及工作状态 | 电气火灾监控探测器外观完好，安装牢固，工作正常，无异常指示灯亮 |
| 2 | 报警主机外观及运行状态 | 报警主机外观完好，无损坏，工作正常，无异常指示灯亮 |

4）可燃气体探测报警系统

针对高校建筑可燃气体探测报警系统，其具体巡查内容以及巡查要求见表 5-5。

表 5-5　　**可燃气体探测报警系统巡查内容和巡查要求**

| 序号 | 巡查内容 | 巡查要求 |
| --- | --- | --- |
| 1 | 可燃气体探测器的外观及工作状态 | 可燃气体探测器外观完好，安装牢固，工作正常，无异常指示灯亮 |
| 2 | 报警主机外观及运行状态 | 报警主机外观完好，无损坏，工作正常，无异常指示灯亮 |

5）消防供水设施

针对高校建筑消防供水设施，其具体巡查内容以及巡查要求见表 5-6。

表 5-6　　**消防供水设施巡查内容和巡查要求**

| 序号 | 巡查内容 | 巡查要求 |
| --- | --- | --- |
| 1 | 消防水池、消防水箱外观、液位显示装置外观及运行状况、天然水源水位、水量、水质情况、进户管外观 | 消防水池、消防水箱外观完好，消防水池的水位器在正常位置，消防水箱保持满水，溢水口不冒水，天然水源水位、水量正常，水质不浑浊，进户管外观良好 |
| 2 | 消防水泵及控制柜工作状态 | 消防水泵、控制柜外观无损坏，控制箱电源指示灯和停止指示灯亮，转换开关指向自动位置 |
| 3 | 稳压泵、增压泵、气压水罐及控制柜工作状态 | 稳压泵、增压泵、气压水罐及控制柜和管道外观无损坏，控制箱电源指示灯亮，控制开关指向自动位置，选择开关指向 1#泵或 2#泵 |
| 4 | 水泵接合器外观、标识 | 水泵接合器外观正常，标识清晰 |
| 5 | 系统减压、泄压装置、测试装置、压力表等外观及运行状况 | 系统减压、泄压装置、测试装置、压力表等外观完好，无损坏，运行状况良好 |
| 6 | 管网控制阀门启闭状态 | 水泵主管蝶阀和泄水阀应该在“开”的位置，回水阀应该在“关”的位置 |
| 7 | 泵房照明、排水等工作环境 | 水泵房保持干燥、整洁，通风顺畅，排水正常 |

消防供水设施常见故障及处理方法见表5-7。

表5-7 **消防供水设施常见故障及处理方法**

| 序号 | 常见故障 | 产生的原因 | 处理方法 |
|---|---|---|---|
| 1 | 消防水泵及控制柜未设置在自动状态 | 人为因素或控制柜转换开关故障 | 将其调整到自动状态或检查控制柜转换开关有无故障，并进行消除 |
| 2 | 水泵接合器生锈、标识不清晰 | 使用时间长或未定期进行保养 | 及时更换，定期维护保养 |
| 3 | 蝶阀和泄水阀处于关闭位置、回水阀处于打开位置 | 人为因素 | 进行打开或关闭调整 |

6）消火栓灭火系统

针对高校建筑消火栓灭火系统，其具体巡查内容以及巡查要求见表5-8。

表5-8 **消火栓灭火系统巡查内容和巡查要求**

| 序号 | 巡查内容 | 巡查要求 |
|---|---|---|
| 1 | 室内消火栓、消防卷盘外观及配件完整情况、屋顶实验消火栓外观及配件完整情况、压力显示装置外观及状态显示 | 室内消火栓外观和内部卫生整洁、无锈蚀，配件齐全，消防栓前无堵塞物 |
| 2 | 室外消火栓外观、地下消火栓标识、栓井环境 | 室外消火栓外观完好，地下消火栓标识清晰，栓井周围环境良好 |
| 3 | 启闭按钮外观 | 启泵按钮外观完好，安装牢固，指示灯无异常亮灯 |

消火栓灭火系统常见故障及处理方法见表5-9。

表5-9 **消火栓灭火系统常见故障及处理方法**

| 序号 | 常见故障 | 产生的原因 | 处理方法 |
|---|---|---|---|
| 1 | 消火栓箱门损坏 | 人为或使用时间长 | 及时处理或更换 |
| 2 | 消防水带随意放置 | 巡查不到位 | 加强巡查力度 |
| 3 | 消防泵控制柜处于手动状态 | 人为、控制柜转换开关故障 | 将其调整到自动状态或检查控制柜转换开关有无故障，并进行消除 |

7）自动喷水灭火系统

针对高校建筑自动喷水灭火系统，其具体巡查内容以及巡查要求见表5-10。

表 5-10　　自动喷水灭火系统巡查内容和巡查要求

| 序号 | 巡 查 内 容 | 巡 查 要 求 |
| --- | --- | --- |
| 1 | 喷头外观及距周边障碍物或保护对象的距离 | 喷头外观完好，周围无障碍物影响喷射 |
| 2 | 报警阀组外观、试验阀门状况、排水设施状况、压力显示值 | 报警阀组外观良好，试验阀门状况良好，排水设施正常，压力显示正常 |
| 3 | 充气设备及控制装置、排气设备及控制装置、火灾探测传动及现场手动控制装置外观及运行状况 | 充气设备及控制装置、排气设备及控制装置、火灾探测传动及现场手动控制装置外观良好，运行正常 |
| 4 | 楼层或区域末端试验阀门处压力值及现场环境，系统末端试验装置外观及现场环境 | 楼层或区域末端试验阀门处压力值正常，系统末端试验装置外观完好，现场环境良好 |

自动喷水灭火系统常见故障及处理方法见表 5-11。

表 5-11　　自动喷水灭火系统常见故障及处理方法

| 序号 | 常见故障 | 产生的原因 | 处 理 方 法 |
| --- | --- | --- | --- |
| 1 | 稳压装置频繁启动 | 湿式装置前端有泄漏，闭式喷头泄漏，末端泄放装置没有关好 | 检查喷头、末端泄放装置，找出泄漏点进行处理 |
| 2 | 水流指示器在水流动作后不报信号 | 水流指示器本身问题、永久磁铁不起作用 | 检查浆片是否损坏或塞死不动，检查永久性磁铁等 |
| 3 | 喷头动作后或末端泄放装置打开，泵后管道前端无水 | 湿式报警装置的蝶阀不动作，湿式报警装置不能将水送到前端管道 | 检查湿式报警装置，主要是蝶阀，直到灵活翻转，再检查湿式装置的其他部件 |
| 4 | 联动信号发出，喷淋泵不动作 | 消防泵启动柜连线松动或器件失灵，也可能是喷淋泵本身机械故障 | 检查各连线及水泵本身 |

8）气体灭火系统

针对高校建筑气体灭火系统，其具体巡查内容以及巡查要求见表 5-12。

表 5-12　　气体灭火系统巡查内容和巡查要求

| 序号 | 巡 查 内 容 | 巡 查 要 求 |
| --- | --- | --- |
| 1 | 气体灭火控制器外观、工作状态 | 气体灭火系统各种组件外观完好、整洁、安装牢固，有足够的操作空间 |
| 2 | 储瓶间环境，气体瓶组或储罐外观，检漏装置外观、运行状况 | 储瓶间环境通风良好，气体瓶组或储罐外观完好，检漏装置外观完好、运行状况正常 |
| 3 | 容器阀、选择阀、驱动装置等组件外观 | 容器阀、选择阀、驱动装置等组件外观完好 |
| 4 | 紧急启/停按钮外观，喷嘴外观、防护区状况 | 紧急启停按钮工作指示灯长亮，喷洒方向指向“禁止”位置，控制方向指向“手动”位置 |

续表

| 序号 | 巡查内容 | 巡查要求 |
| --- | --- | --- |
| 5 | 预制灭火装置外观、设置位置、控制装置外观及运行状况 | 预制灭火装置外观完好、设置位置正确、控制装置外观及运行状况良好 |
| 6 | 放气指示灯及警报器外观 | 灭火控制室工作指示灯长亮，喷洒方向指向“禁止”位置，控制方向指向“手动”位置，声光报警和喷头外观完好，安装牢固 |
| 7 | 低压二氧化碳系统制冷装置、控制装置、安全阀等组件外观、运行状况 | 低压二氧化碳系统制冷装置、控制装置正常、安全阀等组件外观完好、运行正常 |

9）防烟、排烟系统

针对高校建筑防烟、排烟系统，其具体巡查内容以及巡查要求见表5-13。

表5-13　**防烟、排烟系统巡查内容和巡查要求**

| 序号 | 巡查内容 | 巡查要求 |
| --- | --- | --- |
| 1 | 送风阀外观 | 送风阀、排烟阀及其控制装置外观完好、阀片密闭良好 |
| 2 | 送风机及控制柜外观及工作状态 | 送风机、控制柜外观完好，控制柜电源指示灯和停止指示灯亮，转换开关指向自动位置 |
| 3 | 挡烟垂壁及其控制装置外观及工作状况、排烟阀及其控制装置外观 | 挡烟垂壁及其控制装置外观无损坏 |
| 4 | 电动排烟窗、自然排烟设施外观 | 电动排烟窗、自然排烟窗外观完好，无损坏 |
| 5 | 排烟机及控制柜外观及工作状况 | 排烟机及控制柜外观完好、工作正常 |
| 6 | 送风、排烟机房环境 | 送风、排烟机房保持干燥，通风良好 |

防烟、排烟系统常见故障及处理方法见表5-14。

表5-14　**防烟、排烟系统常见故障及处理方法**

| 序号 | 常见故障 | 产生的原因 | 处理方法 |
| --- | --- | --- | --- |
| 1 | 排烟阀打不开 | 排烟机控制机械失灵，电磁铁不动作或机械锈蚀 | 检查操作机构是否锈蚀，是否有卡住现场，检查电磁铁是否工作正常 |
| 2 | 排烟阀手动打不开 | 手动控制装置卡死或拉筋线松动 | 检查手动操作机构 |
| 3 | 排烟机不启动 | 排烟机控制系统器件失灵或连线松动，机械故障 | 检查机械系统及控制部分各器件系统连线等 |

10）应急照明和疏散指示系统

针对高校建筑应急照明和疏散指示系统，其具体巡查内容以及巡查要求见表 5-15。

表 5-15　**应急照明和疏散指示系统巡查内容和巡查要求**

| 序号 | 巡 查 内 容 | 巡 查 要 求 |
| --- | --- | --- |
| 1 | 应急照明外观、工作状态 | 应急照明灯具外观完好，安装牢固，平时应在熄灭状态，电源或充电指示灯亮，故障指示灯不亮 |
| 2 | 疏散指示标志外观、工作状态 | 疏散指示标志灯外观完好，安装牢固，无遮挡，平时应在点亮状态，主电或充电指示灯亮，故障指示灯不亮 |

应急照明和疏散指示系统常见故障及处理方法见表 5-16。

表 5-16　**应急照明和疏散指示系统常见故障及处理方法**

| 序号 | 常见故障 | 产生的原因 | 处 理 方 法 |
| --- | --- | --- | --- |
| 1 | 应急照明灯具故障 | 灯具本身故障、线路故障 | 检查灯具及线路 |
| 2 | 疏散指示标志故障 | 灯具本身故障、线路故障 | 检查灯具及线路 |

11）应急广播系统

针对高校建筑应急广播系统，其具体巡查内容以及巡查要求见表 5-17。

表 5-17　**应急广播系统巡查内容和巡查要求**

| 序号 | 巡 查 内 容 | 巡 查 要 求 |
| --- | --- | --- |
| 1 | 扬声器外观 | 扬声器外观完好，安装牢固，播放广播时有声音且音量正常 |
| 2 | 消防广播主机 | 消防广播主机能正常播放应急广播或音乐，通过话筒能正常喊话 |
| 3 | 功放、卡座、分配盘外观及工作状态 | 消防广播功放机主、备电指示正常，播音时音量指示灯正常闪烁，无过载或故障指示、卡座、分配盘外观完好，工作状态正常 |

应急广播系统常见故障及处理方法见表 5-18。

表 5-18　**应急广播系统常见故障及处理方法**

| 序号 | 常见故障 | 产生的原因 | 处 理 方 法 |
| --- | --- | --- | --- |
| 1 | 广播无声 | 扩音机无输出 | 检查扩音机本身 |
| 2 | 个别部位广播无声 | 扬声器有损坏或连线有松动 | 检查扬声器及接线 |

续表

| 序号 | 常见故障 | 产生的原因 | 处理方法 |
| --- | --- | --- | --- |
| 3 | 不能强制切换到应急广播 | 切换模块的继电器不动作引起 | 检查继电器线圈及触点 |
| 4 | 对讲机不能正常通话 | 对讲机本身故障，对讲电话插孔接线松动或线路损坏 | 检查对讲机电话及插孔本身，检查线路 |

12）消防专用电话

针对高校建筑消防专用电话，其具体巡查内容以及巡查要求见表5-19。

表5-19　**消防专用电话巡查内容和巡查要求**

| 序号 | 巡查内容 | 巡查要求 |
| --- | --- | --- |
| 1 | 消防电话主机外观、工作状况 | 消防电话主机外观完好，无异常指示灯亮 |
| 2 | 分机电话外观、电话插孔外观、插孔电话机外观 | 分机电话、电话插孔、插孔电话机外观完好，安装牢固 |

13）防火分隔设施

针对高校建筑防火分隔设施，其具体巡查内容以及巡查要求见表5-20。

表5-20　**防火分隔设施巡查内容和巡查要求**

| 序号 | 巡查内容 | 巡查要求 |
| --- | --- | --- |
| 1 | 防火窗外观及固定情况 | 防火门、防火窗门扇及门窗无变形，开、关顺畅 |
| 2 | 防火门外观及配件完整性，防火门启闭状况及周围环境 | 防火门门扇、闭门器和脱扣器完整，常闭式防火门处于关闭状态，周围无障碍物 |
| 3 | 电动型防火门控制装置外观及工作状态 | 闭门器关门能力正常、常开式防火门的电动闭门器复位开关应该在“复位”位置。脱扣器应该正常扣门，控制模块无异常亮灯 |
| 4 | 防火卷帘外观及配件完整性，防火卷帘控制装置外观及工作状况 | 防火卷帘控制线外观完好，安装牢固，电源指示灯亮。开关盒、卷帘防火布完好，升降槽无变形。通过开关盒内按钮能正常升、降卷帘，无卡槽现象，防火卷帘下方无杂物。对应的控制模块无异常亮灯指示 |
| 5 | 防火墙外观、防火阀外观及工作状况 | 防火墙外观完好，防火阀阀片密闭良好，工作正常 |
| 6 | 防火封堵外观 | 强电间、弱电间及空调水井等在每层楼板处防火封堵完好 |

防火分隔设施常见故障及处理方法见表5-21。

表 5-21　　防火分隔设施常见故障及处理方法

| 序号 | 常见故障 | 产生的原因 | 处理方法 |
| --- | --- | --- | --- |
| 1 | 防火门损坏或被上锁 | 人为或使用时间长 | 及时处理、更换或维修 |
| 2 | 常闭防火门未关闭 | 人为或防火门损坏 | 关闭防火门或检查防火门是否损坏 |
| 3 | 防火卷帘底下堆放杂物 | 下降或上升按钮问题，接触器触头及线圈问题，限位开关问题 | 检查下降或上升按钮，或下降或上升接触器触头开关及线圈，查限位开关等 |

14）消防电梯

针对高校建筑消防电梯，其具体巡查内容以及巡查要求见表 5-22。

表 5-22　　消防电梯巡查内容和巡查要求

| 序号 | 巡查内容 | 巡查要求 |
| --- | --- | --- |
| 1 | 紧急按钮外观，轿厢内电话外观 | 消防电梯紧急按钮、轿厢内电话外观完好，无损坏 |
| 2 | 电梯井排水设施外观及工作状况 | 电梯井排水设施外观正常，工作正常 |
| 3 | 消防电梯工作状态 | 消防电梯能正常工作 |

15）灭火器

针对高校建筑灭火器，其具体巡查内容以及巡查要求见表 5-23。

表 5-23　　灭火器巡查内容和巡查要求

| 序号 | 巡查内容 | 巡查要求 |
| --- | --- | --- |
| 1 | 灭火器外观 | 灭火器外观无明显损伤和缺陷，保险装置的铅封（塑料带、线封）完好无损 |
| 2 | 灭火器数量 | 灭火器数量符合配置安装要求，每个设置点数量不多于 5 具，每个配置单元内不少于 2 具 |
| 3 | 灭火器压力值、维修标示 | 灭火器压力表指向绿区，经维修的灭火器，维修标识符合规定 |
| 4 | 设置位置状况 | 灭火器配置点设在明显、便于灭火器取用、附近无障碍物、不得影响安全疏散的地点；设置在室外的，设有防湿、防寒、防晒等保护措施；设置在潮湿性场所的，设有防湿、防腐蚀措施 |

灭火器常见故障及处理方法见表 5-24。

表 5-24　　**灭火器常见故障及处理方法**

| 序号 | 常见故障 | 产生的原因 | 处 理 方 法 |
| --- | --- | --- | --- |
| 1 | 灭火器指针未指示在绿色范围内 | 灭火器超压或压力不够 | 更换或维修 |
| 2 | 灭火器锈蚀 | 使用时间长或未采取防护措施 | 更换或维修 |
| 3 | 灭火器铭牌朝外放置 | 人为造成 | 调整灭火器铭牌向外放置 |

16）其他

针对高校建筑其他消防设施，其具体巡查内容以及巡查要求见表 5-25。

表 5-25　　**其他巡查内容和巡查要求**

| 序号 | 巡 查 内 容 | 巡 查 要 求 |
| --- | --- | --- |
| 1 | 消防车道 | 消防车道无堆放物品、被锁闭、停放车辆等，影响畅通。消防车道无挖坑、刨沟等行为，影响消防车辆通行，消防车道上无搭建临时建筑行为 |
| 2 | 疏散楼梯 | 疏散楼梯、疏散走道无障碍物堆放、堵塞通道、影响疏散 |
| 3 | 逃生自救设施 | 逃生自救设施外观良好，未被挪作他用 |
| 4 | 消防安全标示 | 消防安全标示清晰，未被障碍物遮挡 |
| 5 | 用火用电管理 | 用火用电管理标识清晰，未被其他障碍物遮挡 |

## 5.4 消防设施检测

高校建筑使用管理单位自身一般不具备消防设施检测能力，需与消防设备生产厂家、消防设施施工安装单位等有检测能力及相应资质的单位签订消防设施检测合同，每年委托消防设施检测机构进行一次全面检查测试，及时维修损坏设施或更换过期产品，确保消防设施完好有效，并将检测报告存档。本章节主要对消防设施检测的一般要求和内容进行讲解。

### 5.4.1 一般要求

高校建筑使用管理单位应当按照国家、行业标准配备消防设施、器材，并依照规定进行检测，确保完好有效。消防设施检测频次应满足每年至少全面检测一次。若遇重大节日或公共活动，高校建筑使用管理单位应根据当地公安机关消防机构的要求对消防设施安排一次检测。

从事消防设施检测的人员应经消防行业特有工种职业技能鉴定合格，持有高级技能以上等级的职业资格证书，有多年从事消防设施检测经历，检测技术服务优良，有较好的顾客满意度。

高校消防设施检测人、消防安全责任人或消防安全管理人应签名确认检测结论。检测单位还应盖单位公章对其检测结论予以确认。

### 5.4.2　检测内容

高校消防检测内容主要包括火灾自动报警系统、消火栓灭火系统、自动喷水灭火系统、防烟排烟系统、应急照明和疏散指示标志等。

（1）消防供配电设施的检测内容主要包括消防配电柜、自备发电机组、应急电源、储油设施和联动试验，详见表 5-26。

表 5-26　**消防供配电设施检测内容**

| 检测项目 | | 检 测 内 容 |
|---|---|---|
| 消防供电配电 | 消防配电柜 | 试验主、备电切换功能；消防电源主、备电源供电能力测试 |
| | 自备发电机组 | 试验发电机自动、手动启动功能，试验发电机启动电源充、放电功能 |
| | 应急电源 | 试验应急电源充、放电功能 |
| | 储油设施 | 核对储油量 |
| | 联动试验 | 试验非消防电源的联动切断功能 |

（2）火灾自动报警系统的检测内容主要包括火灾探测器、手动报警按钮、监管装置、警报装置、报警控制器、消防联动控制器和远程监控系统，详见表 5-27。

表 5-27　**火灾自动报警系统检测内容**

| 检测项目 | | 检 测 内 容 |
|---|---|---|
| 火灾自动报警系统 | 火灾探测器 | 试验报警功能 |
| | 手动报警按钮 | 试验报警功能 |
| | 监管装置 | 试验监管装置报警功能、屏蔽信息显示功能 |
| | 警报装置 | 试验警报功能 |
| | 报警控制器 | 试验火警报警、故障报警、火警优先、打印机打印、自检、消音等功能，火灾显示盘和 CRT 显示器的报警、显示功能 |
| | 消防联动控制器 | 试验联动控制器及控制模块的手动、自动联动控制功能，试验控制器显示功能，试验电源部分主、备电源切换功能，备用电源充、放电功能 |
| | 远程监控系统 | 试验信息传输装置显示、传输功能，试验监控主机信息显示、警告处理、派单、接单、远程开锁等功能，试验电源部分主、备电源切换，备用电源充、放电功能 |

（3）消防供水设施的检测内容主要包括消防水池、消防水箱、稳（增）压泵及气压水罐、消防水泵及控制柜、水泵接合器和阀门，详见表 5-28。

表 5-28 **消防供水设施检测内容**

| 检测项目 | | 检 测 内 容 |
|---|---|---|
| 消防供水设施 | 消防水池 | 核对储水量、自动进水阀进水功能，液位检测装置报警功能 |
| | 消防水箱 | 核对储水量、自动进水阀进水功能，模拟消防水箱出水，测试消防水箱供水能力、液位加测装置报警功能 |
| | 稳（增）压泵及气压水罐 | 模拟系统渗漏，测试稳压泵、增压泵及气压水罐稳压、增压能力，自动启泵、停泵及联动启动主泵的压力工况，主、备泵切换功能 |
| | 消防水泵及控制柜 | 试验手动/自动启泵功能和主、备泵切换功能，利用测试装置测试消防泵供水时的流量和压力 |
| | 水泵接合器 | 利用消防车或机动泵测试其供水能力 |
| | 阀门 | 试验控制阀门启闭功能、减压装置减压功能 |

（4）消火栓灭火系统的检测内容主要包括室内消火栓、消防水喉、室外消火栓、消防炮、气泵按钮和联动控制功能，详见表 5-29。

表 5-29 **消火栓灭火系统检测内容**

| 检测项目 | | 检 测 内 容 |
|---|---|---|
| 消火栓灭火系统 | 室内消火栓 | 试验屋顶消火栓出水压力、静压及水质，测试室内消火栓静压 |
| | 消防水喉 | 射水试验 |
| | 室外消火栓 | 试验室外消火栓出水及静压 |
| | 消防炮 | 试验消防炮手动、遥控操作功能，试验手动按钮启泵功能、消防炮出水功能 |
| | 启泵按钮 | 试验远距离启泵功能及信号指示功能 |
| | 联动控制功能 | 自动方式下，分别利用远距离启泵按钮、消防联动控制盘控制按钮启动消防水泵，测试最不利点消火栓、消防炮出水压力及流量；具有火灾探测控制功能的消防炮系统，应模拟自动启动 |

（5）自动喷水灭火系统的检测内容主要包括报警阀组、末端试水装置、水流指示器、探测、控制装置、充、排气装置和联动控制功能，详见表 5-30。

表 5-30 **自动喷水灭火系统检测内容**

| 检测项目 | | 检 测 内 容 |
|---|---|---|
| 自动喷水灭火系统 | 报警阀组 | 试验报警阀组试验排放阀排水功能，压力开关、水力警铃报警功能 |
| | 末端试水装置 | 试验末端放水测试工作压力、水流指示器、压力开关动作信号、水质情况，楼层末端试验阀功能试验 |

续表

| 检测项目 | | 检 测 内 容 |
|---|---|---|
| 自动喷水灭火系统 | 水流指示器 | 核对反馈信号 |
| | 探测、控制装置 | 测试火灾探测传动装置的火灾探测及控制功能、手动控制装置控制功能 |
| | 充、排气装置 | 测试充气、排气装置充、排气功能 |
| | 联动控制功能 | 在系统末端放水或排气，进行系统联动功能试验，测试水流指示器、压力开关、水力警铃功能；具有火灾探测传动控制功能应模拟系统自动启动 |

（6）气体灭火系统的检测内容主要包括瓶组与储罐、检漏装置、紧急启/停功能、启动装置、选择阀、联动控制功能、通风换气设备和备用瓶切换，详见表 5-31。

表 5-31　**气体灭火系统检测内容**

| 检测项目 | | 检 测 内 容 |
|---|---|---|
| 气体灭火系统 | 瓶组与储罐 | 核对灭火剂储存量主、备瓶组切换试验 |
| | 检漏装置 | 测试称重、检漏报警功能 |
| | 紧急启/停功能 | 测试紧急启动/停止按钮的紧急功能 |
| | 启动装置、选择阀 | 测试启动装置、选择阀手动启动功能 |
| | 联动控制功能 | 以自动方式进行模拟喷气试验，检验系统报警、联动功能 |
| | 通风换气设备 | 测试通风换气功能 |
| | 备用瓶切换 | 测试主、备瓶组切换功能 |

（7）机械加压送风系统的检测内容主要包括送风口、送风机、送风量、风速、风压和联动控制功能，详见表 5-32。

表 5-32　**机械加压送风系统检测内容**

| 检测项目 | | 检 测 内 容 |
|---|---|---|
| 机械加压送风系统 | 送风口 | 测试手工/自动开启功能 |
| | 送风机 | 测试手动/自动启动、停止功能 |
| | 送风量、风速、风压 | 测试最大负荷状态下，系统送风量、风速、风压 |
| | 联动控制功能 | 通过报警联动，检查防火阀、送风自动开启和启动功能 |

（8）机械排烟系统的检测内容主要包括自动排烟设施、排烟阀、电动排烟窗、电动挡烟垂壁、排烟防火阀、排烟风机、排烟风量、风速和联动控制功能，详见表 5-33。

表 5-33　　机械排烟系统检测内容

| 检测项目 | | 检 测 内 容 |
|---|---|---|
| 机械排烟系统 | 自然排烟设施 | 测试自动排烟窗的开启面积、开启方式 |
| | 排烟阀、电动排烟窗、电动挡烟垂壁、排烟防火阀 | 测试排烟阀、电动排烟窗手动/自动开启功能，测试挡烟垂壁的释放功能，测试排烟防火阀的动作性能 |
| | 排烟风机 | 测试手动/自动启动、排烟防火阀联动停止功能 |
| | 排烟风量、风速 | 测试最大负荷状态下，系统排烟风量、风速 |
| | 联动控制功能 | 通过报警联动，检查电动挡烟垂壁、电动排烟阀、电动排烟窗的功能，检查排烟风机的性能 |

（9）应急照明系统的检测内容为应急照明电源、供电时间和自动投入功能，详见表 5-34。

表 5-34　　应急照明系统检测内容

| 检测项目 | 检 测 内 容 |
|---|---|
| 应急照明系统 | 切断正常供电，测量应急灯具照度、电源切换、充电、放电功能；测试应急电源供电时间；通过报警联动，检查应急灯具自动投入功能 |

（10）消防应急广播的检测内容主要包括扬声器、功放、卡座、分配盘和联动控制功能，详见表 5-35。

表 5-35　　消防应急广播检测内容

| 检测项目 | | 检 测 内 容 |
|---|---|---|
| 应急广播 | 扬声器 | 测试音量、音质 |
| | 功放、卡座、分配盘 | 测试卡座的播音、录音功能，测试功放的扩音功能，测试分配盘的选层广播功能，测试合用广播系统应急强制切换功能，测试主、备扩音机切换功能 |
| | 联动控制功能 | 通过报警联动，检查合用广播系统应急强制切换功能、扬声器播音质量及音量，卡座录音功能，分配盘分区及选层广播功能 |

（11）消防专用电话的检测内容为消防电话功能，详见表 5-36。

（12）防火分隔设施的检测内容主要包括防火门、防火卷帘和电动防火阀，详见表 5-37。

表 5-36　**消防专用电话检测内容**

| 检测项目 | 检测内容 |
| --- | --- |
| 消防电话 | 测试消防电话主机与电话分机、插孔电话之间通话质量，电话主机录音功能；拨打“119”功能 |

表 5-37　**防火分隔设施检测内容**

| 检测项目 | | 检 测 内 容 |
| --- | --- | --- |
| 防火分隔 | 防火门 | 测试非电动防火门的启闭功能及密封性能，测试电动防火门自动、现场释放功能及信号反馈功能，通过报警联动，检查电动防火门释放功能、喷水冷却装置的联动启动功能 |
| | 防火卷帘 | 测试防火卷帘的手动、机械应急和自动控制功能、信号反馈功能、封闭性能，通过报警联动，检查防火卷帘门自动释放功能及喷水冷却装置的联动启动功能，测试有延时功能的防火卷帘的延时时间、声光提示 |
| | 电动防火阀 | 通过报警联动，检查电动防火阀的关闭功能及密封性 |

（13）消防电梯的检测内容为消防电梯相关组件及功能，详见表 5-38。

表 5-38　**消防电梯检测内容**

| 检测项目 | 检测内容 |
| --- | --- |
| 消防电梯 | 测试首层按钮控制电梯回首层功能、消防电梯应急操作功能、电梯轿厢内消防电话通话质量、电梯井排水设备排水功能，通过报警联动，检查电梯自动迫降功能 |

（14）灭火器的检测内容为灭火器选型、压力值和性能，详见表 5-39。

表 5-39　**灭火器检测内容**

| 检测项目 | 检测内容 |
| --- | --- |
| 灭火器 | 核对选型、压力和有效期，对同批次的灭火器随机抽取一定数量进行灭火、喷射等性能试验 |

## 5.5　消防设施维护保养

高校建筑使用管理单位自身一般不具备消防设施维护保养能力，需与消防设备生产厂家、消防设施施工安装单位等有维修保养能力及相应资质的单位签订消防设施维修保养合同，每年委托消防设施维护保养机构进行一次全面检查维护保养，确保消防设施完好有效，并将维护保养报告存档，本章节主要对消防设施维护保养的一般要求和内容进行详细讲解。

### 5.5.1 一般要求

高校建筑使用管理单位应重视学校消防工作，安排消防设施维护保养经费，加大消防工作管理力度。

由于校区内消防设施项目多，每个区域内消防设施的维护保养工作时间各不相同，因此，应根据各区域内消防设施具体情况合理制订维护保养计划，维护保养计划应列明具体消防设施的名称、维护保养内容和维护保养周期。

从事消防设施维护保养的人员，应通过消防行业特有工种职业技能鉴定，持有高级技能以上等级职业资格证书，有多年从事消防设施维护保养经历，维保技术服务优良，有较好的顾客满意度。

凡依法需要计量检定的消防设施所用称重、测压、测流量等计量仪器仪表以及泄压阀、安全阀等，应按有关规定进行定期校验，并提供有效证明文件。高校应储备一定数量的建筑消防设施易损件或与有关产品厂家、供应商签订相关合同，以保证供应。

实施消防设施的维护保养时，应填写建筑消防设施维护保养记录表。高校消防设施维护保养人、消防安全责任人或消防安全管理人应签名确认维护保养记录表。维护保养单位还应盖单位公章对其维护保养结论予以确认。

### 5.5.2 维护保养项目和内容

对各自动消防系统的松脱部件进行紧固调整，并进行必要的清洁工作。对易污染、易腐蚀生锈的消防设备、管道、阀门应定期清洁、除锈、加注润滑剂。

点型感烟火灾探测器应根据产品说明书的要求定期清洗、标定；产品说明书没有明确要求的，应每两年清洗、标定一次。可燃气体探测器应根据产品说明书的要求定期进行标定。火灾探测器、可燃气体探测器的标定应由生产企业或具备资质的检测机构承担。承担标定的单位应出具标定记录。

储存灭火剂和驱动气体的压力容器应按有关气瓶安全监察规程的要求定期进行试验、标识。干粉等灭火剂应按产品说明书委托有资质单位进行包括灭火性能在内的测试。

以蓄电池作为后备电源的消防设备，应按照产品说明书的要求定期对蓄电池进行维护。同时，对于其他类型的消防设备应按照产品说明书的要求定期进行维护保养。

对于使用周期超过产品说明书标识寿命的易损件、消防设备，经检查测试已不能正常使用的灭火探测器、压力容器、灭火剂等产品设备应及时更换。

消防设施具体维护保养内容如下所述：

（1）室内消火栓系统：

①检查消火栓箱配置是否完整齐全，包括栓口的静压是否满足设计要求，栓口橡胶是否老化或脱落，检查水带是否腐烂、穿孔，等等；

②检查测试消防栓启动按钮功能，消火栓泵是否启动，报警信号及消火栓泵状态是否反馈至消防控制中心；

③检查各阀门是否处于正常工作状态，是否完好，不渗漏；

④检查消火栓系统的水泵接合器，确保其组件完整，不渗漏；

⑤定期试验消火栓，检查其喷水充实水柱长度是否满足规范要求；

⑥定期对消火栓系统管网进行全面检查，对存在腐蚀的管道进行维修或更换，对油漆脱落的管道进行重新刷漆。

（2）自动喷水灭火系统：

①检查试验楼层的末端试水装置功能是否正常；

②检查试验水流指示器动作是否灵敏，报警是否及时正确，报警信号是否反馈至消防控制室；

③检查喷淋头是否完好，是否被障碍物遮挡；

④检查管道是否完好，有无爆裂的隐患；

⑤检查各阀门是否处于正常工作状态，是否完好，不渗漏；

⑥检查自动喷水灭火系统的水泵接合器，确保其组件完整，不渗漏；

⑦检查立管顶部的自动排气阀是否工作正常；

⑧检查湿式报警阀、压力开关、水力警铃工作是否正常，喷淋泵是否启动，报警信号和启动信号是否反馈至消防控制室；

⑨定期对自动喷水灭火系统管网进行全面检查，对存在腐蚀的管道进行维修或更换，对油漆脱落的管道进行重新刷漆。

（3）火灾自动报警系统：

①用专用测试仪器分期分批次对探测器探测、报警功能进行全面测试；

②检查火灾报警控制器显示器，当有报警信号时能否正常显示；

③试验手动报警按钮，确认其是否工作及报警信号是否反馈至报警控制器；

④检查联动控制器的控制屏，确认其输入、输出功能是否显示正常，并全面清洁和保养；

⑤检查各个模块，确认其是否正常工作；

⑥检查消防电源、蓄电池的工作状态是否完好；

⑦检查接线端子是否松动、破损等；

⑧定期对备用电源进行 1~2 次充放电试验和对备用电源进行自动切换试验；

⑨定期测试消防控制室的接地电阻是否满足规范要求。

（4）气体灭火系统：

①检查气体灭火控制器功能是否正常；

②检查启瓶组压力是否满足规范要求，有无泄漏现象；

③检查手动、自动紧急启停按钮、停放气装置是否正常；

④定期对电磁阀、瓶头阀解体清洗，加油润滑；

⑤模拟感烟、感温探测器同时动作，测试通风空调是否停止，防火阀是否关闭，电磁阀是否在规定的时间内动作，控制屏是否有放气信号反馈至消防控制室等；

⑥检查启动瓶、药剂瓶有无变形、腐蚀、脱漆；

⑦检查控制管路有无变形、腐蚀、老化现场；

⑧检查气体保护区域的围护结构、开口处是否符合规范的要求。

（5）防火卷帘：

①模拟感烟、感温探测器动作，观察防火卷帘是否正常降落；

②现场试验手动控制按钮功能是否正常；

③试验防火卷帘控制器功能是否正常；

④检查防火卷帘导轨、转动机构（含链条）运转是否正常，检查卷帘叶片有无变形；

⑤检查防火卷帘联动功能是否正常，联动信号是否反馈至消防控制室。

（6）消防专用电话：

①检查消防专用电话或插孔是否完好；

②定期试验每个消防专用电话或插孔通信功能是否正常，通话语音是否清晰；

（7）消防广播：

①试验火灾应急广播的功能是否正常，是否能从普通广播正常切换到应急广播状态，广播语音是否清晰；

②检查扬声器的效果，声音是否清晰、响亮；

③定期对消防广播主机进行维护保养。

（8）应急照明和疏散指示系统：

①检查消防应急灯的外观是否完好，灯管是否烧毁，充放电是否正常；

②测试消防应急灯的蓄电量是否达到规范的要求。

（9）防火门：

①检查防火门的开启力度是否适中，闭门器有无漏油或松动；

②检查双扇防火门的关闭顺序是否正确；

③检查防火门的密封性能是否良好，钢制防火门有无生锈、脱漆现象。

（10）灭火器：

①检查灭火器（手提式、推车式）压力指针是否在绿区；

②检查灭火器外观是否完好，有无变形、锈蚀或脱漆；

③检查灭火器组件是否完整；

④检查灭火器药剂有无过期。

## 5.6 消防档案

### 5.6.1 内容

高校建筑消防设施档案应包含建筑消防设施基本情况和动态管理情况，基本情况包括建筑消防设施的验收文件和产品、系统使用说明书、系统调试记录、建筑消防设施平面布置图、建筑消防设施系统图等原始技术资料。动态管理情况包括建筑消防设施的值班记录、巡查记录、检测记录、故障维修记录以及维护保养计划表、维护保养记录、自动消防控制室值班人员基本情况档案及培训记录。

高校消防档案应当全面反映消防安全和消防安全管理情况，并根据情况变化及时更新。

### 5.6.2　保存期限

建筑消防设施的原始技术资料应长期保存。

消防控制室值班记录表和建筑消防设施巡查记录表的存档时间不应少于 1 年。

建筑消防设施检测记录表、建筑消防设施故障维修记录表、建筑消防设施维护保养计划表、建筑消防设施维护保养记录表的存档时间不应少于 5 年。

# 第6章　高校应急处置策略及预案演练

## 6.1　高校紧急事件

### 6.1.1　定义

高校被人们称为社会状态的“晴雨表”，无论从横向的世界性视角看，还是从纵向的历史视角看，高校的稳定，都是确保社会稳定的重要方面和关键所在。

近年来，随着高校持续扩招和高等教育教学改革的深入，同时受社会环境以及高校内部管理缺失问题的影响，高校内部管理、学生心理等问题突出，而各种紧急应对措施还不完善，因此，可能面临各种风险的直接冲击，校园紧急事件呈现出复杂性和多样性。高校危机管理已逐渐受到社会各界的关注，一旦高校有突发事件发生，会立刻引起社会和媒体的高度关注，成为舆论焦点。

高校紧急情况，是指由人为或自然因素引起的具有突发性，造成或可能造成人员伤亡、较大经济损失，破坏学校正常教育教学秩序，严重危害和影响社会稳定的事故、事件和灾害。学校安全紧急情况，主要分为事故、事件和灾害三大类。

事故：主要有教学事故、交通事故、火灾事故、校舍倒塌事故及其他造成人员伤亡的事故。

事件：主要有突发公共卫生事件、重大恶性群众事件、影响重大的社会治安案件以及其他危害学校正常教育教学秩序、破坏学校和社会稳定的突发性事件。

灾害：主要有暴雨、洪水、台风、雷击、地质性灾害、破坏性地震、火灾等。

研究应急管理及危机管理的学者经常用到这样一些概念：“突发事件”、“紧急事件”与“危机事件”。突发或紧急事件的发生并不一定导致危机，而危机则可能是一个或一系列突发或紧急事件所导致的结果。如果管理者对某一突发或紧急事件采取了有效措施，其后果则可被控制在预期内。

荷兰危机管理专家罗森纳尔（Rosenthal）从整个社会系统的角度定义危机，认为危机是“对一个社会系统的基本价值和行为准则机构产生严重威胁，并且在时间压力和不确定性极高的情况下必须对其做出关键政策的事件”。按照国际上的一般看法，突发事件是指社会生活中事先难以预测、带有异常性质、违反常态并在人们没有思想准备或无法知晓的情况下，猝然发生，迅速演变或激化，危及人身安全的事件。

为有效开展高校危机管理工作，正确、及时应对当前和将来可能发生的紧急事故造成的危害，必须认真了解高校紧急事件，并有针对性地开展危机管理工作。

### 6.1.2　分类

高校紧急事件的分类多种多样，但是，按照紧急事件的性质对紧急事件进行划分便于对紧急事件的管理。目前，国内关于高校紧急事件的定义并未达成共识。

1. 高校危机分类

（1）自然性危机事件（发生在高校），如地震、暴雨引起的山洪、台风、飓风、雷电、流行性传染性疾病等其他自然灾害。

（2）社会性危机事件，如大规模学潮、恐怖袭击，以及由于信仰危机、心理危机等问题引起的自我伤害及相互施暴等。

（3）高校设施性危机，如校舍损害或倒塌，由于电脑软件的使用不当、网络问题及电脑病毒引起的学校运行危机，学校的体育健康设施因维修不当、防范措施不当或长期没有维修对师生造成的伤害，等等。

（4）高校管理类危机，如领导换届、领导作风、渎职失职、财物危机、生源危机、学术腐败、教学质量下降而造成的形象危机，以及后勤管理滞后、学生集体食物中毒，治安管理松散、歹徒侵入校园，等等。

2. 突发事件分类

按照高校突发事件的性质对突发事件进行划分：

（1）政治类突发事件；

（2）自然灾害类突发事件；

（3）刑事、治安灾害类突发事件；

（4）公共卫生类突发事件；

（5）高校管理类突发事件；

（6）教学类突发事件；

（7）校园网络的突发事件；

（8）影响学校安全与稳定的其他突发公共事件。

从总体上说，按事件的性质分类，包括自然灾害、事故灾难、公共卫生事件和社会安全事件等几类，具体来说，近些年常见的高校紧急事件有以下几种：

（1）校园火灾；

（2）校园爆炸；

（3）校园大型活动公共安全事故；

（4）校园突发危险品污染；

（5）校内外溺水；

（6）房屋倒塌；

（7）恶性交通事故；

（8）自然灾害类突发事件。

### 6.1.3　特点

高校紧急事件是公共危机事件的组成部分，这一特性决定了它不仅有公共危机事件的共性——突发性、危害性，还有自己的特性——扩散性、敏感性、主体活跃性，高校大型活动紧急事件的特点及后果主要表现在以下方面：

1. 突发性

紧急事件是事物矛盾运动的结果，是事物内在矛盾由量的累积和叠加，最终演变为质变的飞跃瞬间，在量变到质变的过程中，若某件事件没有处理好，往往或成为紧急事件的导火线和突破口。因此，紧急事件必定是由某个契机引发的，它于何时、以何种形式出现，以及出现之后的发展、持续时间、所导致的后果等，均无法准确预测，一旦发生，则较为突然。

2. 危害性

不论什么原因的突发事件，都有可能造成人员伤亡及财产损失，或不同程度地给学校造成形象或声誉上的影响，同时，也会对学校师生的心理造成冲击，影响高校稳定。

3. 诱因复杂

高校人员密集，拥挤踩踏事故是最为常见的事故类型，往往也是其他事故的连带产物。引发大型活动事故的原因多种多样，如火灾、建筑物坍塌、自然灾害、人员情绪高涨等，都会引起拥挤踩踏事故。

4. 人员密集

高校内举办的文艺演出、体育比赛、集会、展览、招生和就业咨询等大型活动较多，最为显著的特征便是人员密集，即公共场所内部以及周围人口密集，是高校大型活动的特点之一。

5. 扩散性

高校自身本来就是社会舆论的关注点，事故发生后，公众的心理会受到巨大冲击，可能引起高校师生乃至整个社会群众不同程度的心理动荡。

6. 主体活跃性

高校群体大多数为身强力壮、思维活跃的青年学生，而且在高校突发性事件中，事件中心的人员在生理及心理方面都具有一定的冲击性，容易失去理智而作出过激行为，同时，由于人群存在一定的从众心理，一旦某处发生突发事故，距离事故中心稍远处的人群由于无法预知到前方事故情形，而使事态进一步发展扩大。

### 6.1.4 原因分析

高校紧急事件诱因复杂，但总的来说，其诱发因素无外乎人的因素、物的因素、环境因素及管理因素，具体见图 6-1。

## 6.2 典型高校紧急事件应急处置

学生、教师是学校的主体，他们的状态及行为直接影响着学校的声誉、整体形象与发展。所以，加强学校教师与学生的应急教育与培训工作，有利于他们在应对应急事件时不至于束手无策。

对于任何紧急事件，都应遵循“预防为主、常备不懈”的工作方针，具体从两个方面来做：一是在思想层面上加强学生、教师的思想教育，提高他们的警惕意识，在出现高

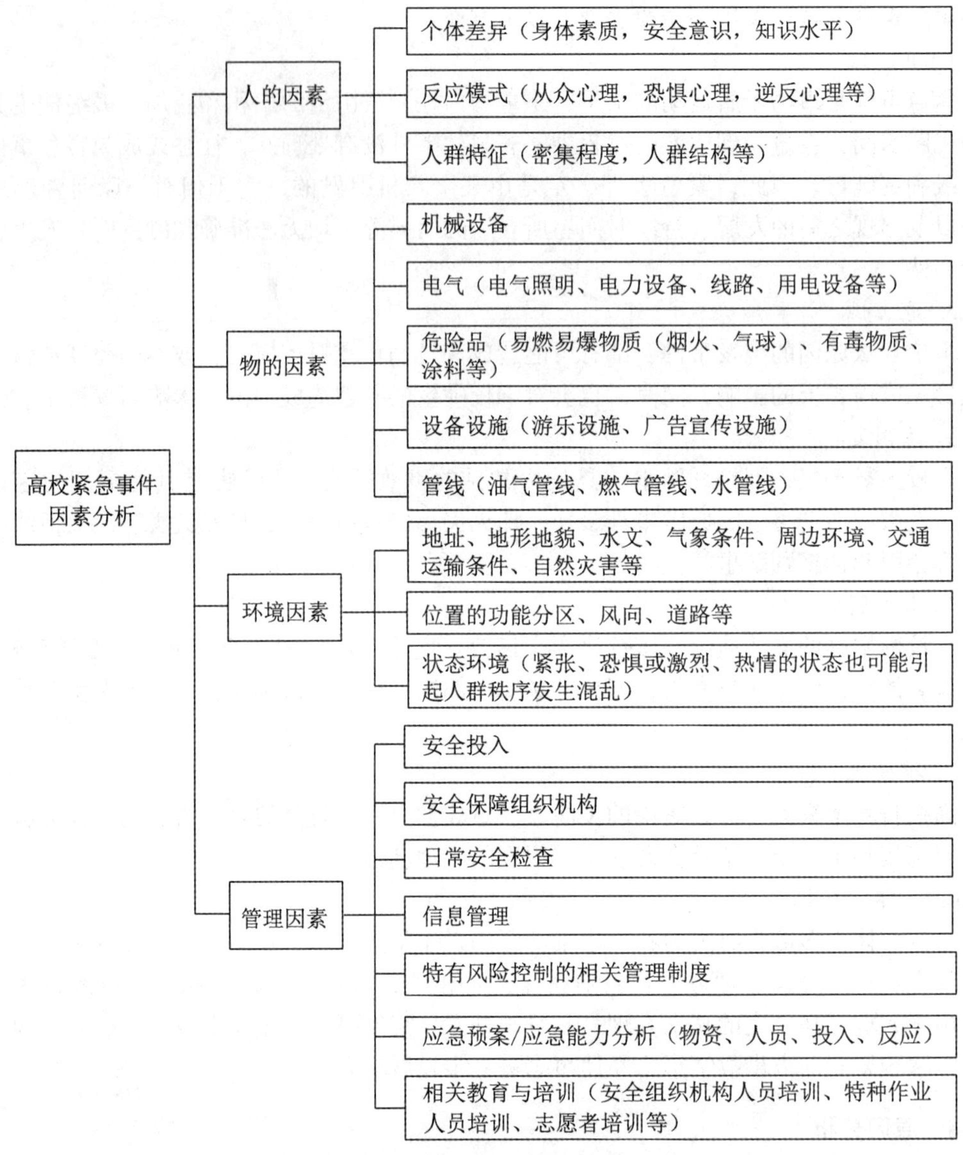


图 6-1　高校紧急事件的因素分析

校应急事件时，知道具体应该做什么；二是在具体的操作层面上，应该定期进行应急事件的模拟演练活动，按照一定的情景模式展开演练。这样不仅能够提高学生和教师的应急能力，还能强化学习应急管理意识，在出现应急事件时能够遵循学校的统一部署和安排。

自然灾害、事故灾难事件发生后，应采取的主要应急处置措施主要包括：

(1) 配合有关部门组织营救和救治受害人员，疏散、撤离并妥善安置受到威胁的人员，必要时，可报请有关部门组织医疗卫生专业队伍，赶赴现场开展医疗救治、心理抚慰等救助工作；

（2）迅速控制危险源，标明危险区域，封闭危险场所，划定警戒区，必要时报请公安等有关部门实行交通管制以及其他控制措施，确保安全通道的畅通，保证应急救援工作的顺利开展；

（3）禁止或者限制使用有关设备、设施，关闭或者限制使用有关场所，中止可能导致危害扩大的活动，以及采取其他保护措施，防止发生次生、衍生事件；

（4）配合有关部门做好受灾师生员工的基本生活保障工作，提供食品、饮用水、衣被等基本生活必需品和临时住所，确保受灾师生员工有饭吃、有水喝、有衣穿、有住处、有病能得到及时医治；

（5）启用本校储备的应急救援物资，必要时，报告当地党委政府和上级教育行政部门调用教学设备、用具以及其他应急物资；

（6）协调有关部门抢修被损坏的校舍、教学设施以及交通、通信、水电热气等公共设施，短时难以恢复的，要制定临时过渡方案，保障教学秩序及生活基本正常；

（7）在确保安全的前提下，组织教职工和大学生参加应急救援和处置工作，要求具有特定专长的教职工和学生提供相应服务。

除上述措施以外，还可以采取法律、行政法规和规章规定的其他必要措施。

### 6.2.1 高校火灾事件应急处置

本节将对几种典型的紧急事件应急处置流程进行介绍。火灾是高校校园最为常见的一种突发性事件，火灾事件发生后的应急处置流程图如图 6-2 所示。

发生火灾后，一是要及时求助消防机关与社会管理机关的救助；二是尽力扑灭初始火源；三是组织相关人员采取有序有效的自救措施，努力降低火灾危害及对人员生命财产造成的损害损失。

1. *初期火灾报警*

当发生火灾时，应视火势情况，在向周围人员报警的同时，向消防队报警，同时还要向学校领导和有关部门报告。

任何人发现火灾都应当立即报警，任何单位、个人都应当无偿为报警提供便利，不得阻拦报警，严禁谎报火警。

1）向周围人员报警

应尽量使周围人员明白什么地方着火和什么东西着火，是通知人们前来灭火，还是告诉人们紧急疏散。向灭火人员指明火点的位置；向需要疏散的人员指明疏散的通道和方向。

2）向消防队报警

直接拨打 119 火警电话。拨通电话后，要保持沉着、冷静，首先要说清楚发生火灾的单位、具体地点、靠近何处、附近有什么标志性建筑。其次要说清楚什么东西着火、火势大小以及着火的范围。若有人被困在火场内或有爆炸危险物品、放射性物质等危险因素存在时，应准确地报告。这样，消防队就可以针对不同情况，调动相应的消防车辆和装备，及时有效地投入灭火战斗。最后还要讲清报警人姓名、单位和联系电话号码，以便随时联系，并注意倾听消防队的询问，准确、简洁地给予回答。报警后，应立即派人到单位门口

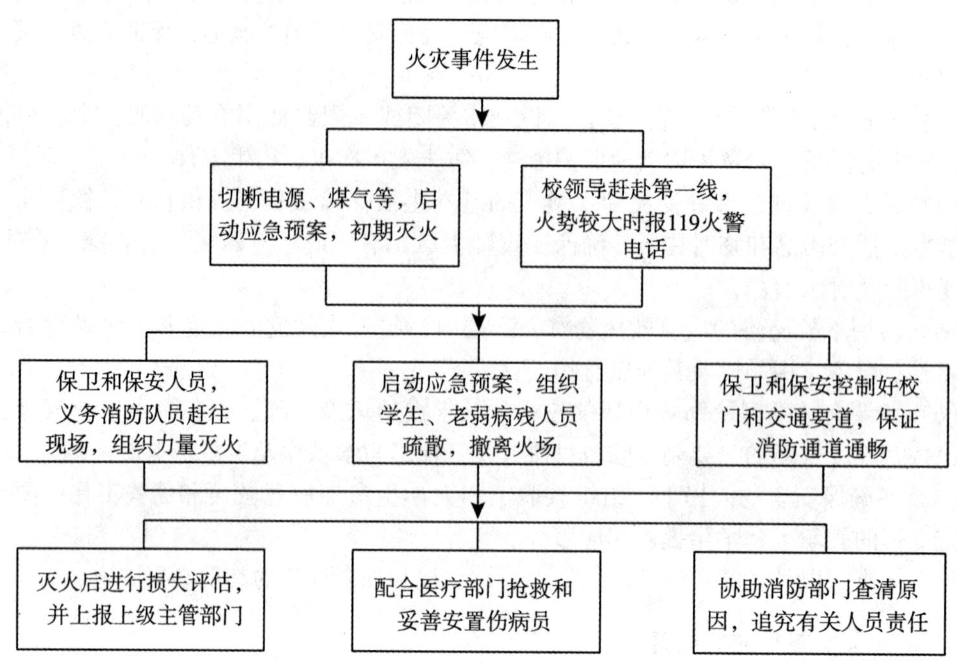


图 6-2　火灾事件发生后应急处置流程图

或交叉路口迎接消防车，并带领消防队迅速赶到火场。如消防队未到前，火势扑灭，则应及时向消防队说明火已扑灭。如图 6-3 所示。

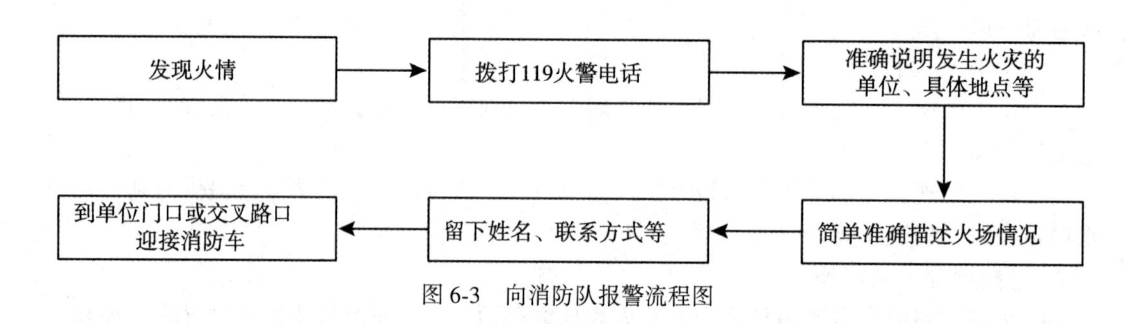


图 6-3　向消防队报警流程图

2. 初期火灾扑救

在火灾发展的初始阶段，燃烧面积不大、火焰不高、辐射热不强，火势发展比较缓慢，如发现及时、方法得当，用较少的人力和简单的灭火器材就能很快地把火扑灭，这个阶段是扑灭火灾的最佳时机。在报警的同时，要分秒必争，抓紧时间，力争把火灾消灭在初始阶段。

灭火器、消火栓（包括室外消火栓、室内消火栓、消防软管卷盘和轻便消防水龙等）是高校中人员可以用来扑救初始火灾的有效灭火工具。但是，现实中，仍有不少人因对这些消防器材和设施接触和了解不多，发生火灾时并不知道使用，不敢用或不知道怎么用，错过了扑灭火灾的最佳时机。因此，熟练掌握这些消防器材和设施的使用方法至关重要。

1）灭火器的使用

灭火器是一种可移动灭火器材，轻便灵活，使用广泛。如能应用及时，对扑灭初始火灾具有显著效果。

（1）手提式干粉灭火器。使用时，应手提手提式干粉灭火器的提把或肩扛灭火器到火场，在距燃烧处5m左右，放下灭火器，先拔出保险销，一只手握住开启压把，另一只手握在喷射软管前端的喷嘴处。如果灭火器无喷射软管，则可一手握住开启压把，另一手扶住灭火器底部的底圈部分，先将喷嘴对准燃烧处，用力握紧开启压把，对准火焰根部扫射。在使用干粉灭火器灭火的过程中要注意：如果在室外，则应尽量选择在上风方向。

（2）手提式二氧化碳灭火器。在灭火时只要将手提式二氧化碳灭火器提到火场，在距燃烧物5m左右，放下灭火器拔出保险销，一只手握住喇叭筒根部的手柄，另一只手紧握启闭阀的压把。对没有喷射软管的二氧化碳灭火器，应把喇叭筒往上扳70°~90°。灭火时，当可燃液体呈流淌状燃烧时，使用者应将二氧化碳灭火器的喷流由近而远向火焰喷射，但不能将二氧化碳射流直接冲击可燃液面，以防止将可燃液体冲出容器而扩大火势，造成灭火困难。

注意：在室外使用二氧化碳灭火器时，应选择在上风方向喷射；使用时宜佩戴手套，不能直接用手抓住喇叭筒外壁或金属连接管，以防止手被冻伤；在室内狭小空间使用时，灭火后，操作者应迅速离开，以防窒息。

（3）手提式水基型（泡沫）灭火器。在使用时，应手提泡沫灭火器的提把迅速赶到火场。在距离燃烧物5m左右，先拔出保险销，一只手握住开启压把，另一只手握住喷枪，紧握开启压把，将灭火器密封开启，空气泡沫即从喷枪喷出。泡沫喷出后，应对准燃烧最猛烈处喷射。

如果扑救的是可燃液体火灾，当可燃液体呈流淌状燃烧时，喷射的泡沫应由近而远地覆盖在燃烧物体上；当可燃液体在容器中燃烧时，应将泡沫喷射在容器的内壁上，使泡沫沿壁流入可燃物表面而覆盖。应避免将泡沫直接喷射在可燃液体表面上，以防止射流的冲击力将可燃液体冲出容器而扩大燃烧范围，增大灭火难度。灭火时，使用者应随着喷射距离的减缩，逐渐向燃烧处靠近，并始终将泡沫喷射在燃烧物上，直至将火扑灭。

（4）推车式灭火器。一般由两人配合操作，使用时，两人一起将推车式灭火器推或拉到燃烧处，在离燃烧物10m左右停下，一个人快速取下喷枪（二氧化碳灭火器为喇叭筒）并展开喷射软管，然后握住喷枪（二氧化碳灭火器为喇叭筒根部的手柄），另一个人快速按逆时针方向旋动手轮，并开到最大位置。灭火方法和注意事项与手提式灭火器基本一致。使用方法如图6-4所示。

2）消火栓的使用

消火栓是一种固定消防工具，主要作用是控制可燃物、隔绝助燃物、消除着火源，是扑救火灾的重要消防设施之一。

（1）室外消火栓的使用。从以往火灾统计资料看，在扑救失利的火灾中，80%以上是由于消防供水不足、水压不够造成的。室外消火栓的主要任务就是为消防车等消防设备提供消防用水。而在高校中，如火灾发生位置距离室外消火栓不远，火灾初期火势不大，

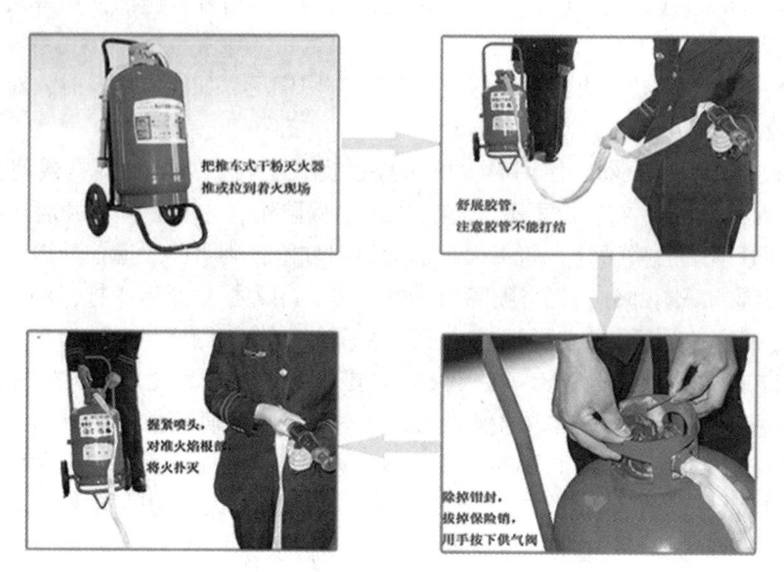


图 6-4　推车式灭火器使用方法

经过专业培训的人员可就近使用室外消火栓取水灭火。

使用室外消火栓时，需要使用专用的室外消火栓扳手，如图 6-5 所示，用扳手拧开室外消防栓出水口的盖子，将消防水带与室外消火栓进行连接，并向着火点展开，铺设消防水带时，应避免水带扭折，将水带另一端与水枪连接，手握喷水枪头及水管，用扳手逆时针打开室外消防栓的出水阀门开关，如图 6-6 所示。建议至少两人及以上配合操作使用，对准火源进行喷水灭火，火灾扑灭后，用扳手顺时针方向关闭室外消火栓出水阀门开关。

图 6-5　室外消火栓专用扳手

图 6-6　使用扳手打开室外消火栓阀门开关

（2）室内消火栓的使用。除存有与水接触能引起燃烧爆炸的物品的场所以及带电设备外，其他场所一般都可使用室内消防栓扑救火灾。在初期火势不大、消防队未赶到前，可由经过专业消防培训的人员操作使用室内消火栓进行灭火。消防队赶到后，可由专业消防员根据火场实际情况选择是否使用室内消火栓进行灭火。

当发现火灾后，打开消火栓箱门，按动火灾报警按钮，由其向消防控制中心发送火灾报警信号，然后迅速拉出水带、水枪，将水带一头与消火栓出水口接好，展（甩）开水带，另一头与水枪接好，逆时针打开消火栓阀门，握紧水枪，对准着火点实施灭火（注意：电起火要确定切断电源）。

使用室内消火栓，最好由两个及以上经过专业培训的人员配合操作使用。常见的室内消火栓（DN65），当栓口水压大于 0.50MPa 时，水枪反作用力将超过 220N，非专业消防员或未经专业培训的人员将无法操控。使用方法如图 6-7 所示。

1.打开或击碎箱门，取出消防水带

2.展开消防水带

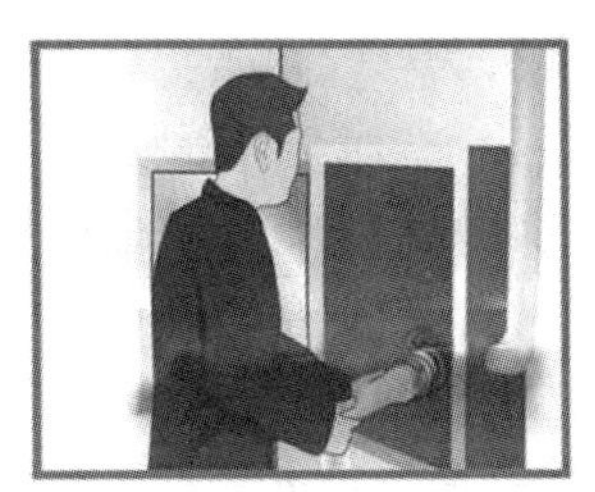

3.水带一头接到消防栓接口上

4.另一头接上消防水枪

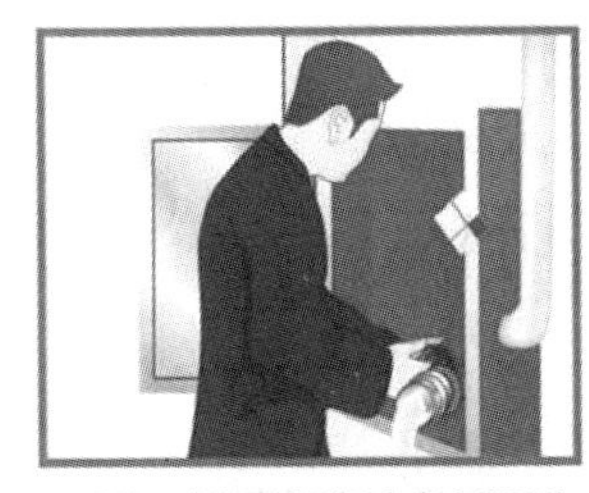

5.另外一人打开消防栓上的水阀开头

6.对准火源根部，进行灭火

图 6-7　室内消火栓使用方法

（3）消防软管卷盘和轻便消防水龙的使用。对于设置有消防软管卷盘或轻便消防水龙的场所，一旦发生火灾，普通人员可立即使用消防软管卷盘或轻便消防水龙，在火灾初期阶段进行扑救灭火。消防软管卷盘或轻便消防水龙的使用较为简单，把软管或水带拉出，打开进水闸阀，再开启喷嘴的球阀，对准着火点灭火即可。

3. 火灾自救逃生方法

1）熟悉环境，暗记出口

高校从某种意义上看也算是一个综合型的生活社区，师生在不同的建筑物中完成其教学、住宿、餐饮、娱乐、购物、体育等各种活动，因此，每到一新的建筑或场所，务必留心疏散通道、安全出口及楼梯方位等，以便当大火燃起、浓烟密布时，可以尽快逃离现场，避免盲目乱闯。

2）善用通道，莫入电梯

在高校内，多层建筑相对较多，但高层建筑也越来越多，当遇到火灾时，不可乘坐日常频繁使用的电梯或扶梯，要向安全出口方向，利用疏散楼梯逃生。

3）沉着冷静，当机立断

面对熊熊大火，只有保持沉着和冷静，才能采取迅速果断的措施，保护自身和别人的安全，将损失减少到最低的程度。以免因为乱了方寸，出现错误的行动，延误了宝贵的逃生时间。

4）不入险地，不贪财物

生命是最重要的，不要因为害羞及顾及贵重物品，而把宝贵的逃生时间浪费在穿衣或寻找、拿走贵重物品上。

5）简易防护，快速撤离

在火灾中，最大的“杀手”并非大火本身，而是在焚烧时所产生的大量有毒烟气，其主要成分为一氧化碳，另外还有氰化氢、氯化氢、二氧化硫等。调研表明，空气中一氧化碳含量为1%时，人呼吸数次后就会昏迷过去，一至两分钟便可引起死亡。

因此，发生火灾时，最简易的方法是用湿毛巾蒙鼻，用水浇身，俯身前进。因为烟气较空气轻而飘于上部，贴近地面逃离是避免烟气吸入的最佳方法。受到火势威胁时，要当机立断披上浸湿的衣物、被褥等向安全出口方向冲出去，千万不要盲目地跟从人流相互拥挤、乱冲乱撞。当火势不大时，要尽量往楼层下面跑，若通道被烟火封阻，则应背向烟火方向离开，逃到天台、阳台处。

6）大火袭来，固守待援

大火袭来，假如用手摸到房门已感发烫，此时开门，火焰和浓烟将扑来，这时，可关紧门窗，用湿毛巾、湿布塞堵门缝，或用水浸湿棉被，蒙上门窗，防止烟火渗入，等待救援人员到来。

7）发出信号，寻求救援

若所有逃生线路被大火封锁，则要立即退回室内，用打手电筒、挥舞衣物、呼叫等方式向外发送求救信号，引起救援人员的注意。

8）缓降逃生，滑绳自救

当处在二楼以上楼层时，千万不要盲目跳楼，可利用疏散楼梯、阳台、落水管等逃生自救；也可用身边的绳索、床单、窗帘、衣服自制简易救生绳，并用水打湿，紧拴在窗框、暖气管、铁栏杆等固定物上，用毛巾、布条等保护手心，顺绳滑下，或下到未着火的楼层脱离险境。

9）火已烧身，切勿惊跑

身上着火，千万不要奔跑，可就地打滚或用厚重的衣物压灭火苗。

### 6.2.2　高校爆炸事件应急处置

学校食堂主要分为厨房、档口、就餐区几部分，一些食堂可能还在使用液化石油气等作为燃料，大量的液化石油气堆放在食堂内，有可能造成火灾爆炸事故。

高校实验室中各种化学危险物品种类繁多、性质活泼、稳定性差，有的易燃易爆，有的易自燃，若在储存和使用中稍有不慎，就可能酿成火灾、爆炸事故，使得实验室内的仪器设备、物资和高校师生的科研成果、珍贵资料等毁于一旦，造成巨大损失。

为有效应对可能发生的学校爆炸事故，高效、有序地展开事故抢救、救灾工作，最大限度地减少学校师生的人员伤亡和财产损失，维护正常的学校教育秩序，爆炸事故的处理一般应遵循图 6-8 所示流程。

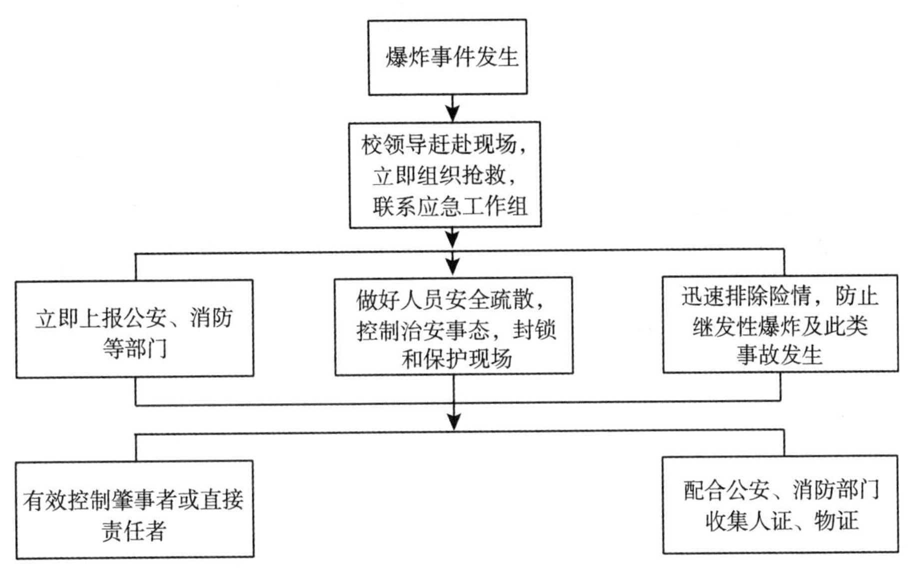


图 6-8　高校爆炸事件应急处置流程

### 6.2.3　校园大型活动公共安全事故应急处置

大型活动是指临时组建管理机构，面向社会公众，具有特定目的，暂时占用活动场所，参与人数达到一定规模的非日常性活动，具有人员密集、事故易发、社会影响大、容易出现非程序化决策等特点。

近年来，我国社会经济文化事业快速发展，高校文娱活动发展更为迅速，如在学校内举办文艺、体育、集会、招生和就业咨询等大型活动和展览已经成为国内高校的活动常态化，由此引发的事故隐患以及产生的重大灾害事故也有所增加，如组织和监管不力，极易引发安全事故。

目前对大型活动事故风险研究大多集中在某一类型活动、场所或事故上。场馆火灾、聚集人群疏散的问题，以及由于人群密集可能引发的拥挤踩踏事故，都是大型活动事故风险管理需要重点关注的方面。

大型活动公共安全应急事故的处理一般应遵循图 6-9 所示流程。

### 6.2.4　其他紧急事件应急处置

1. 校园突发危险品污染事件

高校实验室、特殊教室等场所可能储存不同性质的危险物品，如使用或管理不当，可能造成泄漏事故。危险品有以下基本因素引发事故：

(1) 危险品本身的因素：危险品本身就包含着一些危险的成分，只不过在平时的条件

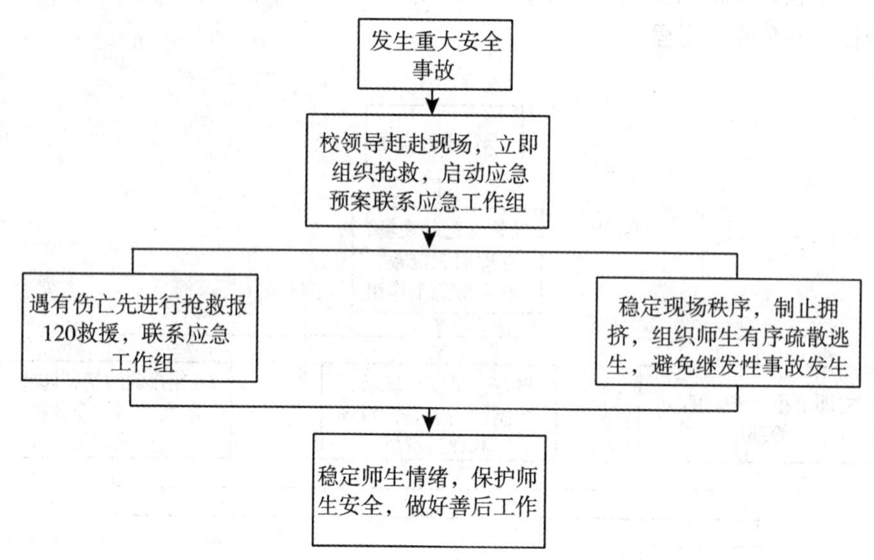


图 6-9　高校大型活动公共安全应急事故处置流程

下安稳存在，一旦遇到某种条件，就会直接导致事故发生；

（2）人的因素：人在不正常或不健康的状态下的管理失当或者是操作失误，会给危险品的爆发创造条件；

（3）环境因素：不管是室内还是室外，是高温还是寒冷，一些环境因素也会成为危险品爆发的导火索；

（4）管理因素：管理人员没有进行安全规范的管理，是引发事故的因素之一。

当事故发生时，为最大限度地降低事故伤害，增强全员的安全责任意识，及时化解矛盾，处理善后工作，维护学校稳定、发展的大局，一般应遵循图 6-10 所示流程进行处置。

2. 校内外溺水事件

高校体育场馆在对校内外开放的过程中，个体伤害事件的发生率普遍较高。近年来，高校意外溺亡事故明显增多，一般情况下，校内外溺亡事件应急处置措施应按图 6-11 所示流程进行。

3. 校内房屋倒塌事件

房屋倒塌受建筑物原基础地基及周边场地地质情况、火灾或爆炸等突发事故或地震等自然灾害因素影响。高校人员密集，房屋倒塌易造成重大人员伤亡和财产损失，一般情况下，校内房屋倒塌事件应急处置措施应按图 6-12 所示流程进行。

4. 恶性交通事故

随着社会的飞速发展，生活节奏也愈来愈快，汽车、电动车成为人们的主要出行工具，它给我们带来方便与快捷的同时，也可能因安全事故问题给我们带来灾难，一个个鲜活的生命消失在飞驰的车轮下，一个个幸福美满的家庭转眼破碎不堪。当前，各大高校内师生使用汽车频率越来越高，部分校外车辆也经常出入校园，校园交通事故屡有发生，因此高校必须进行重点防范。

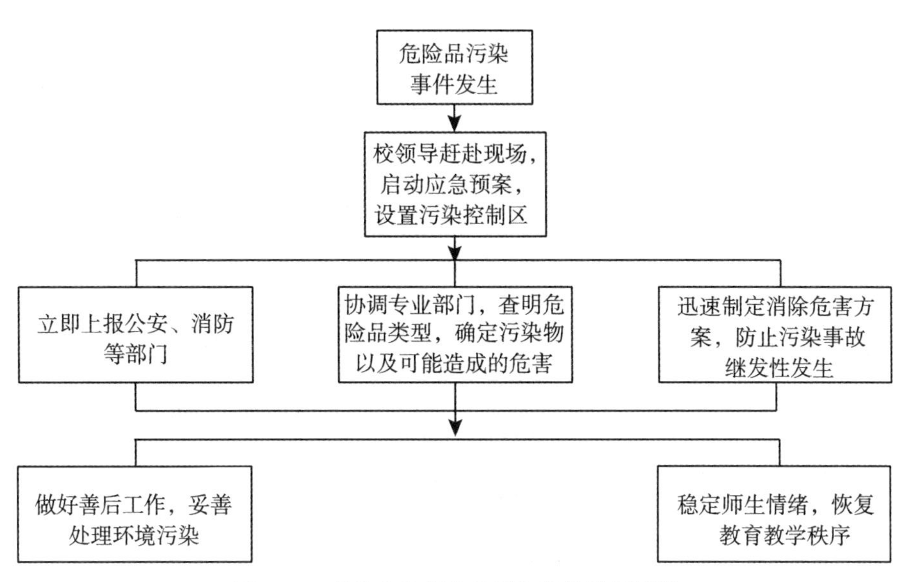


图 6-10 高校突发危险品污染事件处置流程

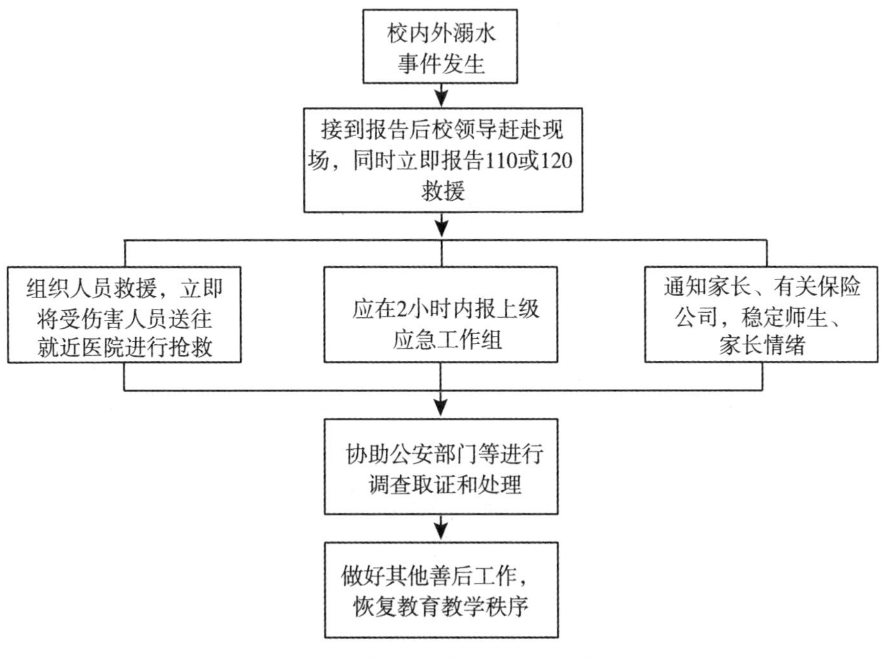


图 6-11 校内外溺水事件处置流程

任何一个交通事故的产生都不是单因素作用的结果，而是多种因素相互作用使然，高校校园交通安全事故的发生原因也是多方面的，既有主观上的，又有客观上的，是多种因素相互作用的结果。

一般情况下，高校恶性交通事故应急处置措施应按图 6-13 所示流程进行。

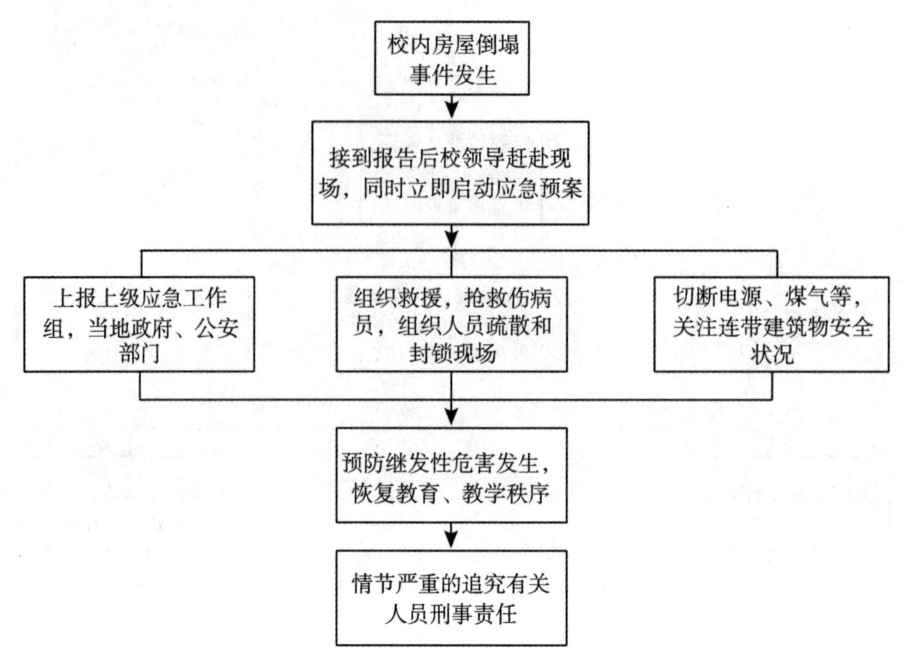


图6-12　校内房屋倒塌事件处置流程

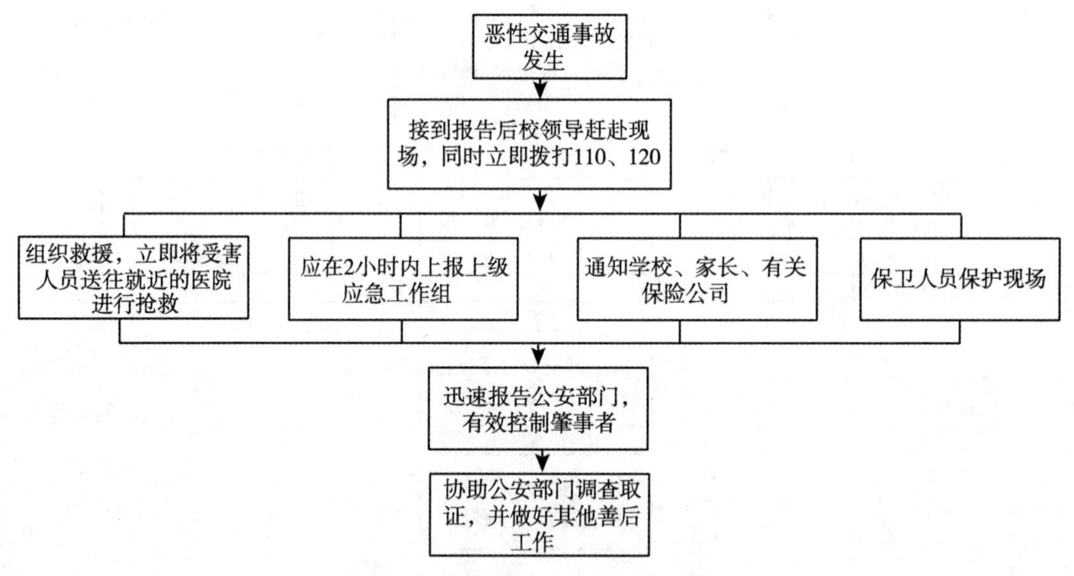


图6-13　高校恶性交通事故处置流程

5. 自然灾害类事件

我国地处自然灾害多发地带，每年都有破坏性极强的突发性自然灾害发生，如水灾、旱灾、地震、台风、冰雹、雪灾、山体滑坡、泥石流、森林火灾等，给人们的生活和财产造成很大的伤害。在突发性自然灾害来临时，如何使人们的生命和财产损失降到最低，应引起足够重视。由于这类灾害发生往往带有全社会性质的，因此在进行事故处置过程中，应密切保持与上级部门的联系，及时获得当地气象、地震、应急管理办公室相关信息。

一般情况下，高校自然灾害事故应急处置措施应按图 6-14 所示流程进行。

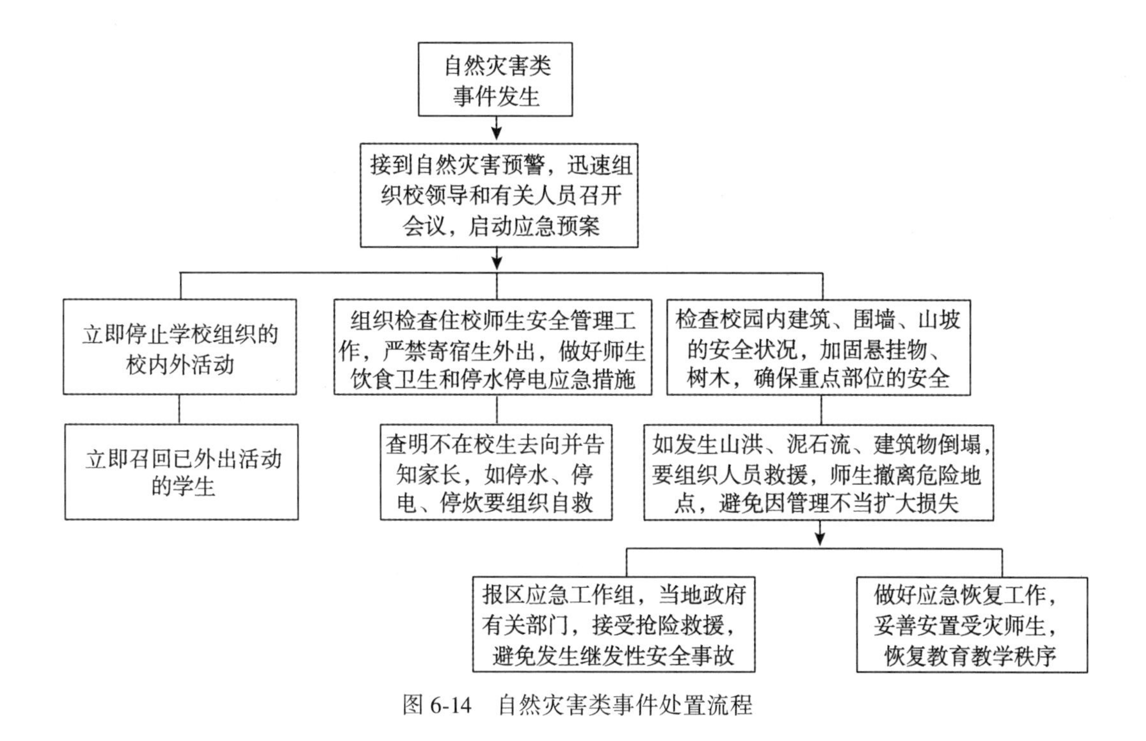


图 6-14 自然灾害类事件处置流程

## 6.3 高校应急处置预案的制定及组织程序

安全是相对的，世界上不存在绝对安全的场所，同时也不能要求永远不发生事故，但历史经验告诉我们，良好的安全管理及应急预案能有效降低事故发生的概率、减小事故造成的损失，只要事故发生频率以及将事故造成的损失降到最低或社会公众能接受的限度，即达到了安全管理的目标。

按照国家安全管理的有关规定，学校应本着“安全第一、以人为本”的精神，加强领导，精心组织，周密安排，及时处理大型活动中出现的事故，力争把人员伤亡和财产损失降低到最低限度，全力组织恢复正常教学秩序，妥善安置受害人员，安抚伤亡家属，稳定思想，确保教育教学工作正常进行。

为了保证学校在大型活动中师生的安全，确保无事故发生，应根据各学校的实际情况，制定应急处置预案。

应急处置预案又称应急计划，是针对各种可能的突发事件，为了保证能够迅速、有序、有效地开展应急行动、降低事故损失而事先制定的有关计划或方案。它是在对潜在的重大危险、事故类型、发生的可能性及发生过程、事故后果及影响严重程度进行辨识和评估的基础上，对应急机构职责、人员、技术、设施（备）、装备、物资、救援行动及其指挥与协调等方面预先做出的具体安排，应急预案应明确在突发事件发生之前、发生过程中以及结束之后，谁负责做什么、如何做，以及相应的资源准备和策略等。

### 6.3.1　应急处置预案编制的基本原则

应急预案的制定是为了减少突发事件管理中出现的缺乏全局观念的行为和不合理行为，使突发事件的应对与管理更加合理化、科学化。应急预案的制定需要明确行动的具体目标，以及为实现这些目标所做的各项工作安排。这就要求制定者不仅能够预见事发现场的各种可能情况，而且能够针对各种可能情况制定出具体可行的应对措施，达到预定目标。

应急处置预案的编制应遵循以下基本原则，如图 6-15 所示。

应急处置预案编制的基本原则：
- 完善制度原则
- 系统协同原则
- 事件分级原则
- 信息公开原则

图 6-15　应急处置预案编制的基本原则

1. 完善制度原则

所谓完善制度原则，是通过制度的形式来确定突发事件的应急预案的重要性和强制性，即将应急预案制度化。这也是应急预案的系统性、长期性、战略性、强制性的内在要求。

2. 系统协同原则

系统协同原则，是指为了保证应急反应系统的高效协同与快速反应，建立统一的突发事件应对系统与指挥中心，以统一指挥应急管理的全过程。在应对突发事件的过程中，如何处理资源需求与资源缺乏之间的矛盾，是应急决策必须面对的一个主要问题。这就要求按照统一指挥的原则，统一资源的规划调配，以提高资源使用效率，避免不同部门或局部之间因争夺资源而产生冲突，从而改变因过激反应造成资源使用浪费的现象。要从全局出发，抓住关键环节，分清轻重缓急，避免分散指挥造成以各自为中心、只见局部不顾全局的局面。同时，要集中优势资源解决最紧急的问题。应急状态下必须要有一个强有力的统一指挥的组织机构来协调和决策。

对突发事件来说，统一的指挥系统应具有全权决策的权力。明确划分权利与责任，规定不同组织层次和部门、岗位其相应的工作与职责，不仅有利于明确分工、责权到位，还有利于事件的处理流程顺畅，环环相扣，同时也可避免出现问题时相互推诿，逃避责任。

3. 事件分级原则

事件分级原则，是指根据突发事件的类型与影响程度的差别，采取不同方式的处置办法和反应力度，同时在应急预案中明确界定不同层次、类型的指挥机构的动员权限。事件分级原则要求在应急管理预案制定的过程中，通过对突发事件的类型、影响范围、危害程度以及表现形式等因素的分析，确定应急指挥机构的不同级别层次和专业性能，并规定直接参与处理突发事件的人员队伍和需要动员的范围，制定应采取的技术手段和处理原则。在应急管理预案中，把突发事件分级，需要做两方面的预先评估：一是对各种可能发生的、潜在的突发事件的特征、影响范围与危害做出评估，并划分出相应的分类；二是客观分析各部门以及相应公共组织拥有的技术条件、资源与应急管理能力，然后对应对突发事件主体的能力与资格做出评估。

4. 信息公开原则

信息公开原则，是指活动举办方应该向活动参与者提供可靠、真实的公共信息，这也是其最基本的社会责任之一。当处理突发事件时，实事求是应该成为活动组织者公布事实的态度。著名突发事件管理专家帕金森认为，突发事件发生后，信息的失误传播会造成真空，导致黑白颠倒、不真实的流言横行，而此时“无可奉告”的答案更加助长了此类问题的产生。失实的消息不仅会引起公众的猜疑，还会导致不正确的报道，使公众认为社会组织采取了掩盖手段阻止信息传播，从而对社会产生抵抗情绪。由此可见，控制和处理突发事件的基础是对传播进行有效的管理。突发事件相关信息的公开与如实公布既有利于活动组织管理者公信力的建立，又有助于消除活动参与主体的从众效应和恐慌情绪，在尊重民众知情权的同时，也使突发事件的处理更便捷。

### 6.3.2 应急处置预案的基本内容

1. 基本内容

应急预案是在深入分析可能发生的突发事件发生后、应急人员所需要的应急准备和所需要采取的应急行动的基础上，根据研究内容制定出的一种指导性文件，其核心内容主要包括七个方面，如图 6-16 所示。

2. 预案的基本范式

应急处置预案的基本范式也就是处理预案的基本原则，如图 6-17 所示。

（1）预案发布令。有关领导应根据国家、省市相应法律和学校规章的授权规定，签署预案发布令，并宣布应急预案生效。这主要是为了明确实施应急预案的合法性，保证应急预案的权威性。领导在预案发布令中，不仅要表明对应急管理和应急救援工作的支持，还应督促各应急机构制定标准操作程序，完善内部应急响应机制，积极参与应急预案的编制与更新以及预案的培训、演习等。

（2）方针与原则。预案的方针与原则应具体列出应急预案所针对的突发事件类型、适用的范围和救援的任务，以及应急管理和应急救援的方针和指导原则。方针与原则要体现应急救援的优先原则，如优先保护人员安全，优先防止和控制事故蔓延，优先保护环境。此外，方针与原则还应体现预防为主、控制损失、高效协调以及持续改进的思想。

（3）危险分析与环境综述。预案应给出活动举办地的地理、气象、人文等有关环境信息，并列出大型活动所面临的潜在重大危险以及后果预测。

（4）应急资源。应急预案应对应急资源的调度、经费保障等方面做出相应的管理规定，并提出应对紧急事件时可用的应急资源情况及其来源情况，具体包括三个方面：校内应急力量及各自的组成、各种重要应急设施及物资的准备情况、上级救援机构或外部可用

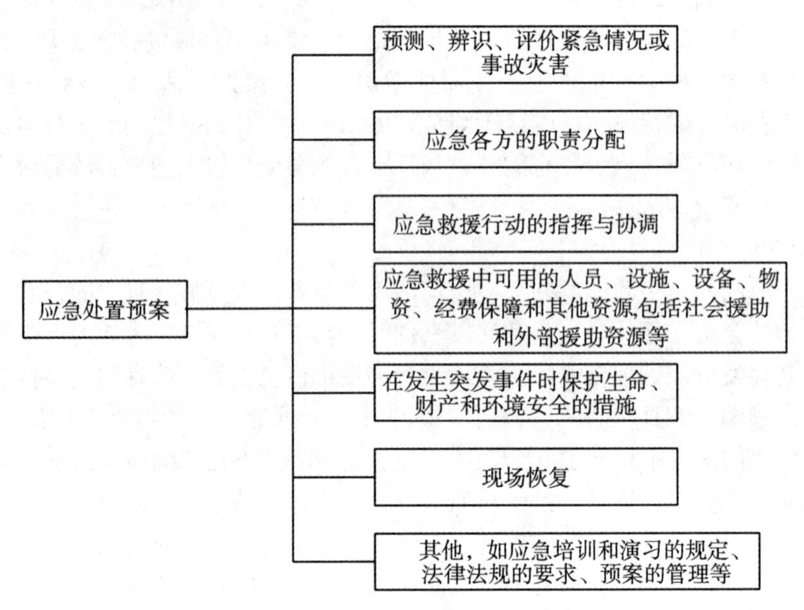


图 6-16　应急处置预案的核心内容

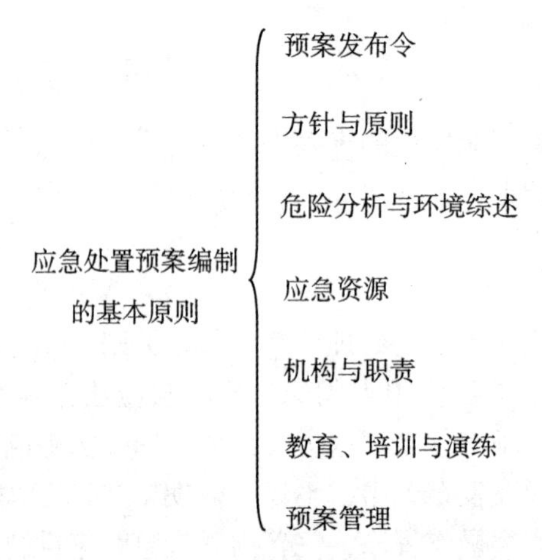


图 6-17　应急处置预案编制的基本原则

的应急资源。

(5) 机构与职责。预案应列出在大型体育赛事突发事件应急救援中承担职责的所有应急机构和部门、负责人及其候补负责人及其联络方式，并明确各部门、各负责人在应急准备、应急响应和应急恢复各个阶段中的职责。

(6) 教育、培训与演练。为全面提高应急能力，预案应对公众教育、应急训练和演习做出相应的规定，包括其内容、计划、组织与准备、效果评估等。公众教育的基本内容包括潜在的重大危险、事故的性质与应急特点、事故警报与通知的规定、基本防护知识、撤离的组织、方法和程序，在污染区行动时必须遵守的规则、自救与互救的基本常识、简易消毒方法等。应急训练包括基础培训和训练、专业训练、战术训练及其他训练等。应急演习的具体形式既可以是桌面演习，也可以是实战模拟演习。按演习的规模可以分为单项演习、组合演习和全面演习。

（7）预案管理。应急预案的管理应明确以下内容：负责组织应急预案的制定、修改及更新的部门；预案的审查、批准程序；建立预案的修改记录，包括修改日期、已修改的页码、签名等；建立预案的发放记录，及时对已发放的预案进行更新，对应急预案进行定期和不定期评审，保证持续改进的规定。

### 6.3.3 应急处置预案的编制与发布

应急处置预案的编制及发布流程如图 6-18 所示。

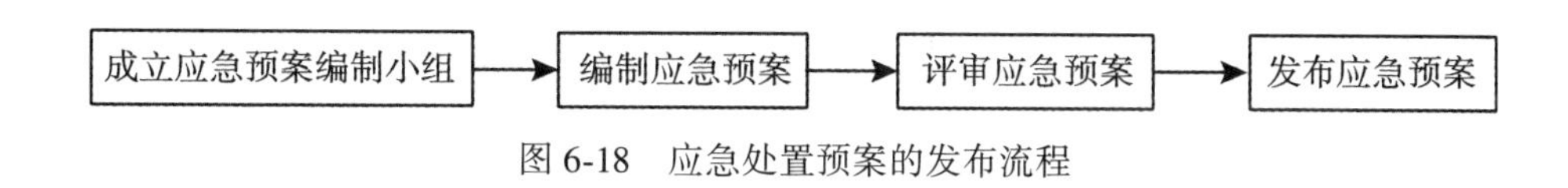


图 6-18 应急处置预案的发布流程

1. 成立应急预案编制小组

大型活动管理部门可以直接委派负责筹建预案编制小组的成员。成员在预案的制定和实施过程中或突发事件处理过程中起着举足轻重的作用，因而预案编制小组的成员应精心挑选。编制小组的规模取决于活动的规模以及资源情况。小组通常由各部门、各层次人员代表构成，目的在于鼓励参与，能让更多的人参与到这个过程中来，增加了参与者所能提供的总的时间与精力，增强了应急预案编制过程的透明度，也易于加快进度，为预案的编制过程集思广益，从某种意义上加强了应急管理中的预防工作。

把应急预案指派给具体部门或专家，对大型活动组织内部其他成员的影响就是可能导致他们共同推卸责任，从而大大降低了应急预案编制的意义。应急预案编制过程中赛事组织管理者需要来自各部门的消息，并应在组织安排上接近高级管理层。

小组成员的任命应由上级领导以书面形式任命，并且明确小组中的正副领导者。任命书向所有员工公示，这样做便于预案编制工作的展开及信息交流。应急预案编制小组成员必须直接参与预案编制过程的各个阶段，应定期开会评价预案的进展情况。特别强调的是，应急预案小组的成员应该密切联系、精诚合作、众志成城。

2. 编制应急预案

应急预案的编制必须建立在大型活动突发事件的分析结果、应急资源的需求现状以及有关的法律法规要求的基础上。此外，在编制预案的准备期间，应充分收集和参阅已有的应急预案，避免应急预案的交叉重复，并与其他相关应急预案保持协调一致。预案编制小组在设计应急预案编制的格式时，应充分考虑以下几点：

合理性：应合理地组织预案的章节，便于读者能快速地找到所需要的信息。

逻辑性：保证应急预案每个章节及其组成部分在内容上的相互衔接。

一致性：保证应急预案的每个章节及其组成部分都采用相似的行文结构。

兼容性：应急预案应尽量采取与上级机构一致的格式，以便各级应急预案能更好地协调对应。

3. 应急预案的评审

为确保应急预案的合理性、科学性以及在实际情况中的适用性，预案编制单位或管理部门应依据我国有关应急的方针、政策、法律、法规以及其他有关应急预案编制的指南性文件，组织开展预案评审工作。应急预案的评审可以分为内部评审和外部评审两类。

（1）内部评审：是指在编制小组成员内部实施的评审。在预案初稿编写工作完成后，预案编制单位应组织内部编写成员对其进行评审，以保证预案内容完整、语言简洁流畅。

（2）外部评审：是由上级机构、同级机构实施的评审。确保预案被各阶层接受是外部评审的主要作用。根据评审人员的不同，又可分为上级评审和同级评审。

4. 应急预案的发布

对于一些在高校举办的大型活动，其突发事件应急预案需要经过各级评审，再由大型活动组织的领导签署发布，同时报送上级有关部门和应急机构备案。

## 6.4　应急预案的培训与演练

### 6.4.1　应急预案培训

1. 应急预案培训的基本内容

应急预案培训是指对参与应急行动所有相关人员进行应急预案的理论与实践培训，要求应急人员了解和掌握如何识别危险、如何采取必要的应急措施、如何启动紧急情况警报系统、如何安全疏散人群等基本操作。需要强调的是，由于火灾是常见的事故类型，应急预案培训内容应特别加强对火灾应急的培训，加强与灭火操作有关的训练。

1）报警

（1）使应急人员了解并掌握如何利用身边的工具最快、最有效地报警，比如利用手机电话、无线电、网络或其他方式。

（2）使应急人员熟悉发布突发事件通告的方法，如使用警笛、警钟或广播等。

（3）当事故发生后，为及时疏散事故现场的所有人员，应急人员应掌握如何在现场贴发警报标志。

2）疏散

应急人员应熟练掌握以下三种报警方式：一是熟练掌握使用身边最快、最有效的工具报警，比如用移动电话、无线电、网络或其他方式等；二是熟悉发布突发事件通告的方法，如使用警笛、警钟或广播等；三是在事故发生后，为及时疏散事故现场的所有人员，应急人员应掌握在现场贴发警报标志的技能。

2. 应急预案培训的实施

应急预案编制完成以后，只有对应急人员进行应急预案培训、宣传和教育，才能使其在应急行动中充分发挥其指导作用，得到有效的运用。可以说，应急预案是行动框架，而行动成功的前提和保证就是应急预案培训、宣传与教育。通过培训、宣传与教育，不仅可以发现应急预案的不足和缺陷，并在实践中加以弥补和改进，还可以使事故涉及人员，包括应急队员、事故当事人等，了解在突发事故发生后他们应该做什么、能够做什么、如何去做以及如何协助各应急部门人员的工作等。在应急预案培训的过程中，应制订应急预案培训教育计划，保证应急预案培训教育工作有计划、有步骤地推进，并对培训与教育效果进行评价。

1）应急预案培训计划的制订

不同的培训对象有不同的应急工作的任务，因此培训目标和要求的培训效果也大不相同。针对不同的培训对象，根据其需要和不同岗位的工作要求，应急预案培训的课程要做出相应的调整。通常采取的培训方式有理论授课、小组讨论、经验交流等，但最主要的方式是授课式培训。

对于关键岗位的应急人员培训，应以岗位的应急职责、岗位出现事故的征兆或危险识别、紧急情况的处理和自我防护等为主要内容，而对突发事件初期的紧急处理，提高事故应急的及时性和有效性则成为重中之重。具体的应急人员培训重点是掌握具体岗位相关的应急技能。对于其他从业人员的应急预案培训则应以通用的应急知识为主，提高他们的应急意识，确保在紧急情况下能够及时采取必要的应急措施进行自我防护。

为确保应急预案培训的实施效果，应该按照培训计划有组织、有步骤、有目的地开展培训。在应急预案培训结束之后，可以通过考试、口头提问、实际操作等方式进行考核，从而对应急预案培训效果进行评价。通过与考核人员的交流和考核情况，对培训中存在的问题进行归纳总结，然后不断改进，以提高培训的工作质量。

制订应急预案培训计划应以应急预案培训的需求分析和确定的培训与教育课程等为依据。应急预案培训计划应该详细列出应急预案培训的目的、培训时间、培训对象、培训内容、考核和评估方式等。

2）应急预案培训的实施

应急预案培训工作的开展必须严格按照应急预案培训者所制订的应急预案培训计划进行，充分利用资源使参与应急预案培训的人员能够在短时间内掌握有关应急知识，参与应急预案培训的人员要做好学习记录，以便日后查看。

3）应急预案培训的效果评价与改进

在应急预案培训实施后，应通过理论测验、实际操作等方式对参与应急预案培训的人员进行考核，从而评价应急预案培训效果。通过考核，不仅可以发现培训中存在的问题，还可以了解参与应急培训人员的深层次需求。应急预案培训者要对培训过程中存在的问题进行总结归纳，防止这些问题在以后的工作中再次发生，要以提高培训质量为目标，达到应急预案培训的目的。

### 6.4.2 应急预案演练

1. 制订演练计划

演练计划是经正式批准的有关演练的基本构想和对准备工作的详细安排。演练工作组所起草的演练计划一般包括下列内容：演练的目的、时间、地点、形式和内容，参与演练的部门、机构和人员，演练的宣传报道，演练的保障措施，等等。

通过对应急预案的分析，可以确定所面临的风险、具有的能力和需要演练的功能等。要对以前的演练情况进行认真总结，详细了解参与演练的机构和人员，演练目标是否实现，以及经验与教训。

通常一次演练只能解决部分问题，不可能面面俱到。演练的范围可以明确表达此次演练所要解决的问题。费用、可用资源、问题的严重程度、演练是否解决该问题、参与人员的技能和经验等，成为确定演练范围需要考虑的主要因素。

演练目的需要用简洁的语言概括地表达出需要改进的应急响应功能、原因、可达到的效果等，让人一目了然。

2. 编写演练方案

演练方案由应急预案编制小组编写，通过评审后，由演练领导小组批准，必要时还需报有关主管单位同意并备案，主要内容包括确定演练目标、设计演练情景与实施步骤、设计评估标准与方法、编写演练方案文件以及演练方案评审。对于小规模的演练来说，演练方案可以只使用一个文件，而大规模的演练，演练方案则通常是一组文件，包括演练人员手册、演练控制指南和演练评估指南等。

演练人员手册内容主要包括演练概述、组织机构、时间、地点、演练情景概述和安全注意事项等，但不包括演练细节，演练人员手册可发放给所有参加演练的人员。

演练控制指南是关于演练控制、模拟和保障等活动的工作程序和职责的说明，主要供演练控制人员和模拟人员使用。为了保持演练的真实性，不应发给演练人员。演练控制指南提供关于演练及演练活动的概要说明，演练情景的总体描述，主要参演人员及其位置，有关事件的触发以及通信联系、后勤保障等事项。

演练评估指南的内容主要包括演练时间清单、参演人员及其位置、评估人员位置、评估人员组织结构与职责、评估表格及相关工具、通信联系方式等。

3. 其他准备

演练的其他准备工作主要包括人员准备、资金准备、物资准备、技术准备和安全准备等。

人员准备：一般包括总指挥、现场指挥与演练参与人员，有时还会有观摩的领导和来宾等其他人员参加。在演练的准备过程中，应落实参与演练的各类人员，必要时还要考虑替补人员。

资金准备：主要指演练经费的落实和资金到位情况。

物资准备：主要是指购置筹措演练器材、演练情景模型等。

技术准备：主要指演练情景模型制作、演练场地的通信联络保障等。

安全准备：主要指为确保所有参演人员和现场群众的生命财产安全，演练组织者应向参演人员提供必要的安全防护装备，并采取防护措施。若演练存在较大的风险，可以考虑为参演人员或演练现场群众购买一定比例的保险。

4. 应急预案演练的实施

1）演练开始

首先，所有演练参与人员应按照各自的职责各就各位；其次，要通过事先设计好的方式将演练情景呈现给演练参与人员；再次，由演练总指挥宣布演练正式开始。

2）演练执行

演练开始后，原则上应严格按照演练方案执行演练的各项活动。演练实施的重点在于对演练过程的控制。演练过程的控制责任，主要由指挥和控制人员负责。

（1）总指挥要对演练全过程进行控制，出现特殊或意外情况，应与副总指挥及其他指挥人员临时会商，集思广益，迅速做出决策，必要时可调整演练方案，尽量保证演练继续进行。

（2）现场指挥除按演练方案的规定完成上传下达的常态控制外，还应密切关注参演人员的表现，在不过多干扰的前提下，允许演练人员适度、机动地“自由演示”，但应保证现场演练不偏离方案设计的整体轨道。

（3）控制人员主要向演练人员和模拟人员传递控制信息，引导演练进行，控制演练进程，向现场指挥报告演练进展情况和出现的各种问题，保证演练按照现场指挥的指令顺利进行。

（4）演练过程中出现演练活动时间过于提前、延迟、控制信息偏离演练方向等现象时，现场指挥及演练控制人员应通过临时变更、取消控制信息，必要时采取强行干预等手段，以保证演练的顺利完成。

3）演练记录

为了对演练进行更好的总结和评估，可以通过文字、图像和视频等方式对演练实施过程进行记录。文字记录的内容有演练的目的、时间、地点、人员和现场情况等内容。图像和视频记录应安排专业人员进行多角度的拍摄，以全方位反映整个演练过程。

4）演练终止

（1）正常终止：演练实施完毕，由总指挥宣布演练结束，并进行现场讲评。

（2）非正常终止：演练过程中出现真实突发事件时，如果参演人员必须参与应急处置，则要按照事先规定的程序和指令终止演练，使参演人员迅速回归其工作岗位，履行应急处置职责。

# 第7章　高校日常消防安全管理

## 7.1　高校消防安全管理依据及内容

消防安全管理，顾名思义，就是指对各类消防事务的管理，其具体含义通常是指依照消防法律、法规及规章制度，遵循火灾发生、发展的规律及国民经济发展的规律，运用管理科学的原理和方法，通过各种消防管理职能，合理有效地利用各种管理资源，为实现消防安全目标所进行的各种活动的总和。

高校是重要的国家人才战略培育基地之一，是特殊智力人员的密集场所，一旦发生火灾，极易造成群体伤亡事故，造成巨大的人员伤亡和财产损失。据有关统计资料表明，大学里火灾比盗窃所造成的经济损失要高出数十倍。有的学校整座教学楼、图书馆、试验楼、礼堂被烧毁，损失了许多珍贵的标本与图书，严重影响了教学科研活动的正常进行，甚至造成人员伤亡的事例也屡有发生。从众多高校火灾事故的调查中发现，发生火灾的高校都存在消防安全管理组织领导不力，消防安全管理组织机构不健全，消防安全管理制度缺失，初期火灾事故处置措施不当等对消防安全管理工作不依法、不规范、不重视的问题。有的高校领导对消防安全工作是“说起来重要，做起来次要，忙起来不要”。

高校建筑校园里，火灾是威胁师生员工安全的重要因素之一。为确保高校这种特殊的国家人才战略培育基地的消防安全，高校基本都被当地公安消防机构列为消防安全重点单位，足见高校消防安全管理工作不容忽视、十分重要。为确保高等学校师生员工的生命和财产不受或减少火灾带来的危害和损失，确保国家人才战略工程的顺利实施，不断促进高校的长期繁荣发展，依法规范高校消防安全管理工作势在必行、迫在眉睫。

### 7.1.1　法律依据

学校在消防安全工作中，应当遵守消防法律、法规和规章，贯彻预防为主、防消结合的方针，履行消防安全职责，保障消防安全。

高校的消防安全管理应遵守《中华人民共和国消防法》《机关、团体、企业、事业单位消防安全管理规定》《高等学校消防安全管理规定》（教育部、公安部第28号令）等相关消防法律法规，牢固树立“火灾无情，警钟长鸣”“消防安全无小事”的思想意识；牢固树立“高校消防安全管理工作，只有起点，没有终点”的思想意识；牢固树立消防安全工作应“预防为主，防消结合，普及教育，群防群治”的思想意识。

根据《中华人民共和国消防法》，我国消防部门颁布的各种技术规范规程也是高校开展消防工作的重要依据。此外，由于高校消防的特殊性，2017 年教育部还颁布了《普通高等学校消防安全工作指南》，这些法律文件为高校开展消防工作提供了法律依据。

### 7.1.2 消防安全管理内容

高校应结合各单位具体情况，围绕消防安全制度的制定，一般从以下七个方面落实消防安全管理相关工作，如图 7-1 所示。具体内容包括：消防安全教育、培训；防火巡查、检查；安全疏散设施管理；消防控制室值班制度；消防设施、器材维护管理；火灾隐患整改；用火、用电安全管理；易燃易爆危险物品和场所防火防爆；专职和义务消防队的组织管理；灭火和应急疏散预案演练；燃气和电气设备的检查和管理（包括防雷、防静电）；消防安全工作考评和奖惩；其他必要的消防安全内容。

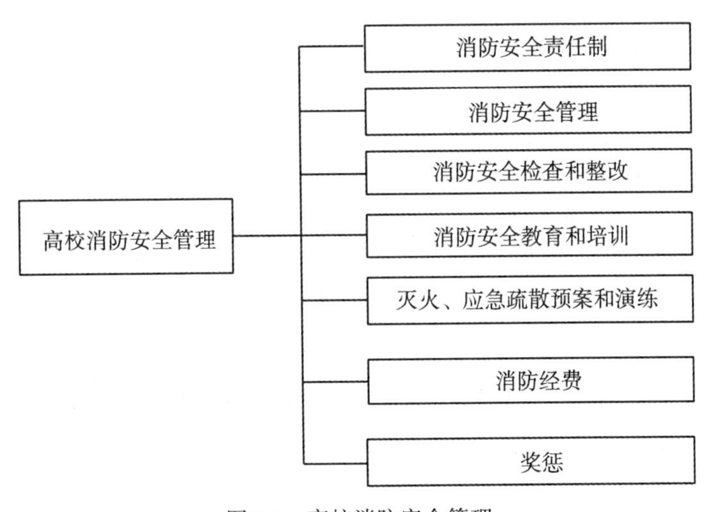


图 7-1 高校消防安全管理

## 7.2 高校消防安全管理制度

### 7.2.1 高校消防安全责任制

高校应当按照国家有关规定，结合本单位的特点，建立健全各项消防安全制度和保障消防安全的操作规程，并公布执行。高校应建立明确的消防安全管理责任制度，明确消防安全责任人及岗位的消防安全职责，配备相关机构和人员。

1. 消防安全责任人及消防安全职责

学校法定代表人是学校消防安全责任人，全面负责学校消防安全工作，履行表 7-1 所列消防安全职责。

表 7-1　　消防安全责任人职责

| 序号 | 消防安全责任人消防安全职责 |
|---|---|
| 1 | 贯彻落实消防法律、法规和规章，批准实施学校消防安全责任制、学校消防安全管理制度 |
| 2 | 批准消防安全年度工作计划、年度经费预算，定期召开学校消防安全工作会议 |
| 3 | 提供消防安全经费保障和组织保障 |
| 4 | 督促开展消防安全检查和重大火灾隐患整改，及时处理涉及消防安全的重大问题 |
| 5 | 依法建立志愿消防队等多种形式的消防组织，开展群众性自防自救工作 |
| 6 | 与学校二级单位负责人签订消防安全责任书 |
| 7 | 组织制定灭火和应急疏散预案 |
| 8 | 促进消防科学研究和技术创新 |
| 9 | 法律、法规规定的其他消防安全职责 |

2. 消防安全管理人及消防安全职责

分管学校消防安全的校领导是学校消防安全管理人，协助学校消防安全责任人负责消防安全工作，履行表 7-2 所列消防安全职责。

表 7-2　　消防安全管理人职责

| 序号 | 消防安全责任人消防安全职责 |
|---|---|
| 1 | 组织制定学校消防安全管理制度，组织、实施和协调校内各单位的消防安全工作 |
| 2 | 组织制订消防安全年度工作计划 |
| 3 | 审核消防安全工作年度经费预算 |
| 4 | 组织实施消防安全检查和火灾隐患整改 |
| 5 | 督促落实消防设施、器材的维护、维修及检测，确保其完好有效，确保疏散通道、安全出口、消防车通道畅通 |
| 6 | 组织管理志愿消防队等消防组织 |
| 7 | 组织开展师生员工消防知识、技能的宣传教育和培训，组织灭火和应急疏散预案的实施和演练 |
| 8 | 协助学校消防安全责任人做好其他消防安全工作 |
| 9 | 其他校领导在分管工作范围内对消防工作负有领导、监督、检查、教育和管理职责 |

3. 学校消防机构及消防安全职责

学校必须设立或者明确负责日常消防安全工作的机构（以下简称“学校消防机构”），配备专职消防管理人员，履行表 7-3 所列消防安全职责。

表 7-3 **学校消防机构消防安全职责**

| 序号 | 学校消防机构消防安全职责 |
| --- | --- |
| 1 | 拟订学校消防安全年度工作计划、年度经费预算，拟订学校消防安全责任制、灭火和应急疏散预案等消防安全管理制度，并报学校消防安全责任人批准后实施 |
| 2 | 监督检查校内各单位消防安全责任制的落实情况 |
| 3 | 监督检查消防设施、设备、器材的使用与管理以及消防基础设施的运转，定期组织检验、检测和维修 |
| 4 | 确定学校消防安全重点单位（部位）并监督指导其做好消防安全工作 |
| 5 | 监督检查有关单位做好易燃易爆等危险品的储存、使用和管理工作，审批校内各单位动用明火作业 |
| 6 | 开展消防安全教育培训，组织消防演练，普及消防知识，提高师生员工的消防安全意识、扑救初起火灾和自救逃生技能 |
| 7 | 定期对志愿消防队等消防组织进行消防知识和灭火技能培训 |
| 8 | 推进消防安全技术防范工作，做好技术防范人员上岗培训工作 |
| 9 | 受理驻校内其他单位在校内和学校、校内各单位新建、扩建、改建及装饰装修工程和公众聚集场所投入使用、营业前消防行政许可或者备案手续的校内备案审查工作，督促其向公安机关消防机构进行申报，协助公安机关消防机构进行建设工程消防设计审核、消防验收或者备案以及公众聚集场所投入使用、营业前消防安全检查工作 |
| 10 | 建立健全学校消防工作档案及消防安全隐患台账 |
| 11 | 按照工作要求上报有关信息数据 |
| 12 | 协助公安机关消防机构调查处理火灾事故，协助有关部门做好火灾事故处理及善后工作 |

### 4. 学校二级单位和其他驻校单位消防安全职责

学校二级单位和其他驻校单位应当履行表 7-4 所列消防安全职责。

表 7-4 **学校二级单位和其他驻校单位消防安全职责**

| 序号 | 学校二级单位和其他驻校单位消防安全职责 |
| --- | --- |
| 1 | 落实学校的消防安全管理规定，结合本单位实际制定并落实本单位的消防安全制度和消防安全操作规程 |
| 2 | 建立本单位的消防安全责任考核、奖惩制度 |
| 3 | 开展经常性的消防安全教育、培训及演练 |
| 4 | 定期进行防火检查，做好检查记录，及时消除火灾隐患 |
| 5 | 按规定配置消防设施、器材并确保其完好有效 |
| 6 | 按规定设置安全疏散指示标志和应急照明设施，并保证疏散通道、安全出口畅通 |
| 7 | 消防控制室配备消防值班人员，制定值班岗位职责，做好监督检查工作 |

续表

| 序号 | 学校二级单位和其他驻校单位消防安全职责 |
|---|---|
| 8 | 新建、扩建、改建及装饰装修工程报学校消防机构备案 |
| 9 | 按照规定的程序与措施处置火灾事故 |
| 10 | 学校规定的其他消防安全职责 |

5. 其他

校内各单位主要负责人是本单位消防安全责任人，驻校内其他单位主要负责人是该单位消防安全责任人，负责本单位的消防安全工作。

除上述学校二级单位和其他驻校单位消防安全职责外，学生宿舍管理部门还应当履行表 7-5 所列安全管理职责。

表 7-5　**学生宿舍管理部门还应履行的安全管理职责**

| 序号 | 学生宿舍管理部门还应履行的安全管理职责 |
|---|---|
| 1 | 建立由学生参加的志愿消防组织，定期进行消防演练 |
| 2 | 加强学生宿舍用火、用电安全教育与检查 |
| 3 | 加强夜间防火巡查，发现火灾立即组织扑救和疏散学生 |

### 7.2.2　消防安全管理对象

高校消防安全管理应确定校园内各消防安全重点单位（部位）、日常消防安全管理事项，大型活动举办许可及监管等有关内容。

1. 确定消防重点单位（部位）

学校应当将表 7-6 所列单位（部位）列为学校消防安全重点单位（部位）。

表 7-6　**学校消防安全重点单位（部位）**

| 序号 | 学校消防安全重点单位（部位） |
|---|---|
| 1 | 学生宿舍、食堂（餐厅）、教学楼、校医院、体育场（馆）、会堂（会议中心）、超市（市场）、宾馆（招待所）、托儿所、幼儿园以及其他文体活动、公共娱乐等人员密集场所 |
| 2 | 学校网络、广播电台、电视台等传媒部门和驻校内邮政、通信、金融等单位 |
| 3 | 车库、油库、加油站等部位 |
| 4 | 图书馆、展览馆、档案馆、博物馆、文物古建筑 |
| 5 | 供水、供电、供气、供热等系统 |
| 6 | 易燃易爆等危险化学物品的生产、充装、储存、供应、使用部门 |

续表

| 序号 | 学校消防安全重点单位（部位） |
| --- | --- |
| 7 | 实验室、计算机房、电化教学中心和承担国家重点科研项目或配备有先进精密仪器设备的单位（部位），监控中心、消防控制中心 |
| 8 | 学校保密要害部门及部位 |
| 9 | 高层建筑及地下室、半地下室 |
| 10 | 建设工程的施工现场以及有人员居住的临时性建筑 |
| 11 | 其他发生火灾可能性较大以及一旦发生火灾可能造成重大人身伤亡或者财产损失的单位（部位） |

重点单位和重点部位的主管部门，应当按照有关法律法规和上述规定履行消防安全管理职责，设置防火标志，实行严格消防安全管理。

2. 大型活动举办许可

在学校内举办文艺、体育、集会、招生和就业咨询等大型活动和展览，主办单位应当确定专人负责消防安全工作，明确并落实消防安全职责和措施，保证消防设施和消防器材配置齐全、完好有效，保证疏散通道、安全出口、疏散指示标志、应急照明和消防车通道符合消防技术标准和管理规定，制定灭火和应急疏散预案并组织演练，并经学校消防机构对活动现场检查合格后方可举办。

应当依法报请当地人民政府有关部门审批的，经有关部门审核同意后方可举办。

3. 日常管理

学校应当按照国家有关规定，配置消防设施和器材，设置消防安全疏散指示标志和应急照明设施，每年组织检测维修，确保消防设施和器材完好有效。

学校应当保障疏散通道、安全出口、消防车通道畅通。

学校进行新建、改建、扩建、装修、装饰等活动，必须严格执行消防法规和国家工程建设消防技术标准，并依法办理建设工程消防设计审核、消防验收或者备案手续。学校各项工程及驻校内各单位在校内的各项工程消防设施的招标和验收，应当有学校消防机构参加。

施工单位负责施工现场的消防安全，并接受学校消防机构的监督、检查。竣工后，建筑工程的有关图纸、资料、文件等应当报学校档案机构和消防机构备案。

地下室、半地下室和用于生产、经营、储存易燃易爆、有毒有害等危险物品场所的建筑不得用作学生宿舍。

生产、经营、储存其他物品的场所与学生宿舍等居住场所设置在同一建筑物内的，应当符合国家工程建设消防技术标准。

学生宿舍、教室和礼堂等人员密集场所，禁止违规使用大功率电器，在门窗、阳台等部位不得设置影响逃生和灭火救援的障碍物。

利用地下空间开设公共活动场所，应当符合国家有关规定，并报学校消防机构备案。

学校消防控制室应当配备专职值班人员，持证上岗。

消防控制室不得挪作他用。

学校购买、储存、使用和销毁易燃易爆等危险品，应当按照国家有关规定严格管理、规范操作，并制定应急处置预案和防范措施。

学校对管理和操作易燃易爆等危险品的人员，上岗前必须进行培训，持证上岗。

学校应当对动用明火实行严格的消防安全管理。禁止在具有火灾、爆炸危险的场所吸烟、使用明火；因特殊原因确需进行电、气焊等明火作业的，动火单位和人员应当向学校消防机构申办审批手续，落实现场监管人，采取相应的消防安全措施。作业人员应当遵守消防安全规定。

学校内出租房屋的，当事人应当签订房屋租赁合同，明确消防安全责任。出租方负责对出租房屋的消防安全管理。学校授权的管理单位应当加强监督检查。

外来务工人员的消防安全管理由校内用人单位负责。

发生火灾时，学校应当及时报警并立即启动应急预案，迅速扑救初期火灾，及时疏散人员。

学校应当在火灾事故发生后两个小时内向所在地教育行政主管部门报告。较大及以上火灾同时报教育部。

火灾扑灭后，事故单位应当保护现场并接受事故调查，协助公安机关消防机构调查火灾原因、统计火灾损失。未经公安机关消防机构同意，任何人不得擅自清理火灾现场。

学校及其重点单位应当建立健全消防档案。

消防档案应当全面反映消防安全和消防安全管理情况，并根据情况变化及时更新。

### 7.2.3　消防安全检查和整改

学校消防机构应该定期对校园内消防安全状况进行监督检查，及时提出整改措施，维持良好的消防安全秩序，保证把火灾消灭在萌芽状态。一般应开展以下工作。

（1）学校每季度至少进行一次消防安全检查。检查的主要内容见表7-7。

表7-7　**学校每季度消防安全检查主要内容**

| 序号 | 学校每季度消防安全检查主要内容 |
|---|---|
| 1 | 消防安全宣传教育及培训情况 |
| 2 | 消防安全制度及责任制落实情况 |
| 3 | 消防安全工作档案建立健全情况 |
| 4 | 单位防火检查及每日防火巡查落实及记录情况 |
| 5 | 火灾隐患和隐患整改及防范措施落实情况 |
| 6 | 消防设施、器材配置及完好有效情况 |
| 7 | 灭火和应急疏散预案的制定和组织消防演练情况 |
| 8 | 其他需要检查的内容 |

（2）学校消防安全检查应当填写检查记录，检查人员、被检查单位负责人或者相关人员应当在检查记录上签名，发现火灾隐患应当及时填发《火灾隐患整改通知书》。

（3）校内各单位每月至少进行一次防火检查。检查的主要内容见表7-8。

表7-8 **学校每月防火检查主要内容**

| 序号 | 学校每月防火检查主要内容 |
| --- | --- |
| 1 | 火灾隐患和隐患整改情况以及防范措施的落实情况 |
| 2 | 疏散通道、疏散指示标志、应急照明和安全出口情况 |
| 3 | 消防车通道、消防水源情况 |
| 4 | 消防设施、器材配置及有效情况 |
| 5 | 消防安全标志设置及其完好、有效情况 |
| 6 | 用火、用电有无违章情况 |
| 7 | 重点工种人员以及其他员工消防知识掌握情况 |
| 8 | 消防安全重点单位（部位）管理情况 |
| 9 | 易燃易爆危险物品和场所防火防爆措施落实情况以及其他重要物资防火安全情况 |
| 10 | 消防（控制室）值班情况和设施、设备运行、记录情况 |
| 11 | 防火巡查落实及记录情况 |
| 12 | 其他需要检查的内容 |
| 13 | 防火检查应当填写检查记录，检查人员和被检查部门负责人应当在检查记录上签名 |

（4）校内消防安全重点单位（部位）应当进行每日防火巡查，并确定巡查的人员、内容、部位和频次。其他单位可以根据需要组织防火巡查。巡查的主要内容见表7-9。

表7-9 **学校每日防火巡查主要内容**

| 序号 | 学校每日防火巡查主要内容 |
| --- | --- |
| 1 | 用火、用电有无违章情况 |
| 2 | 安全出口、疏散通道是否畅通，安全疏散指示标志、应急照明是否完好 |
| 3 | 消防设施、器材和消防安全标志是否在位、完整 |
| 4 | 常闭式防火门是否处于关闭状态，防火卷帘下是否堆放物品影响使用 |
| 5 | 消防安全重点部位的人员在岗情况 |
| 6 | 其他消防安全情况 |

校医院、学生宿舍、公共教室、实验室、文物古建筑等应当加强夜间防火巡查。

防火巡查人员应当及时纠正消防违章行为，妥善处置火灾隐患，无法当场处置的，应当立即报告。发现初期火灾，应当立即报警、通知人员疏散、及时扑救。

防火巡查应当填写巡查记录，巡查人员及其主管人员应当在巡查记录上签名。

（5）对违反消防安全规定的行为，检查、巡查人员应当责成有关人员改正并督促落实，见表 7-10。

表 7-10　**违反消防安全规定的行为**

| 序号 | 违反消防安全规定的行为 |
| --- | --- |
| 1 | 消防设施、器材或者消防安全标志的配置、设置不符合国家标准、行业标准，或者未保持完好有效的行为 |
| 2 | 损坏、挪用或者擅自拆除、停用消防设施、器材的行为 |
| 3 | 占用、堵塞、封闭消防通道、安全出口的行为 |
| 4 | 埋压、圈占、遮挡消火栓或者占用防火间距的行为 |
| 5 | 占用、堵塞、封闭消防车通道，妨碍消防车通行的行为 |
| 6 | 人员密集场所在门窗上设置影响逃生和灭火救援的障碍物的行为 |
| 7 | 常闭式防火门处于开启状态，防火卷帘下堆放物品影响使用的行为 |
| 8 | 违章进入易燃易爆危险物品生产、储存等场所的行为 |
| 9 | 违章使用明火作业或者在具有火灾、爆炸危险的场所吸烟、使用明火等违反禁令的行为 |
| 10 | 消防设施管理、值班人员和防火巡查人员脱岗的行为 |
| 11 | 对火灾隐患经公安机关消防机构通知后不及时采取措施消除的行为 |
| 12 | 其他违反消防安全管理规定的行为 |

（6）学校对教育行政主管部门和公安机关消防机构、公安派出所指出的各类火灾隐患，应当及时予以核查、消除。

对公安机关消防机构、公安派出所责令限期改正的火灾隐患，学校应当在规定的期限内整改。

（7）对不能及时消除的火灾隐患，隐患单位应当及时向学校及相关单位的消防安全责任人或者消防安全工作主管领导报告，提出整改方案，确定整改措施、期限以及负责整改的部门、人员，并落实整改资金。

火灾隐患尚未消除的，隐患单位应当落实防范措施，保障消防安全。对于随时可能引发火灾或者一旦发生火灾将严重危及人身安全的，应当将危险部位停止使用或停业整改。

（8）对于涉及城市规划布局等学校无力解决的重大火灾隐患，学校应当及时向其上级主管部门或者当地人民政府报告。

（9）火灾隐患整改完毕，整改单位应当将整改情况记录报送相应的消防安全工作责任人或者消防安全工作主管领导签字确认后存档备查。

### 7.2.4 消防安全教育和培训

为加强广大师生员工的消防安全意识，提高处置初期火灾的能力，学校消防机构还应该组织广大师生进行安全教育，做到新生入学、新员工上岗均应该接受一定的安全培训。主要包括以下内容：

(1) 学校应当将师生员工的消防安全教育和培训纳入学校消防安全年度工作计划。

消防安全教育和培训的主要内容见表7-11。

表7-11　**消防安全教育和培训的主要内容**

| 序号 | 消防安全教育和培训的主要内容 |
|---|---|
| 1 | 国家消防工作方针、政策，消防法律、法规 |
| 2 | 本单位、本岗位的火灾危险性，火灾预防知识和措施 |
| 3 | 有关消防设施的性能、灭火器材的使用方法 |
| 4 | 报火警、扑救初起火灾和自救互救技能 |
| 5 | 组织、引导在场人员疏散的方法 |

(2) 学校应当采取措施对学生进行消防安全教育，使其了解防火、灭火知识，掌握报警、扑救初期火灾和自救、逃生方法，详见表7-12。

表7-12　**对学生进行消防安全教育的措施**

| 序号 | 对学生进行消防安全教育的措施 |
|---|---|
| 1 | 开展学生自救、逃生等防火安全常识的模拟演练，每学年至少组织一次学生消防演练 |
| 2 | 根据消防安全教育的需要，将消防安全知识纳入教学和培训内容 |
| 3 | 对每届新生进行不低于4学时的消防安全教育和培训 |
| 4 | 对进入实验室的学生进行必要的安全技能和操作规程培训 |
| 5 | 每学年至少举办一次消防安全专题讲座，并在校园网络、广播、校内报刊开设消防安全教育栏目 |

(3) 学校二级单位应当组织新上岗和进入新岗位的员工进行上岗前的消防安全培训。

消防安全重点单位（部位）对员工每年至少进行一次消防安全培训。

(4) 表7-13中所列人员应当依法接受消防安全培训。

表7-13　**应当依法接受消防安全培训的人员**

| 序号 | 应当依法接受消防安全培训的人员 |
|---|---|
| 1 | 学校及各二级单位的消防安全责任人、消防安全管理人 |
| 2 | 专职消防管理人员、学生宿舍管理人员 |

续表

| 序号 | 应当依法接受消防安全培训的人员 |
|---|---|
| 3 | 消防控制室的值班、操作人员 |
| 4 | 其他依照规定应当接受消防安全培训的人员 |

消防控制室的值班、操作人员必须持证上岗。

### 7.2.5　灭火、应急疏散预案和演练

消防灭火及应急演练也是提高单位应对火灾的重要手段，必须在消防日常管理中予以落实，主要内容包括：

（1）学校、二级单位、消防安全重点单位（部位）应当制定相应的灭火和应急疏散预案，建立应急反应和处置机制，为火灾扑救和应急救援工作提供人员、装备等保障。

灭火和应急疏散预案内容见表 7-14。

表 7-14　**灭火应急疏散预案内容**

| 序号 | 灭火应急疏散预案内容 |
|---|---|
| 1 | 组织机构：指挥协调组、灭火行动组、通信联络组、疏散引导组、安全防护救护组 |
| 2 | 报警和接警处置程序 |
| 3 | 应急疏散的组织程序和措施 |
| 4 | 扑救初期火灾的程序和措施 |
| 5 | 通信联络、安全防护救护的程序和措施 |
| 6 | 其他需要明确的内容 |

（2）学校实验室应当有针对性地制定突发事件应急处置预案，并将应急处置预案涉及的生物、化学及易燃易爆物品的种类、性质、数量、危险性和应对措施及处置药品的名称、产地和储备等内容报学校消防机构备案。

（3）校内消防安全重点单位应当按照灭火和应急疏散预案每半年至少组织一次消防演练，并结合实际，不断完善预案。

消防演练应当设置明显标识，并事先告知演练范围内的人员，避免意外事故发生。

### 7.2.6　消防经费保障及安全奖惩制度

学校应当将消防经费纳入学校年度经费预算，保证消防经费投入，保障消防工作的需要。学校日常消防经费用于校内灭火器材的配置、维修、更新，灭火和应急疏散预案的备用设施、材料，以及消防宣传教育、培训等，保证学校消防工作正常开展。

学校安排专项经费，用于解决火灾隐患，维修、检测、改造消防专用给水管网、消防专用供水系统、灭火系统、自动报警系统、防排烟系统、消防通信系统、消防监控系统等

消防设施。消防经费使用坚持专款专用、统筹兼顾、保证重点、勤俭节约的原则，任何单位和个人不得挤占、挪用消防经费。

学校应当将消防安全工作纳入校内评估考核内容，对在消防安全工作中成绩突出的单位和个人给予表彰奖励。对未依法履行消防安全职责、违反消防安全管理制度，或者擅自挪用、损坏、破坏消防器材、设施等违反消防安全管理规定的，学校应当责令其限期整改，给予通报批评；对直接负责的主管人员和其他直接责任人员，应根据情节轻重给予警告等相应的处分。如果涉及民事损失、损害的，有关责任单位和责任人应当依法承担民事责任。

学校违反消防安全管理规定或者发生重、特大火灾的，除依据《消防法》的规定进行处罚外，教育行政部门应当取消其当年评优资格，并按照国家有关规定对有关主管人员和责任人员依法予以处分。

## 7.3 高校重点部位消防安全管理

### 7.3.1 教学活动场所

教学活动场所主要是指日常供学生上课学习的教学、会议室、报告厅等场所，该类场所上课、考试或供自习时学生较多，可能带来的火灾隐患不少，如学生抽烟后乱丢弃烟头，以及携带书籍、大功率暖手袋等用品，都具有一定的火灾危险性。该场所的消防管理具体建议如下：

（1）教学活动场所进行装修时，顶棚、墙面、窗帘织物等应满足国家规范要求。课桌、书柜等教学用具的材料宜为难燃材料，或经过阻燃处理。

（2）教学活动场所的电气线路应定期检查维护，对于年代久远且老化严重的线材应及时更换，避免电气线路短路引发火灾。

（3）教学活动场所内部的消防设施，包括消火栓、自动喷水灭火系统、火灾自动报警系统及灭火器等，应定期委托具有专业资质的消防维保单位进行维护保养，对于陈旧损坏设施应定期更换。

（4）教学活动场所应严格制定场所管理要求，不得在此类场所堆积临时物品，尤其禁止贮藏易燃易爆物品，严格限制此类场所功能。

（5）应科学合理利用教学活动场所作息警铃、声音广播系统等，当教学等活动场所发生火灾时，可将火灾情况反映至广播中心，将广播系统作为火灾情况下的紧急广播提示。

（6）教学活动场所应在醒目位置，如黑板报、走道墙壁等处，通过张贴消防知识宣传类海报的形式向师生宣传消防安全知识，增强师生消防安全意识。

### 7.3.2 学生宿舍

2008 年的上海商学院女生宿舍火灾、2014 年的贵州黔南师院学生寝室火灾以及 2015 年的成都大学宿舍火灾事件仍令人心存余悸，高校学生宿舍是学生生活、学习、休息的综合性场所，在校大学生一天中的大部分时间是在宿舍里度过的，而宿舍一旦发生火灾，后果是相当严重的。因此，有必要弄清和把握学生宿舍发生火灾事故的特点，找出和分析引起学生宿舍火灾事故的原因，研究和采取杜绝学生宿舍火灾事故的对策。针对该场所的火灾特点和诱发因素，建议从以下几方面加强管理：

（1）加大巡查力度。针对学生宿舍的特殊性，制定对应的巡查制度，宿舍管理人员每天日间对宿舍进行至少一次防火巡查，夜间加强防火巡查力度，对宿舍内的违章用火、用电等行为加以制止，排除火灾危险源。

（2）保持安全通道畅通。考虑到高校宿舍楼内的拥挤程度，学校应该对宿舍的居住环境进行改造，减少每间宿舍的居住人数，如从8人间改成4~6人间，降低学生居住密度。另外，必须保证宿舍楼内所有通道的畅通，清理各种杂物，以防堵塞安全通道。

（3）加强宿舍出入口管理。加强对安全出入口的管理，对于进出宿舍楼的出口不应采取锁具锁闭的方式进行管理，应采取更为智能化的管理系统，以保证在危险降临时，能够顺利打开安全出口，使学生快速安全逃离火灾现场。

（4）管理大学生用电方式。学校必须对学生的用电方式进行管理，定期检查宿舍的用电情况，对于违章行为进行处罚，发现违章电器要及时处理，保证用电安全，防止火灾发生。根据学生的用电需求，合理确定供电时间，如在学生无用电需求期间，可采取断闸的管理措施。

（5）宿舍电力设施改造及维护。不少地区的高校均对学生宿舍进行了电力改造，安装了空调、热水器等大功率电器。但由于宿舍楼的用电量较大、电器设施较多，应定期对宿舍主要线路及配电设施进行检查及维护，避免用电负荷过大而对电气线路造成损害。对于老旧宿舍的电气线路应重新改造替换，增加电路的负荷承载量，电路的连接和设计要符合相关标准，达到安全用电要求。

（6）完善消防设施配置。宿舍消防设施是消灭火灾的基础设施，在火灾发生时起到重要作用，因此，在平时的防火工作中，应投入充足的资金，给学生宿舍配备完善可靠的消防设施，并加强维护保养，保证宿舍楼内的灭火器、消防栓、疏散指示标志、应急照明灯具能正常工作。

### 7.3.3 图书、档案场所

近年来，高校图书、档案场所也发生过较大的火灾事件，如2014年中国地质大学江城学院图书馆火灾、2015年广西医科大学图书馆火灾。高校图书馆收藏的主要是以纸为载体的各类图书、报刊和档案材料等可燃材料，稍有不慎，引入火源，就很容易引发火灾，再加上高校图书馆存在人员流量大、管理困难、建筑结构可能先天不足、部分工作人员个人防火意识的淡薄，该类场所火灾风险性较高。对图书、档案场所的消防管理建议如下：

（1）烟火检查。明火是发生火灾的最重要因素，高校图书馆应严格控制一切明火，不准把火种带入书库、阅览室等场所。每天应派专人巡逻检查，防止遗留火种等诱发火灾的因素，并加强晚上的值班巡逻；设置专用吸烟区，其他场所严禁吸烟，严禁乱扔烟头，并在图书馆醒目地方设置禁烟禁火标志。

（2）电气设备检查。图书馆内的照明线路及其他电气设备应严格按规定设置安装。

定期对电气设施进行维护保养、检查、检修。一是检查线路负载与设备增减情况，防止线路过负荷；二是检测电气设备和线路的绝缘性，防止漏电引起火灾；三是检测电气线路的温度，及时发现线路中的问题，消除故障源。通过检测，保障电气线路、用电器处于正常工作状态。

（3）消防设施维修保养。定期对馆内外消火栓、水泵接合器、水枪、火灾自动报警系统、自动灭火系统、应急照明和指示标志等消防设施进行检测和保养，如有损坏、锈蚀、丢失，应及时进行修复更新，灭火器还要定期检测、更换，确保灭火器材设施完整可用。在发生初期火灾时，利用现有完好的设施器材进行灭火自救，可将火灾损失降到最低。

（4）图书合理布局。图书馆内图书、书架的布置应符合《图书馆建筑设计规范》（JGJ38）相关规定，书架之间的间距尽量在该规范要求基础上适当增加，可燃烧物之间的间距越大，相邻之间火灾影响就越小。电气线路、插座等设施距书架之间应保持一定的间距，不宜贴邻。

（5）季节性加大防火巡查力度。随着季节的更替，图书馆室内环境的变化对图书自身的燃烧性能会造成影响，春夏季节图书馆室内空气湿度较大，图书干燥度较低，引发火灾概率相对秋冬季节来说相对较低。因此，图书馆管理人员应在秋冬季节加大巡查力度，增加防火巡查频次，杜绝图书馆产生火源。

### 7.3.4 电子教学场所

计算机教室、多媒体教室等场所配置的电子设备较多，电气线路布置多而杂，是学校内火灾突发性较高的场所。消防管理建议具体如下：

（1）电气设备的安装和检查维修，应由正式专业电工严格按国家有关规定和标准操作。

（2）严禁于电子教学场所存放易燃易爆化学物品和腐蚀性物品，严禁使用易燃溶剂清洗带电设备；电子计算机教室内应明确禁止吸烟和其他明火行为。

（3）电子教学场所内使用插座、电子设施时，不可超出允许限度。切实预防线路和电子设备的短路、过载事故发生。切实做好电气接头的连接工作，防止接触电阻过大引起的火灾。

（4）电子计算机系统的电源线路上，应设置有紧急断电装置，一旦供电系统出现故障，能够较快地切断电源。电缆线与计算机的连接要有锁紧装置，以防松动。

（5）电子教学场所内的设备间连接线路应集中合理布置，不应随地杂乱放置，尽量将线路避开可燃物、热源等。

（6）针对电子教学场所内部功能和电子设备特性，配备与该场所相适应的消防灭火器材，如采用二氧化碳或干粉灭火器、设置气体灭火系统等。

### 7.3.5 化学、生物、物理实验场所

清华大学化学系何添楼火灾、中科院上海有机化学研究所实验室火灾、中北大学实验室火灾等火灾事故，为高校消防安全管理敲响了警钟。高校实验场所的消防管理人员安全

意识不强、防火规章制度不健全以及实验场所内部存在的多种物理、化学不安全因素等，均极易引发严重的火灾事故，应时刻加强对高校实验场所的消防安全管理。

1. 健全制度并落实

安全规章制度是一种有效的安全管理手段，建立健全安全规章制度，是开展安全工作的前提条件，是规范安全工作的基础。高校实验室主管部门应根据学校的实际情况，依据这些规范，建立一套符合自身实际情况的安全工作管理制度，如《实验室安全防火工作条例》《实验室易燃易爆危险品使用、存贮管理办法》《实验室安全用电管理制度》等。

2. 实验准备前做临时安全教育

在任何实验开始前，应进行消防安全教育及培训，让参与实验的学生了解到消防安全的重要性，并能在操作实验的过程中时刻注意潜在的火灾隐患。

3. 配备必要的消防器材

对于一般的实验室火灾，我们通常使用的灭火器材有水型灭火器、干粉灭火器、二氧化碳灭火器、灭火毯等，这些灭火器材适用的实验设备、实验环境是不同的。二氧化碳和干粉灭火器适用于一般的电气设备火灾，灭火毯适用于油类的火灾，而对于大型精密仪器设备火灾，因其洁净程度要求高，则严禁使用干粉灭火器，一般使用二氧化碳灭火器。可见，不能盲目、一概而论地配置实验室灭火器材，而要根据实验室的实验环境和实验设备等条件进行合理配置。

4. 加强设备管理和化学实验室的药品管理

实验室易发生重大火灾事故的设备应符合防火防爆要求，不要成为燃烧、爆炸的危险源。易发生火灾的化工设备要有相应的检测灭火系统作为保证。实验室的药品管理应当做到：一是控制化学实验室药品的存放量；二是对防雨、防晒、防热、防震、防压的化学药品，应按物料特性做出具体管理规定，严格贯彻执行；三是对剩余或暂时不用的化学药品要妥善保管；四是易挥发的化学药品用毕后，应将瓶盖拧紧；五是电冰箱不得储存易燃品。

5. 科学地进行实验设计

设计实验时，一定要以国家有关规定、标准作为依据，绝不可随意决定，盲目试验；认真论证主要工艺、原料、半成品、成品的安全程度，尽可能把灾害减少到最低程度；要认真选好实验场所、实验设备，检查实验器具的安全情况。

6. 认真选好实验场所、实验设备

在条件许可的情况下，尽可能不在同一实验室作交叉项目，从而有效地避免易燃易爆化学药品与易燃易爆气体交叉作业。

### 7.3.6 学校食堂

学校食堂消防安全管理应主要从火灾引火源、餐厅布局带来的火灾荷载、其他场所可能带来的影响等方面抓起，采取严格的管理措施，降低火灾发生风险。

1. 厨房燃气管理

厨房应统一整体管理燃气设施，尽量采用天然气管道供气，且靠外墙布置。对于仍在使用液化石油气罐供气的，应限制罐体容量，使其燃气总量与日用量相适应。

2. 食堂档口与摊位布置

食堂档口不应在原设计基础上随意更改或增加，就餐区不应额外布置饮品摊位、小卖部等。食堂内的主要公共活动区通道处应保证通畅，桌椅及其他器具之间应保持合理的间距，以满足人员的顺畅通行。

3. 食堂装修施工

食堂档口或摊位更换周期较短，在新引进店铺进行装修时，装修所用的材料应满足现行相关规范要求，装修施工期间需动火用电的，应先取得动火用电许可，并严格规范施工，避免装修期间因动火用电而引发火灾。

4. 不同场所合建要求

当食堂与其他场所合建或食堂部分区域改建时，不应降低原有场所的防火设计要求，各安全疏散出口不得相互影响，不得擅自改变或挪动防火分隔措施。除食堂外的其他场所应加强消防管理，降低火灾发生风险。

5. 火源管理

食堂各区域应加强对火源的管理，严禁在公共活动区域、摊位及档口、厨房、储藏间等处抽烟；厨房应谨慎使用明火，当人远离时，应立即熄灭关掉燃气；厨房内的食材及其他易燃可燃材料不得靠近燃气管道。

### 7.3.7 体育馆

随着高校建设发展迅速，许多高校扩容或新修建了体育馆。高校体育馆现今的用途也越来越广泛，承接各项体育赛事或大型文娱活动，如 2013 年天津东亚会部分比赛项目分别在南开大学、天津师范大学举办，2015 年男篮亚锦赛选择长沙民政学院体育馆作为主场馆。然而，随着高校体育馆使用率的提高，尤其是一些大型活动的举办，体育馆内的人群高度密集，一旦发生火灾等突发事件，人员疏散将面临巨大的安全风险，甚至可能导致群死群伤的人群拥挤踩踏事件。

1. 确定重点管理部位

体育馆的疏散走道、楼梯间或出口等位置为人员疏散逃生的主要途径，应作为重点管理部位，严禁摆放任何可燃物或阻碍人员疏散的物品。

2. 限制火灾危险源

体育馆比赛大厅或观众席位置明令禁止抽烟；当场馆内有大型文体活动时，应严格要求活动期间不得燃放烟花或存在其他可能产生火花的行为；当体育场馆内由于特殊情况需要用火时，应制定详细的用火规程，并派专人看管。

3. 人员安全检查

在举办大型活动期间应采取安检措施，限制进入人员携带易燃易爆物品，并限制场馆内的进入人数，避免场馆内人数过多，使得紧急情况下的人员疏散更加困难。

4. 消防设施的管理

体育馆内应配置相应的消防设施及器材，不仅能有效地扑救初期火灾，而且能有效地控制火灾蔓延。体育馆内配置的重要消防系统为消防水炮灭火系统及大空间火灾探测系统，应定期检查维护确保其有效性。场馆内的灭火器出现缺失或过期时，应立即更换或补足。

5. 加大日常防火巡查力度

在每日体育馆开馆及闭馆前，应对场馆内进行一次防火巡查。在体育馆举办赛事、演艺活动期间，应不间断地进行防火巡查。体育馆非大型活动运营期间，应至少每隔 2 小时进行一次防火巡查，并做好巡查记录。

# 第8章 高校智慧消防管理系统

## 8.1 高校智慧消防基本概念

近年来，各高校各种高层建筑物不断增多，建筑物内消防控制室数量也在急剧增加，同时校园电气火灾、实验室危化品火灾、学生寝室火灾发生率也有上升趋势，在高校日常消防监督管理工作中，突出存在着人力不足和技术手段落后的问题，难以适应当前严峻的消防安全形势。为预防火灾，减少财产损失，保障师生员工的人身安全，急需采用技术手段支撑和配合校园消防安全管理工作。

物联网，是指物体通过射频识别技术（RFID）、传感器技术、二维码技术、卫星定位技术等手段进行信息感知，接入互联网或者无线通信网络形成智能网络，实现物与物、人与物、人与人之间的信息交互和智能应用。物联网架构从下到上分为感知、传输、认知、应用四层。

（1）感知层：采用视频采集、卫星定位、RFID 等多种感知技术手段进行信息采集；

（2）传输层：通过光纤、4G、卫星等各种传输网络实现信息的可靠传输；

（3）认知层：搭建公共应用支撑平台，提供统一的信息接入、整合、交换等云服务；

（4）应用层：提供动态监控、预测预警、智能分析等业务功能，为市政府、企业或社会机构以及个人的各类应用需求提供支撑。

智慧消防是未来建筑消防的一个重要趋势，也是提升消防安全管理的重要手段。高校智慧消防系统以物联网为基础，采用以太网、无线移动数据，以及 3G 和 4G 移动数据网络等多种联网方式，将分散在高校校园内的各个建筑物内部的火灾自动报警系统、消防联动控制系统、自动喷水灭火系统、气体灭火系统、室内外消火栓、安防视频监控系统、消防控制室值班监控、消防生命疏散通道（防火门、防火通道）监控、重点部位及危险区域消防监控、消防巡查系统、消防器材 RFID 管理系统等集成在监控中心大数据平台上，从而实现对高校校园各建筑的消防设施全面、远程、集中监控管理，完善校园安全防范体系，有效提高校园整体火灾防控能力和消防安全管理水平，为广大师生创建一个文明、安全、和谐、美丽的校园环境。

## 8.2 高校智慧消防系统建设的意义

### 8.2.1 高校消防设施管理中存在的问题

高校校园往往占地面积大、建筑分散、建筑建设周期长、老旧建筑偏多，而且消防系统种类多、建设时间不一，导致各个系统都相互独立，缺乏统一管理；消防设施、器材老化，维护保养工作不足，导致部分建筑消防设施运行合格率偏低。具体而言，高校消防设施管理中存在如下问题：

首先，各建筑物的火灾自动报警系统独立运行，对于系统故障、值班人员误操作、擅自关闭报警系统、消防设施维修不及时等，主管部门很难及时掌握具体情况。其次，消防控制室人员往往兼顾大楼保安值班工作，无法满足“每个消防控制室 24 小时值班，每班 2 人”的工作要求，一旦发生火灾，分散在各建筑的消防控制室值班人员无法对警情进行快速确认并组织及时有效的扑救。再次，消防设施分散，运行状态未知，如消防水系统易出现阀门误关闭、设备运行故障等，使得火灾发生时不能有效工作；对于管网压力、水池/水箱水位、水泵的工作状态等信息也无法实时有效监测。最后，部分高校消防管理人员消防安全责任主体意识薄弱，消防安全制度和措施不健全或落实不到位，建筑防火日巡查、建筑消防设施月检查、消控室检查工作费时费力，缺乏有效监管。消防重点岗位持证上岗制度没有严格落实，值班人员不能及时排除故障，应对初期火灾能力不足，贻误灭火时机，致使小火酿成大灾。

### 8.2.2　高校智慧消防系统建设的必要性

高校扩招以来，在校生人数剧增，使得高校宿舍和教室资源紧缺，住宿拥挤，教室学生密集，而与此同时，高校学生管理人员不足，难以全方位监控，无法对学生在教室或宿舍用电等消防安全行为进行监管，很容易造成消防安全隐患。传统的人工实现消防安全管理的方式无法第一时间感知火情并确定起火位置，消防安全管理没有可靠性和效率保障。

将物联网应用到智慧消防管理系统中，实现对火灾自动报警系统、消防水系统的集中远程监控，对消防设施、人员值班管理进行实时监管、预警，一旦发现安全隐患，可以督促责任人及时整改，降低火灾风险，保证消防设施稳定可靠运行，保证在校师生生命财产安全。智慧消防系统也可以将分散在各个建筑物内的消防控制室整体联网，实现远程与就地同步监控，适当减少分散在各分控制中心人员，节省人力成本。

通过校园智慧消防建设，可以根据校区建筑分区实际情况，建成楼宇监控——区域监控——主机总控三级火灾自动报警系统，从而确保总控制和分控室之间联网通畅。一旦发生火情，三级联动，及时组织扑救，有效避免火灾事故的发生。同时，也可以通过水流量监测系统和水压监测系统，实时掌握消防供水状态，提升应急处置保障能力。

首先，智慧消防管理系统可以解决消防安全管理工作中对人的管理需求。系统可以将巡查科学分配，对工作内容做出规范化要求，安排适当的人员到指定地点做巡检、巡逻工作，细化各部门、各种设施的主体责任，实现群策群力；系统信息化实现责任倒查、监管无漏洞。通过系统对工作结果进行审核评估，成为人员绩效考核的依据。其次，可解决消防安全管理工作中对设施的管理需求。通过物联网技术对发现故障及时预警，形成大数据研判提供巡查、发现隐患、现场整改或推送维保、关闭隐患的闭环自我管理流程，相关流程图如图 8-1 所示。

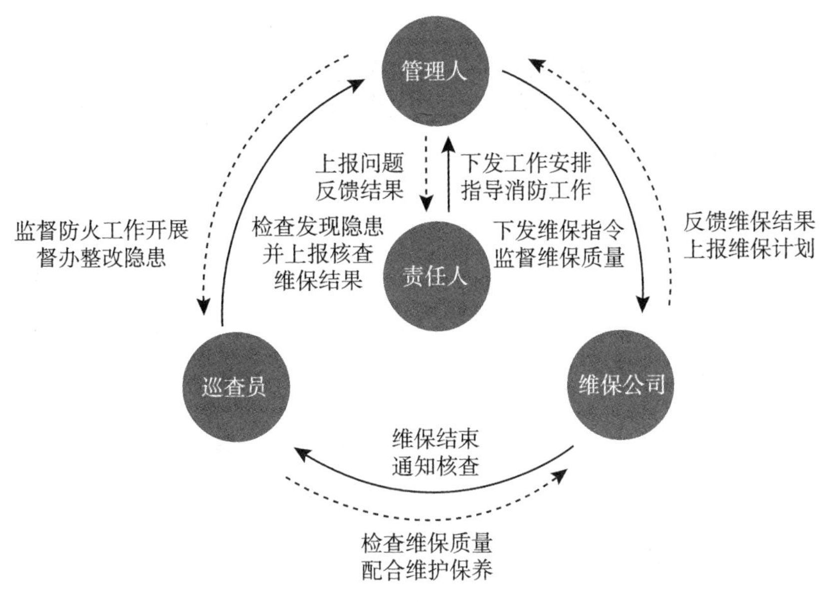


图 8-1 消防安全管理流程图

## 8.3 高校智慧消防系统的组成

高校智慧消防管理系统按照校园消防警务集中受理、分级处置的管理模式，建成具有声光火警显示并处置的消防物联网管理平台，实现联网校内重点消防安全部位火灾报警信息、建筑物消防和设备运行状态信息、消防巡查信息的综合分析及智能处理，并向辖区消防应急指挥中心发送经过确认的火灾报警信息，从而使校园管理部门、各级安保单位等实时掌握各感知对象的详细信息，为形成正确的决策提供依据。物联网技术使得校园对象感知能力极大加强，感知的速度、精度和范围得到了极大的提高，这是其他技术所不能代替的。智慧消防管理系统架构图如图 8-2 所示。

系统主要包含以下核心内容：

（1）火灾报警集中监控系统。可将火灾报警集中监控系统集成到校园三维可视化地图和手机 APP 或微信中，系统实时采集和处理联网建筑火灾自动报警系统前端感知设备的报警信息和运行状态信息，并与其他感知设备，如安防监控系统的视频信息建立关联，利用语音对讲、数据信息、远程调用报警现场视频图像等辅助手段实现对火警信息全方位感知、全过程监控；通过对采集数据的分析，提前发现前端消防设施存在的各种故障隐患，督促相关部门整改，降低火灾风险。

（2）消防水监控系统。消防水监控系统实时自动监测建筑消防系统水池、水箱水位、喷淋水压、末端管网压力、湿式报警阀和最不利的消防水压和水泵状态等信息，实现对消防水系统的主动管理。系统通过分析数据信息、调取现场视频等多种方式，快速发现系统异常及故障，为高校消防水系统检查、维护、保养等故障提供数据支撑，可有效减少学校消防管理部门现场检查次数、降低故障强度、提高发现故障效率。在火灾发生时，保障消

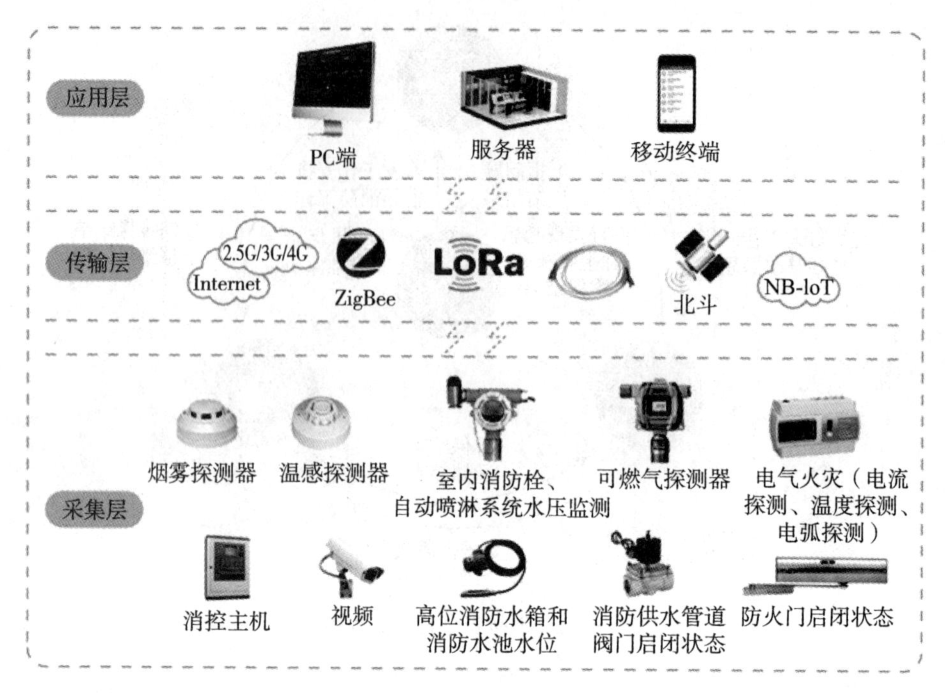


图 8-2　智慧消防系统架构图

防水系统能够发挥真正的作用。智慧消防系统可以进行远程控制水泵和排烟风机的启停，定时定期自动巡检，自动形成设备运行档案，并进行大数据比对，及时优化。

（3）消防视频监控系统。视频监控系统将校园区域、各个建筑物、消防设施、消防巡逻、消控室监管情况，在可视化三维地图上，与监控点一一对应，进行实时查看、监控、分析和管理。监控中心接到火灾报警信息时，自动调取报警点相关联的视频图像信息，查看现场视频图像辅助火警确认，为火情的真伪识别及真实火警的处理提供有力保障；对重点单位消控室值班人员进行视频监控，记录值班情况，发现漏岗，自动联动视频，方便监控中心人员对消控室进行值班管理；查看建筑消防通道、安全出口视频，为引导安全疏散提供便利。

（4）消防器材 RFID 系统。在消防重点部位和消防设施、设备上设置 RFID 标签，可记录该消防设备的购买时间、到期时间、安装时间、安装位置、负责人和巡检情况等相关信息。通过手机 APP 采集 RFID 信息上传至监控中心，系统自动推送到相关责任人，提醒进行保养、更换。手机 APP 端可与监控中心通信，接受巡检任务，更新状态信息，系统对数据进行统计、分析，形成报表，实现对消防设施的信息化管理。

（5）智慧巡更、巡查系统。在巡查巡检重点部位、消防设施上安装电子标签，到巡查部位附近时使用手机近距离自动感应（配 NFC 模块），巡查员手机 APP 提供菜单式表格选择、填写及拍照功能，上传至监控中心，可对巡查地点、时间、状况等数据实时记录，实现消防重点部位、消防设施巡查工作的考核和管理，并将消防隐患数据推送给消防安全管理人，方便管理人员安排现场整改或推送给维保单位进行维护保养。巡更系统示意图如图 8-3 所示。

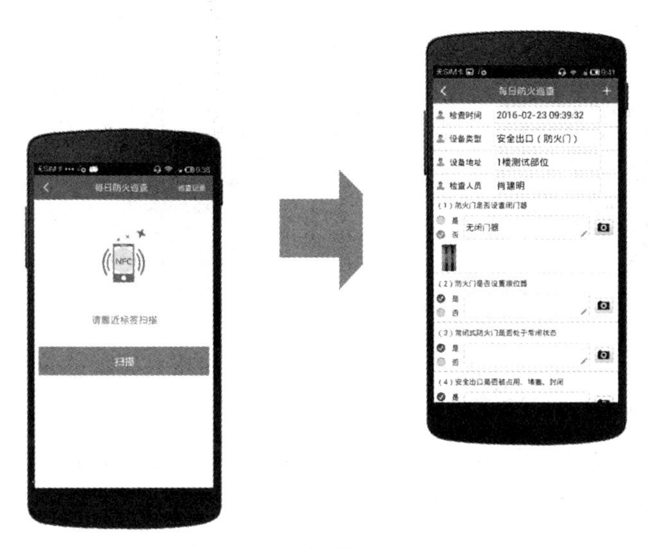


图 8-3　校园智慧巡更 APP 图

（6）电气火灾监控系统。该系统是针对当前电气火灾事故频发而研发的一种电气火灾预警及防控系统，由电气火灾监控探测器、电气火灾监控器、电气火灾监控平台和手机 APP 组成，可在线实时 24 小时监视各探测点的剩余电流、温度、电压、电流、状态等信息。

系统通过实时监控电气线路的剩余电流和线缆温度等引起电气火灾的主要因素，准确捕捉电气火灾隐患，实现对异常信息的预警处理、综合分析及记录查询等。平台收到报警故障信息时，以各种方式（APP/短信/平台）推送至相关值班及负责人员，提醒关注故障状况，并及时采取相应措施消除隐患，确保电气火灾防患于未“燃”。

（7）地理信息与全景三维显示。将消防安全信息与校园 GIS 系统、实景三维模型有机结合，可快速定位火灾发生地、被困人员位置，全面掌握建筑消防设施等情况，第一时间组织人员疏散，做到精准定位、精确救援。首先，通过火灾自动报警系统监控、消防水监控系统、视频监控的被动监测与人工巡逻等主动监测相结合，形成全方位的校内消防安全监测网络；当发生报警时，利用 GIS 的快速定位、现场视频的准确核实，快速鉴别真实报警和误警，降低误报率；对于真实发生的警情，通过应急指挥，迅速查找附近的巡逻力量，到达事发地段，如图 8-4 所示。系统通过统计分析对未来可能发生的事件进行预测，制定更有效的预案，改善校园布控，增强预防、控制和处置各类突发事件的能力，对校园安全事件起到预防作用，真正保证校园安全。

## 8.4　智慧校园案例

某高校由于校园面积较大，建筑众多，其中不乏民国时期等属于文物保护的建筑，还有各种近年来新建的高层、多层综合性建筑，此外还有各种教学楼、医院等消防重点单

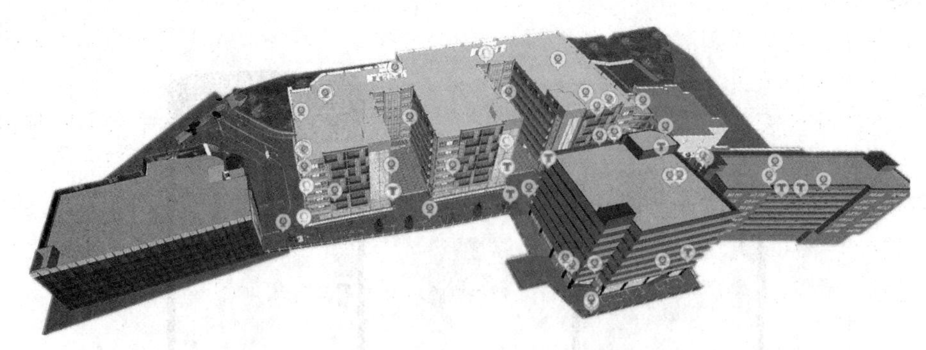

图 8-4　校园建筑全景三维示意图

位，该校仅消防控制室就有 70 多个，由于校园处在城市中心，人流、车流密集，外部人员也不断涌入，校园周边出租屋、商业网点众多，加上学校学生量大，全日制、非全日制等各类学生人数达 6 万以上，各种消防隐患十分突出，校园安保压力十分巨大。为了加强校园消防安全，减轻安保人员负担，提高消防监管效率，学校开展了智慧消防的校园建设。

### 8.4.1　智慧消防组成

该校智慧消防主要包含了 4 个系统：消防控制室集成监控系统、校园消防巡更系统、水压远程监控系统、消防设施可视化管理系统。监控中心如图 8-5 所示。

图 8-5　高校智慧消防监控中心

1. 消防控制室集成监控系统

通过传输装置接入校内现有的消控报警主机，将主机实时数据集成到校园消防可视化综合管理平台、可视化地图、校园网和手机中，确保第一时间收到报警信息，为火灾的应急处理提供宝贵时间。系统主要功能包括：报警自动提醒，节约值守人力成本；统计设备运行信息，误报警率；与校应急中心对接，提升应急处置能力；与维保单位集成，提高消防设施完好率；还集成到消防设施可视化管理平台中，了解各种消防设施的运行情况。同时，具有下水泵或风机的控制指令。

系统的工作流程：采集消控主机上的报警信息，当有报警时，在本平台上同步报警并发出报警声音，通知监控中心值班人员，以达到减少消控室值班人员的目的。一旦发生火灾，系统提示报警具体的点位和位置，直观地展示报警点位的具体房间、位置、回路号、点位号等信息。值班人员发现有报警后，查找到报警点位，通知巡逻人员，并告之具体的建筑、楼层、位置。巡逻人员现场查看。消防集成监控系统图如图 8-6 所示。

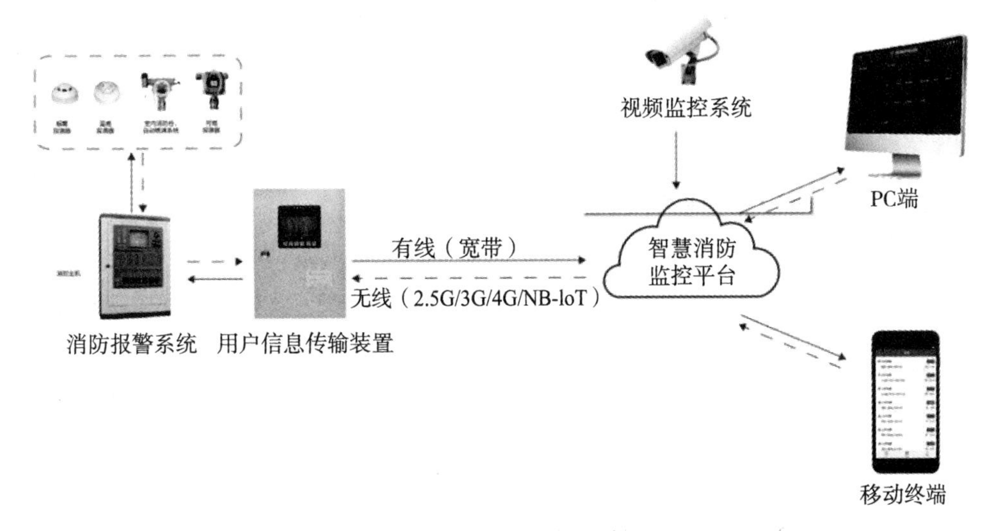


图 8-6 消防集成监控系统图

2. 校园消防巡更系统

通过手机 APP 扫描张贴在消防重点部位及消防设施的二维码，系统就会自动提示各种消防设施及重点部位的检查标准和方法，巡查人员逐项检查，如对有损坏的设备，可以拍照上传，然后把检查的结果上传到服务器自动形成报表。系统通过二维码巡查的形式，杜绝了巡查作弊的问题，通过巡查任务下发的形式，规范了巡查内容，从而实现了消防设施全面管理，具体包括：建筑物、楼层到设施全面对应式管理；查询、统计到位；设备到期自动提醒；巡查情况一目了然，责任落实到位；台账、户籍化管理档案自动生成，检查检修也更规范；消防巡查、巡更、对讲一体化，节约人力成本。

同时，结合系统提供的网格化管理方案，为学校巡查绩效考核和厘清安全责任提供依据，有效改变了传统管理模式下的防火巡查不到位、检查记录不真实的状况，从而帮助学校落实逐级监管和安全主体责任。系统实物如图 8-7 所示。

3. 水压远程监控系统

通过智能化水位计、水压表采集最不利的消防水压、水箱水位、喷淋水压，辅助查漏、不正常用水；自动进行水压异常报警；自动计算正常时间、超高时间、超低时间，正

图 8-7　高校消防巡更图

常率自动计算，可按校区、建筑物、喷淋类计算正常率。该系统是落实消防责任的重要利器。

系统实时监测消防给水的有效性，以符合消防主管部门的随时检查和紧急时刻的供水需求。同时，保障消防管理人员对自己负责的区域内消防供水的情况了如指掌，减少用户单位原有的防水检查的人员配置。利用三色预警模式，数据显示红色，表示现场的数据过高或过低报警；显示黄色，表示传感器或报警器故障需要维修；显示绿色，表示正常。利用大数据分析技术查找水系统的深层次问题，根据水压曲线的变化，直观展现水压、水位的稳定性，研判系统用水、漏水情况。水压远程监控系统如图 8-8 所示。

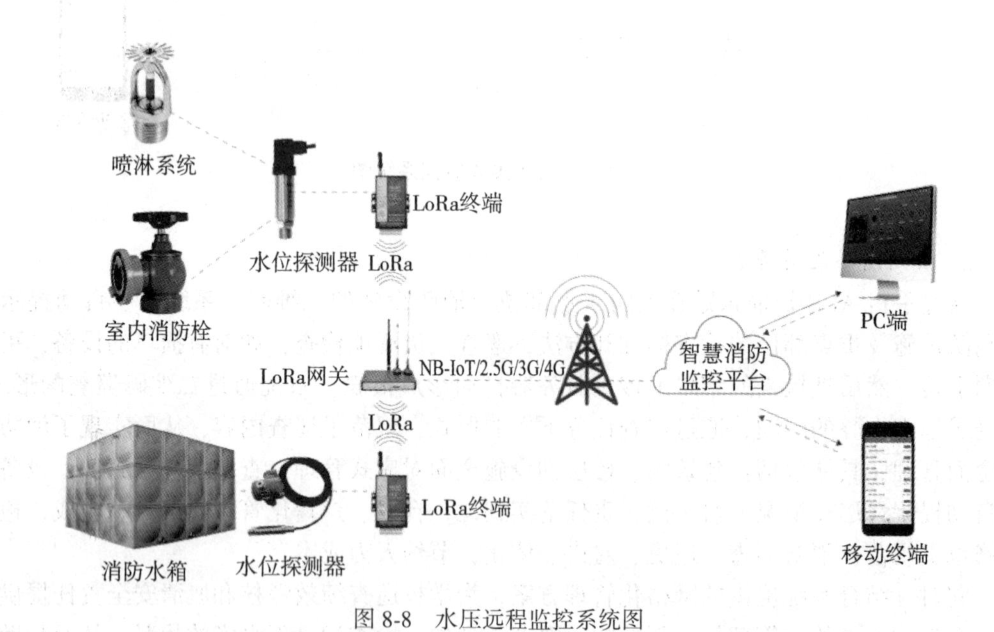


图 8-8　水压远程监控系统图

4. 消防设施可视化管理系统

消防设施的可视化管理包括对消防系统中各个子系统的状态的获取，这些状态包括在线的状态，如消防用水的状态、消防设施的位置状态以及防火门的开闭状态等，也包括离线巡查状态，如消防设施的安全巡查等。系统管理校区建筑、消防设施、消防巡查情况、消防各种户籍资料等。将校区、建筑物、消防设施、微型消防站装备一一对应，以可视化方式查看、统计，可以自动报警到期日，统计巡查到位率，对下属分单位进行打分统计等。

可视化管理主要是将消防系统的各项状态直观地展现给消防管理人员，让消防管理人员看得懂、学得着、好操作，从而提高消防隐患排查和火患处理的能力。

消防设施可视化管理系统软件如图 8-9 所示。

图 8-9　消防设施可视化管理软件图

### 8.4.2　高校智慧消防发展趋势

高校智慧消防系统综合运用物联网、大数据、云平台等新兴技术手段，全面促进高校消防工作科学化、信息化、智能化水平，实现了“传统消防”向“现代消防”的转变，不同程度上取得了一些成果。但是，需要强调的是智慧消防建设不是孤立存在的，不可能一蹴而就，它依托于科学技术的进步而不断发展、日趋完善。因此，我们要紧密结合高校消防安全实际需求，积极引入新的科学技术手段，以应用于智慧消防工作当中。

（1）与人工智能 AI 技术深度结合：通过自主学习海量的历史数据和实时状态监测数据挖掘对校园火灾进行预测预警。通过大数据分析挖掘，AI 技术能更容易注意到数据的异常情况，并做出合理、合适的判断及推断。AI 技术的深度学习需要物联网终端设备采集的信息，物联网系统也需要靠人工智能做到正确辨识、发现异常、提出解决方案、预测未来。

（2）紧密结合虚拟现实 VR 技术：利用 VR 技术营造仿真的校园现实场景，在虚拟环境的沉浸式体验中应付各种复杂情况，低成本、高效率地模拟校园火灾逃生、消防培训、消防预警演练。实现消防力量查询、地理信息测量、作战部署标绘、辅助单兵定位等功能，辅助指挥员开展计划指挥和临机指挥；在室内即可开展熟悉演练、战例复盘、作战指挥推演、三维场景展示，辅助指战员开展业务学习。

（3）新型特种消防机器人：集防爆技术与人工智能等多项高科技技术于一体，实现了远程遥控、无线通信、图像及声音识别等一系列功能，可满足高校校园不同火灾场景的需求，并可代替消防救援人员进入易燃易爆、有毒、缺氧、浓烟、水域等危险场所进行数据采集、处理、反馈，有效地解决消防人员在高危消防环境中面临的人身安全、数据信息采集等问题。

（4）利用图像模式识别技术对火光及燃烧烟雾进行图像分析报警，利用视频监控系统监控校园内部安全出口、疏散通道以及消防车道阻塞情况等。

（5）融合应用多种网络通信技术，为校园智慧消防的数据传输搭建平台。综合利用移动公网、数字集群、自组网等通信技术，重点解决不同类型复杂环境下的信号覆盖问题，实现各现场作战单元状态信息数据的畅通传输，为灭火救援现场科学化应急指挥提供保障。

（6）利用基于云端的消防安全管理平台，实现消防安全信息网上录入、巡查流程网上管理、检查活动网上监督、整改质量网上考评、安全形势网上研判，从而促进高校落实消防安全主体责任。

# 参 考 文 献

[1] 赵立志．高校火灾致灾因素分析及防控［J］．吉林工程技术师范学院学报，2015 (9)．
[2] 李新安，牛忠伟．高校的火灾危险性及防范对策［J］．河南科技学院学报，2011 (7)．
[3] 曹赛先，沈红．浅谈我国的高校分类［J］．科学与技术管理，2004 (2)．
[4] 公安部消防局．中国消防年鉴［M］．北京：国际文化出版公司，2010，9 (1)．
[5] 周文虎，邬效林．高校消防工作潜伏的隐患与对策［J］．人类工效学，2000，6 (1)．
[6] 冯锐．浅析高校火灾特点及消防对策［J］．中国科技信息，2007 (6)．
[7] 人员密集场所消防安全管理（GA654—2006）．
[8] 赵国敏．高校体育馆火灾人员疏散优化模拟［J］．消防科学与技术，2015，34 (11)．
[9] 方正，谢晓晴．消防给水排水工程［M］．北京：机械工业出版社，2013.
[10] 张学魁．建筑灭火设施［M］．北京：中国人民公安大学出版社，2014.
[11] 中华人民公安部消防局．中国消防手册［M］．上海：上海科学技术出版社，2006.
[12] 机关、团体、企业、事业单位消防安全管理规定（公安部 61 号令）．
[13] 大型群众性活动安全管理条例（中华人民共和国国务院令第 505 号）．
[14] 生产安全事故应急预案管理办法（国家安全生产监督管理总局令第 17 号）．
[15] 关于全面推进“智慧消防”建设的指导意见（公消〔2017〕297 号）．
[16] 任常兴．人员密集场所突发火灾事故应急疏散能力分析［J］．中国安全生产科学技术，2010.
[17] 徐志胜，姜学鹏．防排烟工程［M］．北京：机械工业出版社，2011.
[18] 普通高等学校建筑面积指标（建标 191—2018）．
[19] 中华人民共和国消防法.
[20] 机关、团体、企业、事业单位消防安全管理规定（公安部令第 61 号）．
[21] 高等学校消防安全管理规定（公安部令第 28 号）．
[22] 建筑消防设施的维护管理（GB25201-2010）．
[23]《消防安全标志》（GB 13495）．
[24]《消防应急照明和疏散指示系统》（GB 17945）．
[25]《供配电系统设计规范》（GB 50052）．
[26]《建筑防烟排烟系统技术标准》（GB51251—2017）．

# 参考文献